高等职业院校信息技术应用“十三五”规划教材

# SQL Server 2014 数据库设计与开发教程 微课版

Database Design and Development Tutorial of SQL Server 2014

郎振红 杨阳 ◎ 主编
朱云霞 曹志胜 ◎ 副主编
翟自强 ◎ 主审

U0191160

人民邮电出版社
北京

图书在版编目（CIP）数据

SQL Server 2014数据库设计与开发教程 ：微课版 / 郎振红，杨阳主编. -- 北京 ：人民邮电出版社，2018.2（2021.8重印）
高等职业院校信息技术应用“十三五”规划教材
ISBN 978-7-115-44086-0

Ⅰ. ①S… Ⅱ. ①郎… ②杨… Ⅲ. ①关系数据库系统—高等职业教育—教材 Ⅳ. ①TP311.138

中国版本图书馆CIP数据核字(2017)第277497号

## 内容提要

本书系统地讲解了 SQL Server 2014 数据库集成开发环境的相关知识，以及数据库应用系统设计与开发的相关技术。全书共有 10 章，系统地论述了数据库知识与数据库设计的相关内容、SQL Server 2014 环境安装与配置、创建与维护数据库、建立与管理数据表、实施数据信息的查询操作、设计和应用索引与视图、Transact-SQL 语法基础与流程控制操作、建立与使用存储过程和触发器、创建与应用自定义数据类型和用户自定义函数、建立与使用事务、游标和锁的机制、数据库的安全管理与日常维护等内容。书中还安排了上机实验部分，共编写了 11 个实验项目，几乎囊括了本书讲述的全部知识要点。每个实验项目均有详细的操作步骤，可以指导读者独立完成实验内容的各项操作。

本书既可以作为高职高专及应用型本科计算机相关专业数据库课程的教材，也可以作为数据库设计与研发培训或从事数据库应用系统开发的技术人员自学的参考资料。

◆ 主　　编　郎振红　杨　阳
副 主 编　朱云霞　曹志胜
主　　审　翟自强
责任编辑　刘　佳
责任印制　马振武

◆ 人民邮电出版社出版发行　　北京市丰台区成寿寺路 11 号
邮编　100164　　电子邮件　315@ptpress.com.cn
网址　https://www.ptpress.com.cn
涿州市京南印刷厂印刷

◆ 开本：787×1092　1/16
印张：15　　2018 年 2 月第 1 版
字数：352 千字　　2021 年 8 月河北第 6 次印刷

定价：42.00 元

读者服务热线：(010)81055256　印装质量热线：(010)81055316
反盗版热线：(010)81055315
广告经营许可证：京东市监广登字 20170147 号

# 前言 Foreword

“数据库设计与实现”课程是计算机类多个专业的必修课，更是一门培养学生动手实践能力的骨干核心课。数据库技术发展速度之快，应用领域之广，在计算机领域的新技术中可谓名列前茅，是当今时代信息化管理的重要工具。SQL Server 2014 数据库系统在继承以往众多版本的各自优势的基础上，又新增了全新的 in-memory 事务处理功能、灾难恢复功能、本地到云端数据平台一致性处理功能、实现云中新一代 Web 与智能化程序开发的功能等。因此，SQL Server 2014 数据库系统以其全新的功能和独具特色的优势，在计算机软件领域成为流行、受开发人员欢迎、使用频率较高的一款数据库系统。

作为培养数据库程序员的核心课程，“数据库设计与实现”课程的主要教学目标就是使学生在掌握数据库理论与数据库建模方法的同时，能够熟练使用 SQL Server 2014 数据库集成开发环境，对数据库应用系统进行规划与设计，对数据信息进行组织、管理与使用，最终具有实现具体数据库系统的实践操作技能。

本书在章节安排、内容编写、案例选取等方面都做了精心的设计，每一章节的编写基本采用简要理论介绍→SSMS 可视化窗体操作→T-SQL 语句命令方式操作模式，由此体现了理论够用、注重实践的原则，既培养了学生的动脑能力，又增强了学生的动手技能，实现了理论与实践的融会贯通。在本书最后的附录中，以一套完整的上机实验项目作为学生实践操作的基础，将前面章节讲述的内容巧妙地应用于实践训练之中，达到举一反三，强化学习的目的。为了激发学生的学习兴趣，将枯燥的、静态的知识内容借助二维码扫描技术变成声形并茂的视频微课，进而促使学生易于理解、便于记忆。

本书主要选取图书管理系统数据库作为主要教学案例，以学生成绩管理系统数据库为实训案例，二者起到相互补充，理论联系实际的目的。主要内容包括：建库、建表、操作数据记录、查询数据信息、索引、视图、存储过程、触发器、事务、游标、锁、函数、备份与还原数据库、分离与附加数据库等。因此，本书的特色为：以工作任务驱动带动知识点讲解，循序渐进、深入浅出、实例丰富、图文并茂，注重实用性，能全面提升读者的综合应用能力和动手开发能力。

本书的参考学时为 64 ~ 72 学时，建议采用理论实践一体化教学模式，各章的参考学时见下面的学时分配表。

学时分配表

| 章 | 课 程 内 容 | 学 时 |
|---|---|---|
| 第 1 章 | 数据库基础知识和数据库应用系统建模 | 4 |
| 第 2 章 | 安装与配置 SQL Server 2014 集成开发环境 | 4 |
| 第 3 章 | 创建与维护数据库的操作 | 4 |
| 第 4 章 | 建立与管理数据表及数据记录的操作 | 4 ~ 6 |

续表

| 章 | 课程内容 | 学　时 |
|---|---|---|
| 第 5 章 | 对数据信息进行各种查询的操作 | 6 ~ 8 |
| 第 6 章 | 设计与应用索引与视图的操作 | 4 |
| 第 7 章 | 利用 Transact-SQL 语法进行编程设计 | 4 |
| 第 8 章 | 建立与使用存储过程和触发器的操作 | 6 ~ 8 |
| 第 9 章 | 利用各种机制对 SQL Server 2014 进行深度开发 | 4 ~ 6 |
| 第 10 章 | 对数据库进行安全管理与日常维护操作 | 4 |
| 附录 | 上机实验练习 | 20 |
| 课时总计 | | 64 ~ 72 |

本书由天津电子信息职业技术学院郎振红、杨阳任主编，朱云霞、曹志胜任副主编，共同参与本书的编写工作，全书由郎振红进行统稿，由翟自强进行主审。此外，在编写过程中，得到了作者所在学院领导的大力支持，还得到了北京东软慧聚信息技术股份有限公司的大力支持，在此谨向他们表示衷心的感谢。

本书虽然倾注了作者的心血，但是由于作者水平有限，书中难免存在疏漏之处，敬请各位专家和广大读者批评指正。

编　者

2017 年 8 月

# 目录
# Contents

PART 01

# 第1章 数据库知识与数据库设计

## 课堂学习目标

- 了解数据库系统的基本组成和基本概念
- 掌握数据模型和关系数据库的相关设计原则
- 理解图书馆信息管理系统的需求和表结构

# 1.1 数据库系统简介

数据库系统（Data base System，DBS）通常由软件、数据库和数据库管理员组成。其软件主要包括操作系统、各种宿主语言、实用程序以及数据库管理系统。数据库由数据库管理系统统一管理，数据的插入、修改和检索均要通过数据库管理系统进行。数据库管理员负责创建、监控和维护整个数据库，使数据能被任何有权使用的人有效使用。数据库管理员一般是由业务水平较高、资历较深的人员担任。

数据库系统的个体含义是指一个具体的数据库管理系统软件和用它建立起来的数据库；它的学科含义是指由研究、开发、建立、维护和应用数据库系统涉及的理论、方法、技术构成的学科。在这一含义下，数据库系统是软件研究领域的一个重要分支，常称为数据库领域。

数据库系统是为适应数据处理的需要而发展起来的一种较为理想的数据处理的核心机构。计算机的高速处理能力和大容量存储器提供了实现数据管理自动化的条件。

微课：数据库系统发展历程

## 1.1.1 数据库系统发展历程

### 1. 从数据库厂商和数据库产品角度

从数据库厂商和数据库产品角度来看，数据库系统的发展共经历了以下三个阶段。

（1）萌芽阶段

“Database”一词最早是在20世纪60年代，美国系统发展公司为美国海军基地研制数据中引用。

1963年，C · W · Bachman设计开发的IDS（Integrate Data Store）系统开始投入运行，它可以为多个COBOL程序共享数据库。

1968年，网状数据库系统TOTAL等开始出现。

1969年，IBM公司的McGee等人开发的层次式数据库系统的IMS系统发表，它可以让多个程序共享数据库。

1969年10月，CODASYL数据库研制者提出了网络模型数据库系统规范报告DBTG，使数据库系统开始走向规范化和标准化。正因为如此，许多专家认为数据库技术起源于20世纪60年代末。数据库技术的产生来源于社会的实际需要，而数据技术的实现必须有理论作为指导，系统的开发和应用又不断地促进数据库理论的发展和完善。

（2）发展阶段

20世纪80年代，大量商品化的关系数据库系统问世并被广泛推广使用，既有适应大型计算机系统的，也有适用于中、小型和微型计算机系统的。这一时期，分布式数据库系统也开始使用。

1970年，IBM公司San Jose研究所的E · F · Code发表了题为《大型共享数据库的数据关系模型》论文，开创了数据库的关系方法和关系规范化的理论研究。关系方法理论上的完美和结构上的简单，对数据库技术的发展起了至关重要的作用，成功地奠定了关系数据理论的基石。

1971年，美国数据系统语言协会在正式发表的DBTG报告中，提出了三级抽象模式，即对应用程序所需的那部分数据结构描述的外模式，对整个客体系统数据结构描述的概念模式，对数据存储结构描述的内模式，解决了数据独立性的问题。

1974年，IBM公司的San Jose研究所研制成功了关系数据库管理系统SystemR，并投放到软件市场。

1976 年，美籍华人陈平山提出了数据库逻辑设计的实体联系方法。

1978 年，新奥尔良发表了 DBDWD 报告，他把数据库系统的设计过程划分为 4 个阶段：需求分析、信息分析与定义、逻辑设计和物理设计。

1980 年，J · D · Ulman 所著的《数据库系统原理》一书正式出版。

1981 年，E · F · Code 获得了计算机科学的最高奖——ACM 图林奖。

1984 年，David Marer 所著的《关系数据库理论》一书，标志着数据库在理论上的成熟。

（3）成熟阶段

从 20 世纪 80 年代到 21 世纪初，数据库得到了空前的发展，从厂商竞争格局来看，国际软件巨头占据市场的绝大多数份额。Oracle、IBM、Microsoft 和 Sybase 牢牢占据国内数据库软件市场前四位，拥有 93.8%的市场份额。

在此时期，数据库理论和应用进入成熟发展时期，中国的数据库管理软件市场规模也一直在不断扩大，据易观国际发布的中国数据库软件市场数据监测的数据显示，从 2007 年开始到现在，每年都保持在 15%左右的增长。以 2008 年为例，中国商业数据库市场整体规模达到了 28.25 亿元，比 2007 年度增长了 30%。其中，Oracle 占据了 44%的市场份额，IBM 占据了 20%的份额、微软占据了 18%的份额，Sybase 占据了 10%。

国产数据库的市场份额也在不断提升，国内各数据库厂商以"有自主知识产权"的产品为契机，满足国家和地方政府的信息整合平台需求，在 2008 年也已经占据了 8%的市场份额。国产数据库占据份额最多的是达梦、南大和神通三家，其中，达梦数据库为国产数据库中市场份额最大的。到目前，达梦数据库已经在中国国家电网、南方电网、中铁建、中航信、中国神华等一大批央企的核心系统中获得了大规模的应用，并且已经走出国门，在东南亚、非洲、南美也有应用。

另外，像 MySQL 等开源数据库也具有大量的政府及中小企事业用户，近几年发展也很迅速，得到越来越多用户的青睐。

**2. 从数据管理发展角度**

从数据管理发展角度，数据库系统发展经历了 3 个阶段：人工管理阶段、文件系统阶段和数据库系统阶段。

（1）人工管理阶段（初等数据文件阶段）

➢ 时期：20 世纪 50 年代中期以前，计算机主要用于科学计算。

➢ 硬件状况：外存只有纸带、卡片、磁带，没有磁盘等直接存取的设备。

➢ 软件状况：没有操作系统，没有管理数据的软件。

➢ 数据处理方式：批处理。

人工管理数据的特点如下。

① 数据不保存。

② 应用程序管理数据。

③ 数据冗余，数据不共享。

④ 数据不具有独立性。

（2）文件系统阶段（独立文件管理系统）

➢ 时期：20 世纪 50 年代后期到 20 世纪 60 年代中期。

➢ 硬件方面：拥有磁盘、磁鼓等直接存取设备。

➢ 软件方面：操作系统中已经有专门的数据管理软件，一般称为文件系统。

➢ 数据处理方式：批处理、联机实时处理。

文件系统管理数据特点如下。

① 数据长期保存。

② 文件系统管理数据由专门的软件即文件系统进行数据管理，文件系统把数据组织成相互独立的数据文件，利用“按文件名访问，按记录存取”的管理技术，可以对文件进行修改、插入、删除等操作。

③ 文件系统实现了记录内的结构性，但是整体无结构。

④ 数据共享性差，冗余度大。

在文件系统中，一个文件基本上对应于一个应用程序，即文件仍然是面向应用的。

⑤ 数据独立性差。

一旦数据的逻辑结构改变，就必须修改应用程序和文件结构的定义。例如，应用程序改用不同的高级语言等，将引起文件的数据结构改变，因此数据与程序之间仍缺乏独立性。

（3）数据库系统阶段

➢ 时期：20 世纪 60 年代后期以来。

➢ 硬件方面：拥有大容量磁盘，硬件价格下降。

➢ 软件方面：软件价格上升，编制和维护系统软件及应用程序的成本相对增加。

➢ 数据处理方式：由专门的软件系统统一管理数据，即数据库管理系统。

数据库系统的特点如下。

① 数据结构化。

数据结构化是数据库与文件系统的根本区别。在文件系统中，虽然记录内部已经有了某些结构，但记录之间没有联系。

② 数据共享性高，冗余度低，易扩充。

数据库系统从整体角度描述数据，数据不再面向某个应用，而是面向整个系统，因此数据可以被多个用户、多个应用共享使用。数据共享可以大大减少数据冗余，节约存储空间。

③ 数据独立性高。

数据独立性包括物理独立性、逻辑独立性。数据的物理存储改变，应用程序不需改变。数据与程序独立，把数据的定义从程序中分离，数据的存取由 DBMS（Database Management System，数据库管理系统）负责，简化应用程序的复杂程度，大大减少应用程序维护和修改的工作量。

④ 数据由 DBMS 统一管理和控制。

数据库的共享是并发的共享，即多个用户可以同时存取数据库中的数据，甚至可以同时存取数据库中的同一个数据。

### 1.1.2 数据库系统基本组成

#### 1. 硬件

硬件是构成计算机系统的各种物理设备，包括存储所需的外部设备。硬件的配置应满足整个数据库系统的需要，要求有足够大的空间存放操作系统、数据库管理系统的核心模块、数据缓冲区和应用程序，而且需要较高的通道能力。

#### 2. 软件

软件主要包括操作系统、数据库管理系统、应用程序以及核心开发工具。数据库管理系统是数据库系统的核心软件，是具有数据库接口的高级语言及其编译系统，是便于开发应用程序，解决如何科学地组织和存储数据，如何高效获取和维护数据的系统软件。其主要功能包括：数据定义、数据操纵、数据库的运行管理和数据库的建立与维护。

**3. 人员**

人员主要有以下4类。

（1）系统分析员和数据库设计人员

系统分析员负责应用系统的需求分析和规范说明，他们和用户及数据库管理员一起确定系统的硬件配置，并参与数据库系统的概要设计。数据库设计人员负责确定数据库中的数据、设计数据库各级模式。

（2）应用程序员

应用程序员负责编写使用数据库的应用程序。这些应用程序可对数据进行检索、建立、删除和修改。

（3）最终用户

他们利用系统的接口或查询语言访问数据库。

（4）数据库管理员（Database Administrator，DBA）

DBA负责数据库的总体管理和控制，具体职责包括以下几项。

① 管理数据库中的信息内容和结构。

② 定义数据库的存储结构和存取策略。

③ 定义数据库的安全性要求和完整性约束条件。

④ 监控数据库的使用和运行，负责改进数据库的性能。

⑤ 数据库的重组和重构，以提高系统的性能。

微课：数据库系统基本概念

### 1.1.3 数据库系统基本概念

**1. 数据**

数据（Data）是描述事物的符号记录。在计算机系统中，各种字母、数字符号的组合，语音、图形、图像等统称为数据，数据经过加工后就成为信息。

在计算机科学中，数据是指所有能输入计算机并被计算机程序处理的具有一定意义的数字、字母、符号和模拟量等的通称。

**2. 数据库**

数据库（Database，DB）是指长期存储在计算机内的、有组织的、可共享的数据集合。

数据库是一个单位或是一个应用领域的通用数据处理系统，它存储的是属于企事业单位、部门和个人的有关数据的集合。数据库中的数据是从全局观点出发建立的，它按一定的数据模型进行组织、描述和存储。其结构基于数据间的自然联系，从而可提供一切必要的存取路径，且数据不再针对某一应用，而是面向全组织，具有整体的结构化特征。

数据库中的数据是为众多用户共享信息而建立的，已经摆脱了具体程序的限制和制约。不同的用户可以按各自的用法使用数据库中的数据；多个用户可以同时共享数据库中的数据资源，即不同的用户可以同时存取数据库中的同一个数据。数据共享性不仅满足了各用户对信息内容的要求，也满足了各用户之间信息通信的要求。

**3. 数据库管理系统**

数据库管理系统（Database Management System，DBMS）是数据库的机构，它是一个系统软件，负责数据库中的数据组织、操纵、维护、控制及保护和数据服务等。

数据库管理系统主要有 4 种类型：文件管理系统、层次数据库系统、网状数据库系统和关系数据库系统，其中关系数据库系统的应用最为广泛。

数据库管理系统是一种操纵和管理数据库的大型软件，用于建立、使用和维护数据库。它对数据库进行统一的管理和控制，以保证数据库的安全性和完整性。用户通过它访问数据库中的数据，数据库管理员也通过它进行数据库的维护工作。它可使多个应用程序和用户用不同的方法在同时或不同时刻建立、修改和询问数据库。DBMS 提供数据定义语言（Data Definition Language，DDL）与数据操作语言（Data Manipulation Language，DML），供用户定义数据库的模式结构与权限约束，实现对数据的追加、删除等操作。

**4. 数据库系统**

数据库系统（Database System，DBS）是指引进数据库技术后的整个计算机系统，能够实现有组织地、动态地存储大量相关数据，提供数据处理和信息资源共享的便利手段。

数据库系统由数据库（数据）、数据库管理系统（软件）、计算机硬件、操作系统及数据库管理员 5 个部分组成。

在数据库系统、数据库管理系统和数据库三者之中，数据库管理系统是数据库系统的组成部分，数据库又是数据库管理系统的管理对象，因此可以说数据库系统包括数据库管理系统，数据库管理系统包括数据库。

微课：常见数据库系统

### 1.1.4　常见数据库系统

目前常见的数据库系统有 IBM 的 DB2、甲骨文的 Oracle、微软的 SQL 和 Access、Sybase 的 Sybase、MySQL AB 公司的 MySQL 等。不同的数据库系统，有不同的特点，也有相对独立的应用领域和用户支持。

**1. Oracle**

Oracle 公司为了最大限度地抢占市场，针对不同规模和应用需求的用户推出了不同功能组合的版本，而且支持的操作系统也可说是全面覆盖，UNIX、Linux 和 Windows 都可以，所以 Oracle 数据库不仅适用大公司，还可以满足各种不同规模的企业用户。当然不同用户选择的操作系统平台也不一样，大型企业一般选择基于 UNIX 或者 Linux 操作系统，而中、小型企业则选择基于 Linux 或者 Windows 操作系统。

**2. DB2**

DB2 尽管是 IBM 开发的，但它与其他数据库系统一样，也不局限于自身的服务器，而同样采取了开放的政策。所以现在许多非 IBM 自有品牌服务器也提供了对 DB2 数据库系统的支持。

在 UNIX 操作系统方面，除了 IBM 自己的 AIX 操作系统外，DB2 还支持目前主流的 Sun Solrais 和 HP-UX 操作系统的版本，其他的像主流版本的 Linux 和 Windows 系统，IBM 都提供了相应的 DB2 数据库系统版本。

**3. SQL/Access**

因为它们与应用最为普遍的 Windows 系统一样，都是微软公司的产品，所以 SQL 和 Access 的操作系统环境是微软的 Windows。目前支持 Windows 操作系统的服务器架构已非常普遍，可以说所有主流处理器架构都有很好的支持，包括 IBM 的 Power 处理器、Sun 的 UltraSparc 处理器。所以在这方面，基于这两大数据库软件的数据库服务器是没有什么限制的。

#### 4. MySQL

MySQL 是 MySQL AB 公司提供的一款开放而且免费的数据库系统。虽然功能不是非常强大，性能也只能算是一般，但在各种中、小型应用中还是非常普及的，毕竟它比起针对小型办公应用而设计的 Access 来说还是非常有优势的。MySQL 可以在 Windows 环境下使用，不过最经典的组合是 Apache、PHP、MySQL。现在以这种组合出现的小型网站非常多，这类网站对服务器配置要求非常低，当然由于数据库本身的限制，MySQL 也不适合大访问量的商业应用。

## 1.2 数据模型

### 1.2.1 数据模型概述

模型是对现实世界的抽象。在数据库技术中，用模型的概念描述数据库的结构与语义，对现实世界进行抽象。表示实体类型及实体间联系的模型称为“数据模型”（Data Model）。

#### 1. 数据模型的种类

目前广泛使用的数据模型可分为两种类型。

（1）独立于计算机系统的模型，完全不涉及信息在系统中的表示，只是用来描述某个特定组织所关心的信息结构，这类模型称为“概念数据模型”。

（2）直接面向数据库的逻辑结构，它是现实世界的第二层抽象。这类模型涉及计算机系统和数据库管理系统，又称为“结构数据模型”，如层次、网状、关系、面向对象等模型。

#### 2. 结构数据模型的三个组成部分

结构数据模型有严格的形式化定义，以便于在计算机系统中实现。结构数据模型应包含数据结构、数据操作和数据完整性约束三个部分。

- 数据结构是对实体类型和实体间联系的表达和实现。
- 数据操作是指对数据的检索和更新两类操作的实现。
- 数据完整性约束给出数据及其联系应具有的制约和依赖规则。

### 1.2.2 常用数据模型

常用的数据模型主要有实体联系模型、结构数据模型和面向对象模型三种。

#### 1. 实体联系模型

客观存在且能相互区别的事物称为实体。实体可以是具体的对象，如一个男学生、一辆汽车，也可以是抽象的事件，如一次购物、一次体育竞赛等。

实体联系模型（Entity Relationship Model，ER 模型）是 P · P · Chen 于 1976 年提出的。ER 模型是直接从现实世界中抽象出实体类型及实体间联系，然后用 ER 图表示的数据模型。设计 ER 图的方法称为 ER 方法。

#### 2. 结构数据模型

这里介绍层次、网状、关系三种模型。

（1）层次模型

用树形结构表示实体类型及实体间联系的数据模型称为层次模型（Hierarchical Model）。树的节点是记录类型，每个非根节点有且只有一个父节点。上一层记录类型和下一层记录类型间的联系是

1:N联系。

（2）网状模型

通常情况下会用有向图结构表示实体类型及实体间联系的数据模型称为网状模型（Network Model）。有向图中的节点是记录类型，有向边表示从箭尾一端的记录类型到箭头一端的记录类型间的联系，也是1:N联系。

（3）关系模型

关系模型（Relational Model）的主要特征是用二维表格结构表达实体集，用外键表示实体间联系。与前两种模型相比，关系模型概念简单，容易为初学者理解。关系模型是由若干关系模式组成的集合。关系模式相当于前面提到的记录类型，它是实例化的关系，每个关系实际上是一张二维表格。

### 3. 面向对象模型（Object-Oriented Model）

面向对象模型是一种新兴的数据模型，它采用面向对象的方法来设计数据库。面向对象是以对象为单位，每个对象包含对象的属性和方法，具有类和继承等特点。

目前关系数据库的使用已相当普遍。但是现实世界中仍然存在许多含有复杂数据结构的应用领域，如CAD数据、图形数据等，而关系模型在这方面的处理能力就显得力不从心。因此需要更高级的数据库技术来表达这类信息。面向对象的概念最早出现在程序设计语言中，随后迅速渗透到计算机领域的每一个分支。面向对象数据库是面向对象概念与数据库技术相结合的产物。

面向对象模型中最基本的概念是对象和类。

（1）对象

对象（Object）是现实世界中实体的模型化，与记录的概念相仿，但远比记录复杂。每个对象有一个唯一的标识符，把状态和行为封装在一起。其中，对象的状态是该对象属性值的集合，对象的行为是在对象状态上操作的方法集。

（2）类

将属性集和方法集相同的所有对象组合在一起，可以构成一个类（Class）。类的属性值域可以是基本数据类型（整型、实型、字符串型），也可以是记录型或集合型。也就是说，类可以有嵌套结构。系统中的所有类组成一个有根的有向无环图，叫类层次。

一个类可以从类层次中直接或间接祖先那里继承所有的属性和方法。用这个方法实现了软件的可重用性。

微课：实体与关系联系模型

## 1.2.3 ER模型

ER模型是通过ER图表示的数据模型，下面通过设计ER图的过程来了解基本的ER方法。ER图是直观表示概念模型的工具。在ER图中有4个基本成分。

➢ 矩形框，表示实体类型（考虑问题的对象）。

➢ 菱形框，表示联系类型（实体间的联系）。

➢ 椭圆形框，表示实体类型和联系类型的属性。

相应的命名均记入各种框中。对于关键码的属性，在属性名下画一条横线。

➢ 直线，联系类型与其涉及的实体类型之间以直线连接，并在直线端部标上联系的种类（1:1，1:N，M:N）。

**【例1-1】**为仓库管理设计一个ER模型。该仓库主要管理零件的入库、出库和采购等事项。仓库根据需要向各供应商订购零件，而许多工程项目需要仓库供应零件。建立ER图的过程如下。

（1）确定实体类型。本问题共有 3 个实体类型：项目（Project）、零件（Part）和供应商（Supplier）。

（2）确定联系类型。Project 与 Part 之间是 M∶N 联系，Part 和 Supplier 之间也是 M∶N 联系，分别定义为联系类型 P_P 和 P_S。

（3）把实体类型和联系类型组合成 ER 图。

（4）确定实体类型和联系类型的属性。

➢ 实体类型 Project 有属性项目编号 J#、项目名称 ProjectName、开工日期 Date 等。实体类型 Part 有属性零件编号 P#、零件名称 PName、颜色 Color 等。实体类型 Supplier 有属性供应商编号 S#、供应商名称 SName、地址 SAddress 等。

➢ 联系类型 P_P 的属性是项目需要的零售数量 Total。联系类型 P_S 的属性是供应的数量 Quantity。

（5）确定实体类型的键，在属于键的属性名称下画一条横线。

完成后的 ER 图如图 1-1 所示。

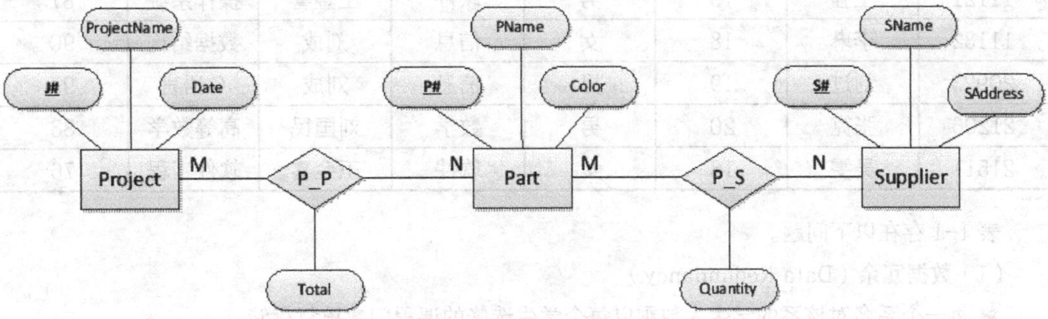


**图 1-1　ER 图的实例**

联系类型也可以发生在多于两个实体类型之间。例如，例 1-1 中，如果规定某个工程项目指定需要某个供应商的零件，那么 ER 图如图 1-2（图中未画出属性）所示。

同一个实体类型的实体之间也有可能发生联系。例如，零件之间的组合关系可以用图 1-3 表示。

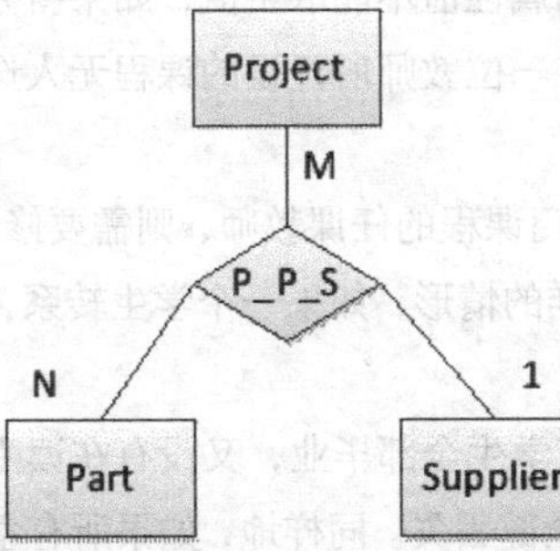


**图 1-2　三个实体类型之间的联系**

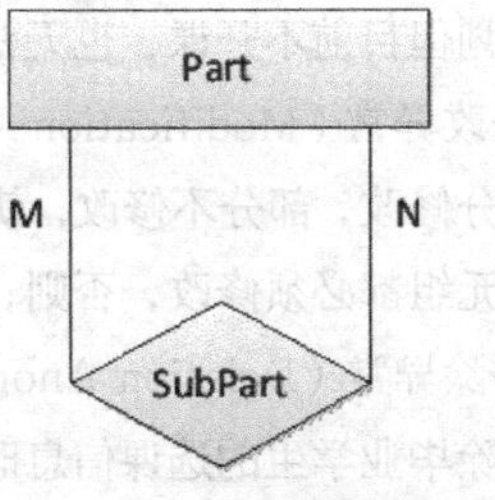


**图 1-3　同一个实体类型间的联系**

ER 模型有两个明显的优点：一个是接近于人的思维，容易理解；另一个是与计算机无关，用户容易接受。因此，ER 模型已成为软件工程的一个重要设计方法。

但是 ER 模型只能说明实体间的语义的联系，还不能进一步说明详细的数据结构。一般到实际问题，总是先设计一个 ER 模型，然后再把 ER 模型转换成计算机能实现的数据模型（如二维表形式）。

### 1.2.4 关系数据库规范化

数据库设计的最基本问题是怎样建立一个合理的数据库模式，使数据库系统无论是在数据存储方面，还是在数据操作方面都具有较好的性能。什么样的模型是合理的模型，什么样的模型是不合理的模型，应该通过什么标准去鉴别和采取什么方法来改进，这些问题是在进行数据库设计之前必须明确的。

为使数据库设计合理可靠、简单实用，长期以来，形成了关系数据库设计理论，即规范化理论。它是根据现实世界存在的数据依赖而进行的关系模式的规范化处理，从而得到合理的数据库设计效果。

**1. 关系规范化的作用**

为了说明方便，先看如表 1-1 所示的教学管理关系表。

表 1-1 教学管理关系表

| 学号 | 姓名 | 年龄 | 性别 | 系名 | 系主任 | 课程名称 | 成绩 |
|---|---|---|---|---|---|---|---|
| 11121 | 王强 | 19 | 男 | 软件 | 王金喜 | 操作系统 | 87 |
| 11132 | 李琳 | 18 | 女 | 信息 | 刘成 | 数据结构 | 90 |
| 20923 | 刘过 | 19 | 男 | 信息 | 刘成 | C 语言 | 97 |
| 21206 | 张克 | 20 | 男 | 数学 | 刘国民 | 高等数学 | 88 |
| 21511 | 吴雯 | 18 | 女 | 软件 | 王金喜 | 软件工程 | 76 |

表 1-1 存在以下问题。

（1）数据冗余（Data Redundancy）

➢ 每一个系名对该系的学生人数乘以每个学生选修的课程门数重复存储。

➢ 每一个课程名均对选修该门课程的学生重复存储。

➢ 每一位教师都对其所教的学生重复存储。

（2）更新异常（Update Anomalies）

由于存在数据冗余，所以有可能导致数据更新异常，这主要表现在以下几个方面。

➢ 插入异常（Insert Anomalies）：由于主键中元素的属性值不能取空值，如果新分配来一位教师或新成立一个系，则这位教师及新系名就无法插入；如果一位教师所开设的课程无人选修或一门课程列入计划但目前不开课，也无法插入。

➢ 修改异常（Modification Anomalies）：如果更改一门课程的任课教师，则需要修改多个元组。如果仅部分修改，部分不修改，就会造成数据不一致。同样的情形，如果一个学生转系，则对应此学生的所有元组都必须修改，否则，也会出现数据不一致。

➢ 删除异常（Deletion Anomalies）：如果某系的所有学生全部毕业，又没有在读生及新生，当从表中删除毕业学生的选课信息时，则连同此系的信息将全部丢失。同样地，如果所有学生都退选一门课程，则该课程的相关信息也同样丢失了。

由此可知，上述的教学管理关系尽管看起来能满足一定的需求，但存在的问题太多，因此它并不是一个合理的关系模式。

**2. 解决的方法**

不合理的关系模式最突出的问题是数据冗余，而数据冗余的产生有着较为复杂的原因。虽然关系模式充分考虑到文件之间的相互关联而有效处理了多个文件间的联系产生的冗余问题，但关系本身内部数据之间的联系还没有得到充分解决，同一关系模式中的各个属性之间存在某种联系，如学生与系、课程与教师之间存在依赖关系的事实，才使得数据出现大量冗余，引发各种操作异常。这种依赖关系称为数据依赖（Data Independence）。

关系系统中数据冗余产生的重要原因就在于对数据依赖的处理，从而影响到关系模式本身的结构设计。解决数据间的依赖关系常常采用对关系的分解来消除不合理的部分，以减少数据冗余。

在表 1-1 教学管理关系表中，将教学关系分解为 3 个关系模式来表达。

- 学生基本信息（Sno，Sname，Ssex，Dname）
- 课程信息（Cno，Cname，Tname）
- 学生成绩（Sno，Cno，Grade），其中 Cno 为学生选修的课程编号

**3. 关系模式的规范化**

关系数据库中的关系必须满足一定的规范化要求，对于不同的规范化程度可用范式来衡量。范式是符合某一种级别的关系模式的集合，是衡量关系模式规范化程度的标准，达到标准的关系才是规范化的。

范式的概念最早是由 E·F·Codd 提出的。1971 到 1972 年期间，他先后提出了 1NF、2NF、3NF 的概念，1974 年他又和 Boyee 共同提出了 BCNF 的概念，1976 年 Fagin 提出了 4NF 的概念，后来又有人提出了 5NF 的概念。在这些范式中，最重要的是 3NF 和 BCNF，它们是进行规范化的主要目标。一个低一级范式的关系模式，通过模式分解可以转换为若干高一级范式的关系模式的集合，这个过程称为规范化。实际上，关系模式的规范化主要解决的问题是关系中数据冗余及由此产生的操作异常。而从函数依赖的观点来看，即是消除关系模式中产生数据冗余的函数依赖。

目前主要有 6 种范式：第一范式、第二范式、第三范式、BC 范式、第四范式和第五范式。

满足最低要求的叫第一范式，简称 1NF。在第一范式基础上进一步满足一些要求的为第二范式，简称 2NF。其余以此类推。显然各种范式之间存在联系，即 1NF⊃2NF⊃3NF⊃BCNF⊃4NF⊃5NF，通常把某一关系模式 R 为第 n 范式简记为 R∈nNF。

（1）第一范式（1NF）

如果关系模式 R 中每个属性值都是一个不可分解的数据项，则称该关系模式满足第一范式（First Normal Form，1NF），记为 R∈1NF。第一范式规定了一个关系中的属性值必须是“原子”的，它排斥了属性值为元组、数组或某种复合数据的可能性，使得关系数据库中所有关系的属性值都是“最简形式”，这样要求的意义在于可以做到起始结构简单，便于以后讨论复杂情形。一般而言，每一个关系模式都必须满足第一范式，1NF 是对关系模式的起码要求。

（2）第二范式（2NF）

如果一个关系模式 R∈1NF，且它的所有非主属性都完全函数依赖于 R 的任一候选键，则 R∈2NF。

（3）第三范式（3NF）

如果一个关系模式 R∈2NF，且所有非主属性都不传递函数依赖于任何候选键，则 R∈3NF。

（4）BC 范式（BCNF）

如果关系模式 R∈1NF，对任何非平凡的函数依赖 X→Y，X 均包含码，则 R∈BCNF。BCNF 是从 1NF 直接定义而成的，可以证明，如果 R∈BCNF，则 R∈3NF。

由 BCNF 的定义可以看到，每个 BCNF 的关系模式都具有如下 3 个性质。

➢ 所有非主属性都完全函数依赖于每个候选键。

➢ 所有主属性都完全函数依赖于每个不包含它的候选键。

➢ 没有任何属性完全函数依赖于非码的任何一组属性。

规范化的基本思想是逐步消除数据依赖中不适合的部分，使各关系模式达到某种程度的“分离”，即“一事一地”的模式设计原则。尽量让一个关系描述一个概念、一个实体或一种联系。若有多于一个概念的，就把它“分解”出去。因此，规范化实质上是概念的单一化。

（5）第四范式（4NF）

如果一个关系模式 R∈BCNF，且不存在多值依赖，则 R∈4NF。

（6）第五范式（5NF）

如果关系模式 R 中的每一个连接依赖均由 R 的候选键所含，则 R∈5NF。

### 1.2.5 关系数据库设计原则

**1. 组件设计原则**

不应该针对整个系统进行数据库设计，而应该根据系统架构中的组件划分，针对每个组件处理的业务设计组件单元数据库；不同组件间对应的数据库表之间的关联应尽可能减少，即使不同组件间的表需要外键关联，也尽量不要创建外键关联，而只是记录关联表的一个主键，确保组件对应的表之间的独立性，为系统或表结构的重构提供可能性。

**2. 自顶向下原则**

采用领域模型驱动的方式和自顶向下的思路进行数据库设计，首先分析系统业务，根据职责定义对象。对象要符合封装的特性，确保与职责相关的数据项被定义在一个对象之内，这些数据项能够完整描述该职责，不会出现职责描述缺失，并且一个对象有且只有一项职责，如果一个对象要负责两个或两个以上的职责，就进行分拆。

**3. 尽量满足高范式标准原则**

根据建立的领域模型映射数据库表，此时应参考数据库设计第二范式，即一个表中的所有非关键字属性都依赖于整个关键字。关键字可以是一个属性，也可以是多个属性的集合，不论哪种方式，都应确保关键字的唯一性。在确定关键字时，应保证关键字不会参与业务且不会出现更新异常，这时，最优解决方案为采用一个自增数值型属性或一个随机字符串作为表的关键字。

由于领域模型中的每一个对象只有一项职责，对象中的数据项不存在传递依赖，所以，这种思路的数据库表结构设计从一开始就满足第三范式，即一个表应满足第二范式，且属性间不存在传递依赖。

对象职责的单一性以及对象之间的关系反映的是业务逻辑之间的关系，那么在领域模型中的对象就存在主对象和从对象之分，通常从对象及对象关系映射为的表及表关联关系不存在删除和插入异常。

在映射后得出的数据库表结构中，应再根据第四范式进一步修改，确保不存在多值依赖。这时，应根据反向工程的思路反馈给领域模型。如果表结构中存在多值依赖，则证明领域模型中的对象具有至少两个以上的职责，应根据第一条进行设计修正。

在经过分析后确认所有的表都满足第二、第三、第四范式的情况下，表和表之间的关联尽量采用弱关联，以便于调整和重构表字段和表结构。并且，数据库中的表是用来持久化一个对象实例在特定时间及特定条件下的状态的，只是一个存储介质，所以，表和表之间也不应用强关联来表述业务（数据间的一致性），这一职责应由系统的逻辑层来保证，这种方式也确保了系统对于不正确数据（脏数据）的兼容性。当然，从整个系统的角度来说还是要尽最大努力确保系统不会产生脏数据，单从另一个角度来说，脏数据的产生在一定程度上也是不可避免的，但也要保证系统对这种情况的容错性，这是一个折中的方案。

**4. 适当建立索引**

应针对所有表的主键和外键建立索引，有针对性地建立组合属性的索引，提高检索效率。虽然建立索引会消耗部分系统资源，但比起在检索时搜索整张表中的数据，尤其是表中的数据量较大时所带来的性能影响，以及无索引时的排序操作带来的性能影响，这种方式仍然是值得提倡的。

**5. 尽量少采用存储过程，避免使用触发器**

尽量少采用存储过程，目前已经有很多技术可以替代存储过程、触发器等功能，将数据一致性的保证放在数据库中，对版本控制、开发和部署，以及数据库的迁移都会带来很大的影响。但不可否认，存储过程具有性能上的优势，所以，当系统可使用的硬件不会得到提升，而性能又是非常重要的质量属性时，可经过平衡考虑选用存储过程。

由于触发器与存储过程一样可移植性差，同时触发器会占用较多的服务器资源，对服务器造成压力，另外触发器排错困难，容易造成数据不一致，后期的维护不方便，因此，在实际项目中应避免使用触发器，如果要做联带操作，建议使用事务等机制。

## 1.3 图书管理系统需求分析

### 1.3.1 需求分析概念

要设计一个性能良好的数据库系统，明确应用环境对系统的要求是首要的和最基本的。特别是数据库应用非常广泛，非常复杂，多个应用程序可以在同一个数据库上运行，为了支持所有数据库应用程序的运行，数据库设计就变得异常复杂。如果事先没有对信息进行充分和细致的分析，数据库设计就会很难成功。

需求分析阶段应该对系统的整个应用情况做全面、详细的调查，确定企业组织的目标，收集支持系统总的设计目标的基础数据和对这些数据的要求，确定用户的需求，并把这些要求写成用户和数据库设计者都能够接受的文档。

### 1.3.2 图书管理系统需求描述

图书管理系统需要满足图书馆工作人员、借阅者和系统管理员三方面人员的需求，具体描述如下：

➢ 工作人员主要是对图书的借阅及还书操作进行管理，能够通过图书编号查询到图书的信息，还可以通过借阅者编号查询借阅者及借阅记录等信息。

➢ 借阅者能够查询到图书馆里所有图书的信息，还可以查询到本人的借阅记录。

➢ 系统管理员主要是对图书、借阅者和工作人员的信息进行管理；可以对图书的总体借阅信息进行统计；还能够对图书管理系统的用户账号进行管理。

微课：图书馆管理信息系统数据库设计

## 1.4 图书管理系统数据库设计

### 1.4.1 数据库概念设计说明

对于基于结构化的数据库系统开发方法而言，数据库系统在完成需求分析之后应进入数据库系统的概念设计阶段，此阶段不仅需要进行数据库概念结构设计（也可简称数据库概念设计），即数据库结构特性设计，而且需要确定数据库系统的软件系统结构，进行模块划分，确定每个模块的功能、接口以及模块间的调用关系，即设计数据库行为特性。

**1. 概念结构主要特点**

（1）概念模型是对现实世界的一个抽象描述。概念模型应能真实、充分地反映现实世界，能满足用户对数据的处理要求。

（2）概念模型应当易于理解。概念模型只有被用户理解后，才可以与设计者交换意见，参与数据库的设计。

（3）概念模型应当易于更改。由于现实世界（应用环境和应用要求）会发生变化，所以概念模型要易于修改和扩充。

（4）概念模型应易于向数据模型转换。概念模型最终要转换为数据模型。设计概念模型时应当注意，使其有利于向特定的数据模型转换。

**2. 数据库概念结构设计的方法**

概念模型是数据模型的前身，它比数据模型更独立于机器、更抽象，也更加稳定。概念设计的方法有以下 4 种。

（1）自顶向下的设计方法。该方法首先定义全局概念结构的框架，然后逐步细化为完整的全局概念结构。

（2）自底向上的设计方法。即首先定义各局部应用的概念结构，然后将它们集成起来，得到全局概念结构的设计方法。

（3）逐步扩张的设计方法。此方法首先定义最重要的核心概念结构，然后向外扩充，生成其他概念结构，直至完成总体概念结构。

（4）自顶向下与自底向上相结合的方法。最常采用的策略是自顶向下与自底向上相结合的方法，即首先自顶向下地进行需求分析，然后再自底向上地设计概念结构，其方法如图 1-4 所示。其中，概念模式对应于概念模型。

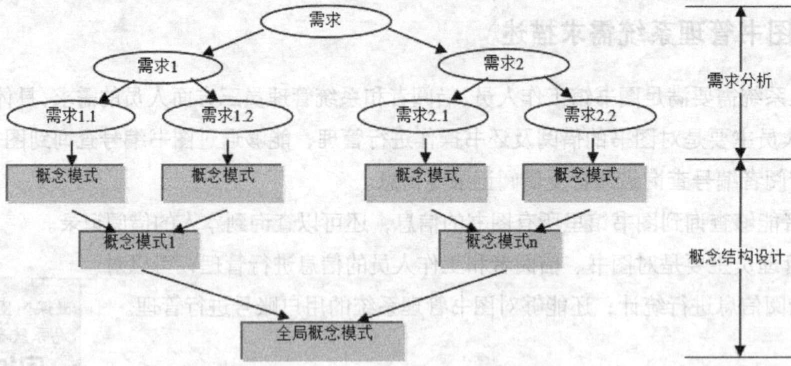


**图 1-4　自顶向下的分析需求与自底向上设计概念结构**

**3. 模块化设计**

把大型软件按照规定的原则划分为一个个较小的、相对独立，但又相关的模块的设计方法，叫作模块化设计。模块是数据说明和可执行语句等程序对象的集合，每个模块单独命名并且可以通过名字访问模块。例如，过程、函数、子程序、宏等都可作为模块。模块化就是把程序划分成若干模块，每个模块完成一个子功能，并把这些模块集合起来组成一个整体，以完成指定的功能来满足问题的要求。

实现模块化设计的重要指导思想是分解、信息隐藏和模块独立性。

（1）分解

分解是指将一个待开发的软件分解成若干小的简单部分，即模块，每个模块可独立开发、测试，最后组装成完整的程序。

（2）信息隐藏

信息隐藏是指将每个程序的成分隐蔽或封装在一个单一的设计模块中，定义每一个模块时，尽可能少地显露其内部的处理。

（3）模块独立性

模块独立是指每个模块完成一个相对独立的特定子功能，并且与其他模块之间的联系简单。模块独立就是希望每个模块都是高内聚、低耦合的。

### 1.4.2 数据库概念建模——绘制 ER 模型

早期的数据库设计，在需求分析过程中会直接进行逻辑结构的设计。此时既要考虑现实世界的联系和特征，又要满足特定的数据库系统的约束要求，设计工作十分复杂。1976 年，P·P·S·CHEN 提出了概念模型和 ER 方法。

概念设计的目标是产生能够准确反映项目需求的数据库概念结构，在这个步骤中设计出独立于计算机硬件和数据库管理系统的概念模式。概念设计过程中对用户要求描述的现实世界（如一个学校）进行分类和高度概括，建立抽象的概念数据模型。这个概念模型应能反映现实世界各部门的信息结构、信息流动情况、信息间的互相制约关系以及各个部门对信息储存、查询和加工的要求等。所建立的模型应避开数据库在计算机上的具体实现细节，用一种抽象的形式表示出来。

整个过程中主要使用的设计工具就是 ER 模型。ER 方法即实体-联系方法，是直接从现实世界中抽象出实体与实体间的联系，然后用 ER 图来表示数据模型。

图书管理系统主要的实体有图书借阅者、图书、出版社、借阅信息等，实体间的关系包括：借阅者与图书的关系是借阅关系，图书馆工作人员与图书的关系是负责管理图书的关系、图书馆工作人员与借阅者的关系也是管理和被管理的关系，出版社与图书的关系是出版关系等。通过以上主要实体和实体间的关系，得出描述图书管理系统的 ER 图如图 1-5 所示。

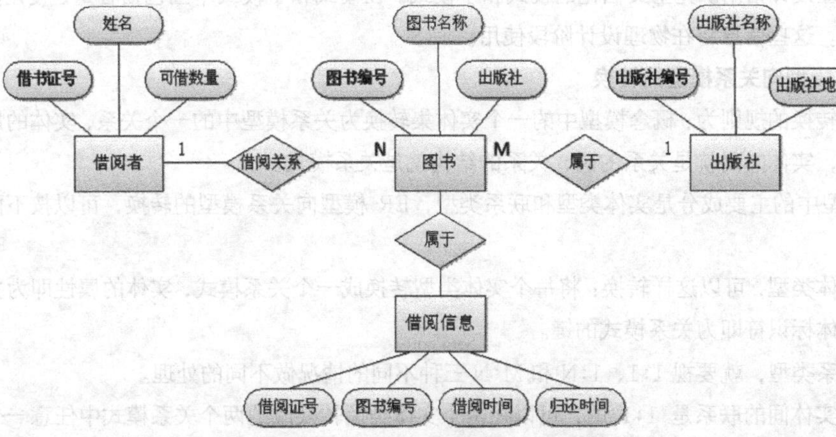


图 1-5 图书馆管理信息系统 ER 图

### 1.4.3 数据库逻辑建模——绘制关系模型

逻辑设计的目的是把概念设计阶段设计好的全局 ER 模型转换成与选用的数据库系统支持的数据模型相符合的逻辑结构。同时，可能还需要为各种数据处理应用领域产生相应的逻辑子模式。这一步设计的结果就是所谓的“逻辑数据库”。

#### 1. 逻辑设计环境

逻辑设计的输入输出环境如图 1-6 所示。

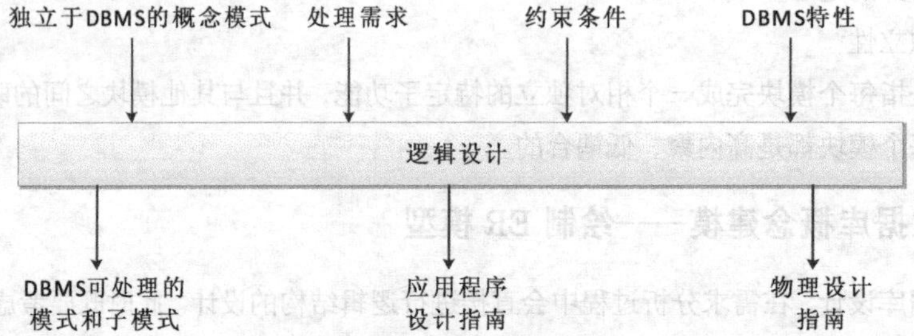


图 1-6 逻辑设计环境

在逻辑设计阶段主要输入以下信息。

（1）独立于 DBMS 的概念模式。这是概念设计阶段产生的所有局部和全局概念模式。

（2）处理需求。需求分析阶段会进行需求的处理，此阶段会对业务活动进行分析，并产生结果，包括数据库的规模和应用频率、用户或用户集团的需求。

（3）约束条件。即完整性、一致性、安全性要求及响应时间要求等。

（4）DBMS 特性。即特定 DBMS 支持的模式、子模式和程序语法的形式规则。

在逻辑设计阶段主要输出如下信息。

（1）DBMS 可处理的模式。一个能用特定 DBMS 实现的数据库结构的说明，不包括记录的聚合、块的大小等物理参数的说明，但要对某些访问路径参数（如顺序、指针检索的类型）加以说明。

（2）子模式。与单个用户观点和完整性约束一致的 DBMS 支持的数据结构。

（3）应用程序设计指南。根据设计的数据库结构为应用程序员提供访问路径选择。

（4）物理设计指南。完全文档化的模式和子模式。在模式和子模式中应包括容量、使用频率、软硬件等信息。这些信息将在物理设计阶段使用。

#### 2. ER 模型向关系模型的转换

实体集转换的规则为：概念模型中的一个实体集转换为关系模型中的一个关系，实体的属性就是关系的属性，实体的码就是关系的码，关系的结构就是关系模式。

ER 模型中的主要成分是实体类型和联系类型，ER 模型向关系模型的转换，可以按下面的说明进行。

对于实体类型，可以这样转换：将每个实体类型转换成一个关系模式，实体的属性即为关系模式的属性，实体标识符即为关系模式的键。

对于联系类型，就要视 1:1、1:N 和 M:N 三种不同的情况做不同的处理。

（1）若实体间的联系是 1:1 的，可以在两个实体类型转换成的两个关系模式中任意一个关系模式的属性中加入另一个关系模式的键和联系类型的属性。

例如，校长和学校间存在 1:1 的联系，即一个学校只有一个校长，一个校长也只负责一个学校的管理。如果用户经常要在查询学校信息时查询其校长的信息，那么可在学校模式中加入校长姓名和任职年月。

其关系模式设计如下。

- 学校模式（学校名称，地址，联系电话，校长姓名，任职年月）
- 校长模式（姓名，年龄，性别，职称）

（2）若实体间的联系是 1:N 的，则在 N 端实体类型转换成的关系模式中加入 1 端实体类型转换成的关系模式的键和联系类型的属性。

例如，出版社与图书间的关系是 1:N，转换成关系模式如下。

- 出版社（出版社编号，出版社名称，出版社地址）
- 图书（图书编号，图书名称，出版社编号）

（3）若实体间的联系是 M:N 的，则将联系类型也转换成关系模式，其属性为两端实体类型的键加上联系类型的属性，而键为两端实体键的组合。

例如，借阅者与图书的借阅关系为 M:N，转换成关系模式如下。

- 借阅者（借书证号，姓名，可借数量）
- 图书（图书编号，图书名称，出版社编号）
- 借阅关系（借书证号，图书编号，借书日期，归还日期）

除将 ER 模型转换为关系模型，常用的数据模型还有层次模型和网状模型，无论采用哪种数据模型，都是先将 ER 模型形成数据库逻辑模式，再根据用户处理的要求及安全性的考虑，在基本表的基础上建立必要的视图，形成数据的外模式。

在逻辑设计阶段，还要设计出全部子模式。子模式是面向各个最终用户或用户集团的局部逻辑结构。子模式体现了各个用户对数据库的不同观点，它并不决定物理存放的内容，仅是用户的一个视图。另外，关系子模式除了指出某一类型的用户所用到的数据类型外，还要指出这些数据与模式中相应数据的联系和对应性。

## 1.4.4 数据库物理建模——设计表结构

为一个给定的逻辑数据模型选取最适合的应用环境的物理结构的过程，称为数据库的物理设计。数据库的物理结构主要指数据库在物理设备上的存储结构和存取方法。它完全依赖于给定的计算机系统的。

在物理结构中，数据的基本单位是存储记录。存储记录是相关数据项的集合。一个存储记录可以与一个或多个逻辑记录对应。在存储记录中，还应包括必要的指针、记录长度及描述特性的编码模式。也就是说，为了包含实际的存储格式，存储记录扩充了逻辑记录的概念。

文件是某一类型的所有存储记录的集合。文件的存储记录可以是定长的，也可以是变长的。物理数据库是存储在一起的一个或多个互相关联的数据的集合。因此，文件可看成是物理数据库的一个特例，即存储记录类型只有一个。一般用文件表示单记录类型的物理数据库。

### 1. 物理设计的步骤

物理设计分 5 步来完成，前三步涉及物理数据库结构的设计，后两步涉及约束和具体的程序设计。

（1）存储记录结构设计

设计存储记录结构包括记录的组成、数据项的类型和长度，以及逻辑记录到存储记录的映射。

在设计存储记录结构中，逻辑数据库结构并不改变，但可能要进行“记录分割”工作。根据“80/20规则”（即从数据库中检索的 80%的数据由存储在 20%的数据项组成）和访问数据的频繁程度，把数据项划分成“主要段”和“辅助段”，以便在存储安排时分配到不同的存储设备或存储区域上，尽可能地使应用程序访问数据库的代价最小。

（2）确定数据存储安排

从提高系统性能方面考虑，将存储记录作为一个整体合理地分配物理区域。利用记录聚簇（Cluster）技术，在可能的情况下充分利用物理顺序的特点，将不同类型记录分配到物理群中。

（3）访问方法设计

访问方法是给存储物理设备上的数据提供存储和检索的能力。一个访问方法包括存储结构和检索机构两部分。存储结构限定了可能访问的路径和存储记录；检索机构定义了每个应用的访问路径，但不涉及存储结构的设计和设备分配。

（4）完整性和安全性

物理设计时，同样需要分析系统的完整性、完全性等方面，并产生多种方案。在实施数据库之前，需要对这些方案进行细致的评价，从而选择一个较优的方案。

（5）程序设计

逻辑数据库结构确定以后，应用程序设计随之开始。从理论上说，数据库的物理数据独立性的目的是消除由于物理结构设计决策而引起的对应用程序的修改。但是，当物理数据独立性未得到保证时，可能会发生对程序的修改。

由于目前使用的数据库管理系统基本上都是关系型的，物理设计的主要工作都是由系统自动完成的，所以一般用户只需要关心索引文件的创建、如何使用数据定义语句建立数据库结构就可以了。

**2. 图书管理系统——设计表结构**

根据前面需求分析、概念设计、逻辑设计和物理设计阶段的介绍，可以将图书馆管理信息系统的表结构设计为表 1-2~表 1-6。

表 1-2 Bookinfo 表

| 字段名 | 类型 | 长度 | 主键 | 允许空 |
|---|---|---|---|---|
| Book_ID | nvarchar | 8 | Y | N |
| Book_ISBN | nvarchar | 30 | N | Y |
| Book_name | nvarchar | 50 | N | Y |
| Book_type | nvarchar | 30 | N | Y |
| Book_author | nvarchar | 30 | N | Y |
| Book_press | nvarchar | 50 | N | Y |
| Book_pressdate | datetime | 默认 | N | Y |
| Book_price | money | 默认 | N | Y |
| Book_inputdate | datetime | 默认 | N | Y |
| Book_quantity | int | 默认 | N | Y |
| Book_isborrow | nvarchar | 1 | N | Y |

表 1-3 Readerinfo 表

| 字段名 | 类型 | 长度 | 主键 | 允许空 |
|---|---|---|---|---|
| Reader_ID | nvarchar | 8 | Y | N |
| Reader_password | nvarchar | 20 | N | Y |

续表

| 字段名 | 类型 | 长度 | 主键 | 允许空 |
|---|---|---|---|---|
| Reader_name | nvarchar | 30 | N | N |
| Reader_identitycard | nvarchar | 18 | N | Y |
| Reader_type | nvarchar | 40 | N | Y |
| Reader_telephone | nvarchar | 20 | N | Y |
| Reader_registerdate | datetime | 默认 | N | Y |
| Reader_department | nvarchar | 50 | N | Y |
| Reader_maxborrownum | int | 默认 | N | Y |
| Reader_maxborrowday | int | 默认 | N | Y |
| Reader_isborrow | nvarchar | 1 | N | Y |
| Reader_borrowdnum | int | 默认 | N | Y |
| Reader_overduenum | int | 默认 | N | Y |

表 1-4 Borrowreturninfo 表

| 字段名 | 类型 | 长度 | 主键 | 允许空 |
|---|---|---|---|---|
| Borrow_ID | int | 默认 | Y | N |
| Book_ID | nvarchar | 8 | N | Y |
| Reader_ID | nvarchar | 8 | N | Y |
| Borrow_date | datetime | 默认 | N | Y |
| Borrow_clerk_ID | nvarchar | 8 | N | Y |
| Return_date | datetime | 默认 | N | Y |
| Return_clerk_ID | nvarchar | 8 | N | Y |
| Book_state | nvarchar | 8 | N | Y |

表 1-5 Punishinfo 表

| 字段名 | 类型 | 长度 | 主键 | 允许空 |
|---|---|---|---|---|
| Punish_ID | int | 默认 | Y | N |
| Reader_ID | nvarchar | 8 | N | Y |
| Book_ID | nvarchar | 8 | N | Y |
| Overdue_days | int | 默认 | N | Y |
| Punish_amount | money | 默认 | N | Y |
| Punish_date | datetime | 默认 | N | Y |
| Punish_Clerk_ID | nvarchar | 8 | N | Y |
| Punish_reason | nvarchar | 8 | N | Y |
| Submit_punishdate | datetime | 默认 | N | Y |
| Punish_issubmit | nvarchar | 1 | N | Y |

表 1-6　Clerkinfo 表

| 字段名 | 类型 | 长度 | 主键 | 允许空 |
|---|---|---|---|---|
| Clerk_ID | nvarchar | 8 | Y | N |
| Clerk_password | nvarchar | 20 | N | Y |
| Clerk_name | nvarchar | 30 | N | Y |
| Clerk__identitycard | nvarchar | 18 | N | Y |
| Clerk_type | nvarchar | 40 | N | Y |

# 1.5　本章小结

第一节介绍了数据库技术发展的三个阶段：人工管理、文件管理和数据库管理。数据库系统由多个部分构成，包括：数据库、数据库管理系统、应用系统、计算机硬件、数据库管理员等，每个部分都有各自的功能；介绍了数据、数据库、数据库管理系统等数据库中常见的概念；目前常用的数据管理系统有 Oracle、DB2、MS SQL Server、Access 和 MySQL 等。

第二节介绍了数据模型种类，常用的数据模型有三种：实体联系模型、结构数据模型和面向对象数据模型。ER 模型中最重要的是 ER 方法。关系模式的规范化最重要的有 1NF、2NF、BCNF 及 3NF 范式。在进行关系数据设计时，需要掌握关系数据库设计的基本原则，尽量满足高标准的范式，适当建立索引，少采用存储过程，避免使用触发器。

第三、第四节通过图书管理系统具体的案例，重点介绍了数据库设计的 4 个阶段，分别是：需求分析、概念设计、逻辑设计和物理设计。在 ER 模型向关系模型转换时，对于联系类型，要视 1:1、1:N 和 M:N 三种不同的情况做不同的处理。

PART 02

# 第2章 SQL Server 2014环境安装与配置

## 课堂学习目标

- 了解 SQL Server 2014 数据库系统的新特征与种类
- 掌握 SQL Server 2014 数据库系统环境的安装与配置
- 理解在 SQL Server 2014 集成环境中简单案例的操作

# 2.1 SQL Server 2014 简介

SQL Server 系列软件是微软公司推出的关系型数据库管理系统，微软公司 CEO 萨蒂亚·纳德拉于 2014 年 4 月 16 日在旧金山召开的发布会上宣布正式推出 SQL Server 2014 数据库系统。该版本提供了企业驾驭海量资料的关键技术和增强技术，可以有效整合云端各种资源结构与全新的混合云解决方案，其快速运算效能和高度资料压缩技术，以及为业务人员提供可以自主将资料进行即时决策分析的商业智能功能，帮助客户加速业务处理。

微课：SQL Server 2014 简介

## 2.1.1 SQL Server 2014 新特征

为了满足企业对数据库系统的各种需求，有效实现云技术的服务以及完成全方位的数据仓库解决方案，SQL Server 2014 数据库系统在继承以往各个版本的数据库系统优点的基础上，又从以下 8 个方面扩充了新特征。

**1. 内存驻留技术使系统处理性能大幅提升**

针对工作负载提供内存计数功能，将利用率较高的数据表写入内存，不用重写应用，仅优化内存驻留技术，编译存储过程即可，为全面内存数据库的实施提供解决方案。

**2. 系统可用性高，安全性有保障**

借助 Always On 功能可以满足处理业务数据时对高可用性的实际需要，缩短服务器运行时间，提高系统的可靠性、安全性及数据保护，有效实现系统的高可用性和灾难恢复，以便快速实现从服务器到云端的扩展操作与完善服务。

**3. 业务支持覆盖率广**

主要业务包括：架构设计与审核、解决方案验证、更快速响应等，与 SQL Server 2014 有合作关系的生态系统成员高达 7 万多个。

**4. 具有广泛的扩展性服务**

依据用户业务需求，灵活部署选项，实现由服务器端到云端的扩展。为提高计算性能，提供多达 640 个逻辑处理器和 64 个虚拟机的处理器，借助池化网卡的捆绑功能实现可伸缩网络。

**5. 数据发现快，系统性能高**

利用基准测试程序，用户可得到更高的系统性能，有利于商业应用的深入发展，以及快速实现解决方案。

**6. 保证数据的高可靠与一致性**

为业务数据提供全方位视图，凭借整合、净化与管理确保数据信息的一致性与可靠性。

**7. 提供良好的数据仓库解决方案**

为用户提供大规模数据容量，以保证数据处理的伸缩性与灵活性。

**8. 提供较高的系统处理优化率**

利用易扩展的开发技术，增强服务器与云端的扩展性，优化工作效率。

## 2.1.2 SQL Server 2014 主要功能

与之前 SQL Server 家族系列产品相比，SQL Server 2014 具有如下主要功能：全新的 in-memory 事务处理功能与数据仓库增强的性能；检测系统的工作负载及其他性能指标的预测功能；

利用 Always on 的高可用性解决方案实现快速灾难恢复功能；利用扩充逻辑处理器与虚拟机，实现跨越网络、数据计算与存储信息的企业级扩展功能；利用数据加密技术和扩展的密钥，实现系统的安全功能；利用数据访问权限的管理和有效职责划分，实现操作合规功能；利用 Windows Azure 虚拟机里安装的 SQL Server，实现由本地到云端数据平台的一致性功能；利用全面 BI 解决方案，实现企业级与商业级的智能管理功能；利用 Excel 工具或移动设备访问技术，实现洞察所有用户的功能；通过扩展关系型数据仓库的级别，实现集成非关系型数据源的数据仓库扩展功能；提供广泛支持提取、处理与加载任务的集成服务功能；利用第三方数据提供商的技术，实现增强数据质量的功能；利用 SSMS 可视化界面实施本地及云端数据库结构管理，实现管理操作的易用功能；利用 SQL Server Data Tools 集成于 Visual Studio 系统，实现构建本地或云中新一代 Web、移动应用与企业、商业、智能化程序开发的功能等。

### 2.1.3　SQL Server 2014 的数据库种类

为了适应多种需求和不同环境的使用要求，SQL Server 2014 数据库系统提供了多种版本。

**1. 企业版（SQL Server 2014 Enterprise）**

企业版包括 64 位和 32 位两种类型，提供高端数据中心管理功能，实现端到端的商业智能化，对于关键工作任务负荷有较高的服务级别，支持深层数据访问操作。

**2. 智能商业版（SQL Server 2014 Business Intelligence）**

智能商业版包括 64 位和 32 位两种类型，提供基于浏览器的数据信息浏览功能与增强的数据集成和集成管理功能，支持具有安全性与可扩展性的综合 BI 解决方案。

**3. 标准版（SQL Server 2014 Standard）**

标准版包括 64 位和 32 位两种类型，提供数据管理功能与商业智能数据库，以及常用的开发工具等，实现以最少的技术资源投入获取高效的数据信息及数据库的管理效果。

**4. Web 版（SQL Server 2014 Web）**

Web 版包括 64 位和 32 位两种类型，为 Web 资产提供伸缩性好、管理高效、经济实用的 Web 宿主和 Web VAP。

**5. Developer 版（SQL Server 2014 Developer）**

Developer 版包括 64 位和 32 位两种类型，为开发人员基于 SQL Server 构建与测试各种应用程序提供研发与测试平台，但不能用作生产服务器。

**6. Express 版（SQL Server 2014 Express）**

Express 版包括 64 位和 32 位两种类型，这是一款入门级免费数据库，主要用于学习与构建小型服务器数据驱动应用程序或桌面系统，是开发人员和研发客户端应用程序热衷者的首选系统。

## 2.2　SQL Server 2014 环境安装

在安装 SQL Server 2014 数据库系统之前一定要做好必要的准备工作，否则安装过程中可能出现各种异常，严重者将导致系统安装中断。首先，要仔细检查计算机系统软硬件环境的配置是否满足 SQL Server 2014 数据库系统安装的要求；其次，要准备好 SQL Server 2014 的安装光盘。

### 2.2.1 SQL Server 2014 安装环境需求

**1. 硬件环境要求**

处理器类型通常是 x64 处理器，如 AMD Opteron、AMD Athlon 64、Intel EM64T 的 Intel Xeon、EM64T 的 Intel Pentium IV；处理器速度最好在 2.0GHz 以上；至少 6GB 可用硬盘空间；Super-VGA（800×600）或更高分辨率的显示器；内存推荐为 4GB；安装时需要有相应的 DVD 驱动器及鼠标定位器设备等。

**2. 软件环境要求**

建议使用 NTFS 文件格式的计算机系统，需要安装 Microsoft.NET Framework 4.6、Microsoft 数据访问组件、Microsoft SQL Server 本机客户端、Microsoft SQL Server 安装程序支持文件、Windows PowerShell 2.0 或更高版本等。此外，还需要有相应的网络软件环境；浏览器应当是 IE 6.0 及以上版本；网络服务器最好为 IIS 5.0 或更高版本。

**3. 操作系统环境要求**

操作系统通常使用 Windows。使用 SQL Server 2014 企业版的用户，最好是 Windows Server 2012、Windows 8 或更高版本。

### 2.2.2 SQL Server 2014 系统安装

（1）将 SQL Server 2014 的安装盘放入光盘驱动器，使之运行，在光盘文件夹中找到安装文件 SETUP.EXE 文件，如图 2-1 所示。

微课：SQL Server 2014 安装过程

图 2-1 系统安装文件应用程序

（2）双击 SETUP.EXE 安装文件，打开“SQL Server 安装中心”界面，开始正常安装 SQL Server 2014 数据库系统。首次进入该界面时，左侧第一个选项“计划”被默认选中，可以查看右侧相关信息，了解 SQL Server 2014 系统的具体内容和相关设置。单击界面左侧的“安装”选项，如图 2-2 所示，界面右侧列出两种可供选择的安装方式，分别是“全新 SQL Server 独立安装或向现有安装添加功能”和“从 SQL Server 2005、SQL Server 2008、SQL Server 2008 R2 或 SQL Server 2012 升级”。第一次安装时，建议选择第一项进行独立全新安装。单击第一项“全新安装”选项，进入 SQL Server 2014 系统的全新安装界面。

（3）进入 SQL Server 2014 系统的全新安装界面，此时 SQL Server 2014 安装程序对系统进行相关检测处理，如图 2-3 所示。

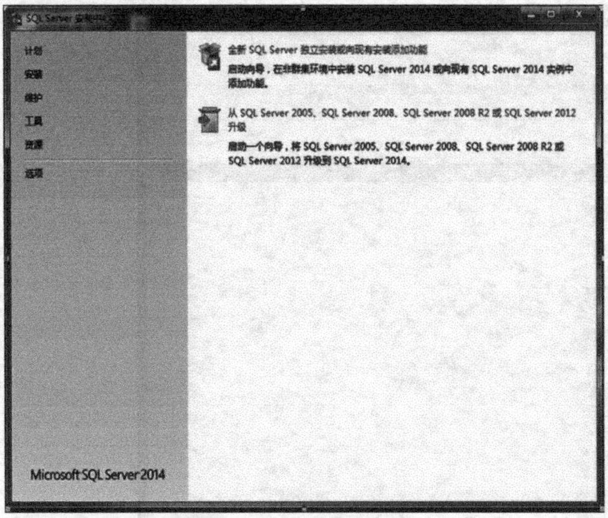


图 2-2　选择安装功能

图 2-3　安装程序检测当前系统

（4）对即将安装 SQL Server 2014 的系统检测完毕，显示检测结果，如果与安装程序支持的规则有某种冲突或不符合之处，则显示具体错误或警告信息，系统无法正常安装；否则，通过检测可以继续数据库系统的安装操作。进入“许可条款”界面，仔细阅读许可条款，若接受上述条款内容，则选中“我接受许可条款”复选框，如图 2-4 所示。

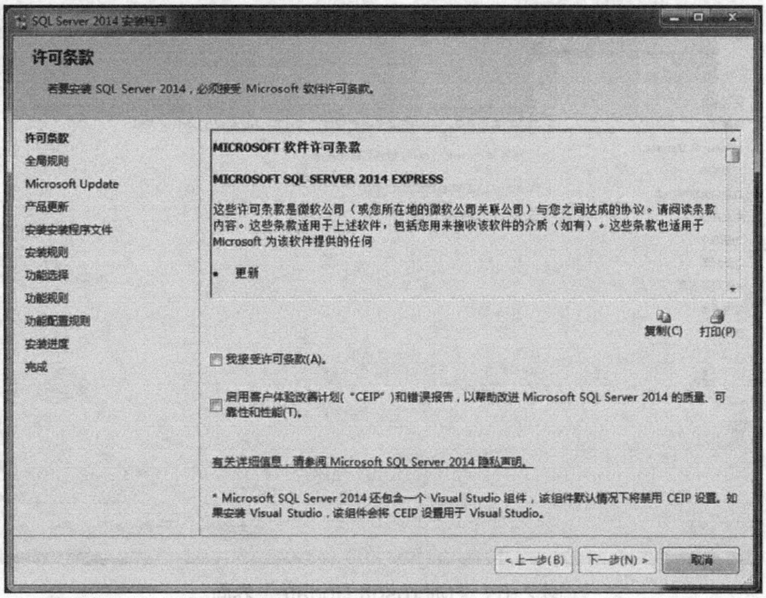


图 2-4　“许可条款”界面

（5）接受许可条款之后，单击“下一步”按钮，进入“全局规则”界面，如图 2-5 所示，检测安装程序规则，如果有错误，就必须调整后才能继续安装。

（6）全局规则检测无误后，单击“下一步”按钮，进入“Microsoft Update”界面，如图 2-6 所示，在此可以直接单击“下一步”按钮。

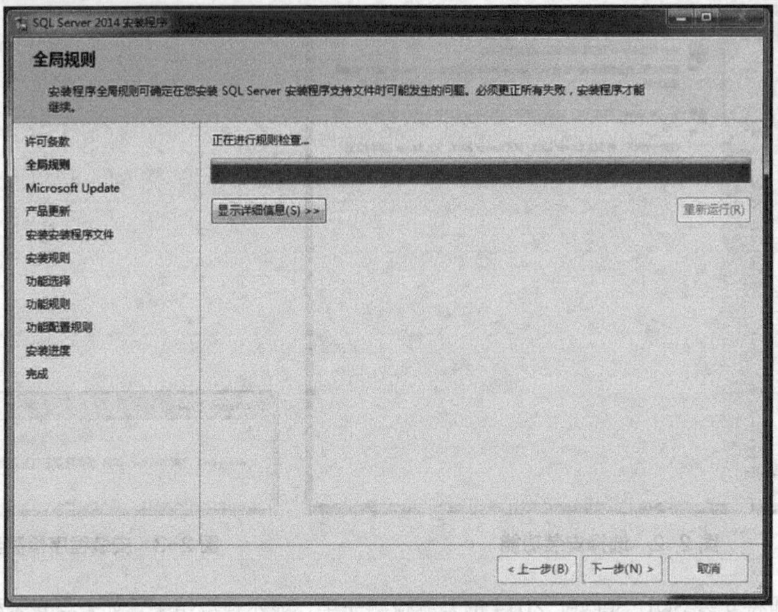


图 2-5 “全局规则”界面

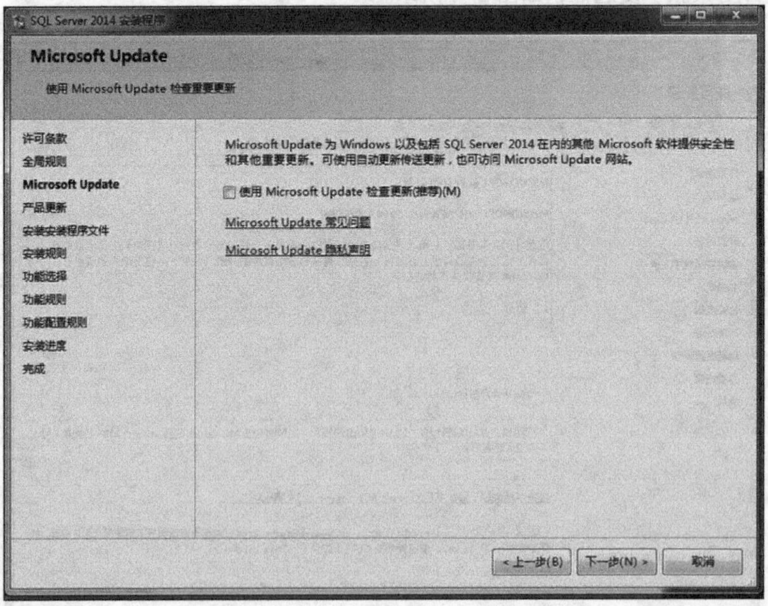


图 2-6 “Microsoft Update”界面

（7）此次安装过程由于没有选择“Microsoft Update 检测更新”选项，将跳过“产品更新”操作，直接进入“安装安装程序文件”界面，如图 2-7 所示，系统进行扫描、下载、提取、启动 SQL Server 2014 安装程序等工作。

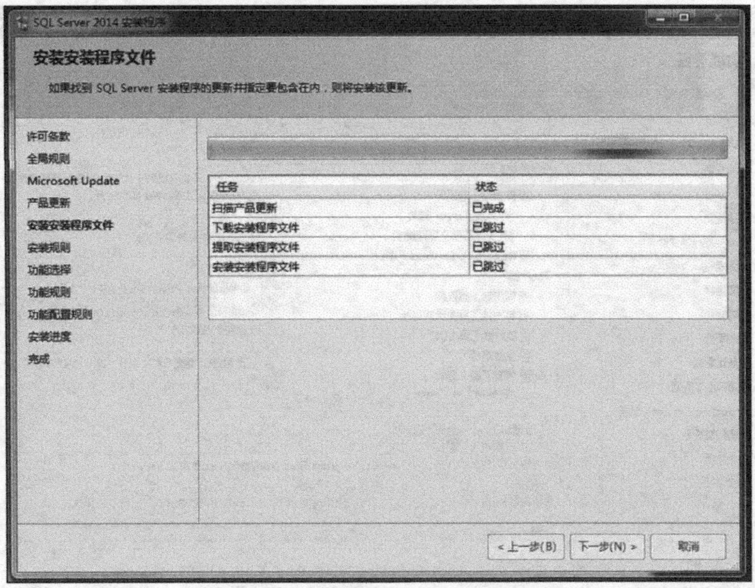


图 2-7 “安装安装程序文件”界面

（8）安装操作准备就绪，单击“下一步”按钮，进入“安装规则”界面，如图 2-8 所示，标识在运行安装程序时可能发生的问题，必须更正所有问题才能继续安装。

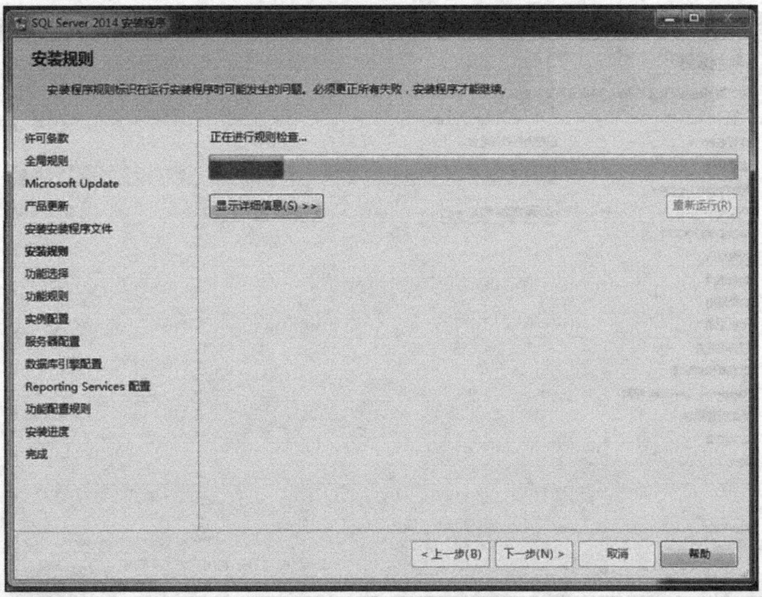


图 2-8 “安装规则”界面

（9）安装规则检测无误，单击“下一步”按钮，进入“功能选择”界面，如图 2-9 所示，建议初学者选中所有功能，以便进一步学习和进行系统开发。

（10）此次安装选中所有功能，实例根目录使用默认目录，单击“下一步”按钮，进入“功能规则”界面，如图 2-10 所示，安装程序运行相应功能规则。

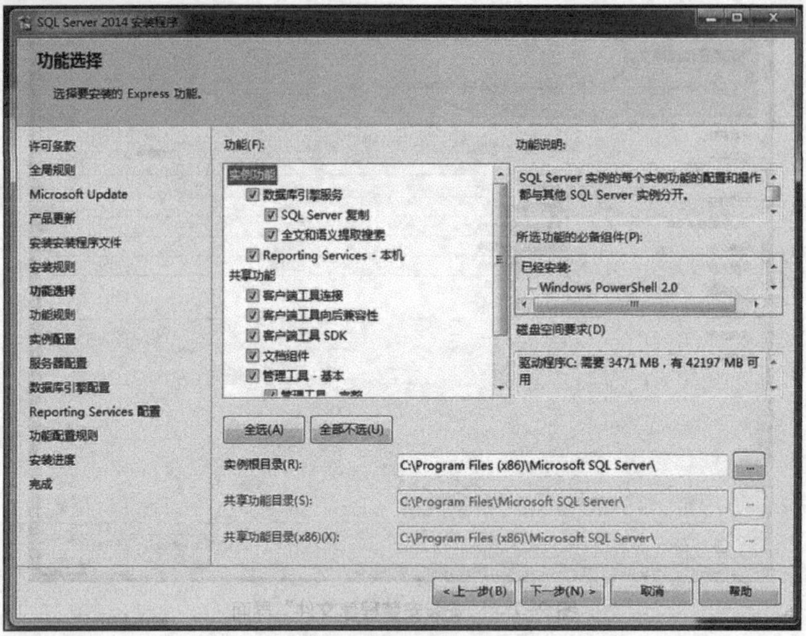


图 2-9 “功能选择”界面

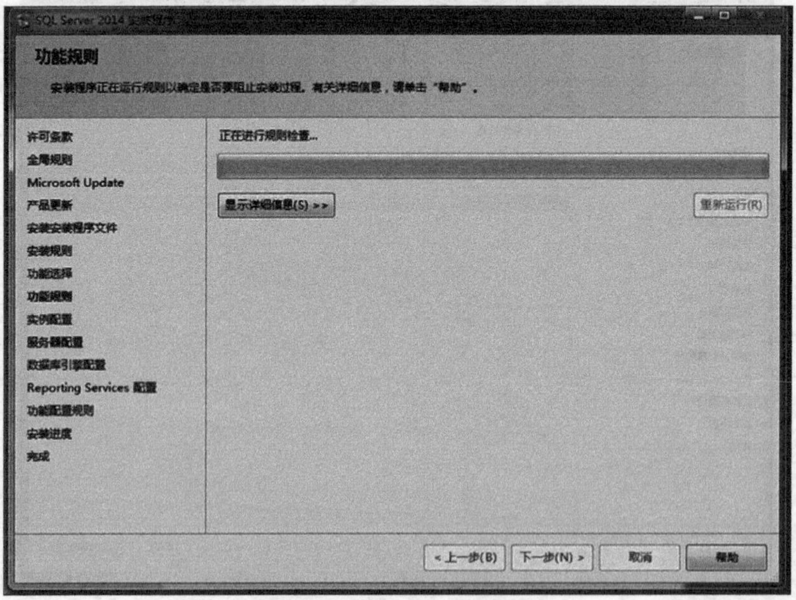


图 2-10 “功能规则”界面

（11）功能规则的检测顺利通过，单击“下一步”按钮，进入“实例配置”界面，如图 2-11 所示，通常选择系统的“默认实例”，此次安装选择“命名实例”单选按钮，在文本框中输入实例名“MSSQLSERVER1”，单击“下一步”按钮。

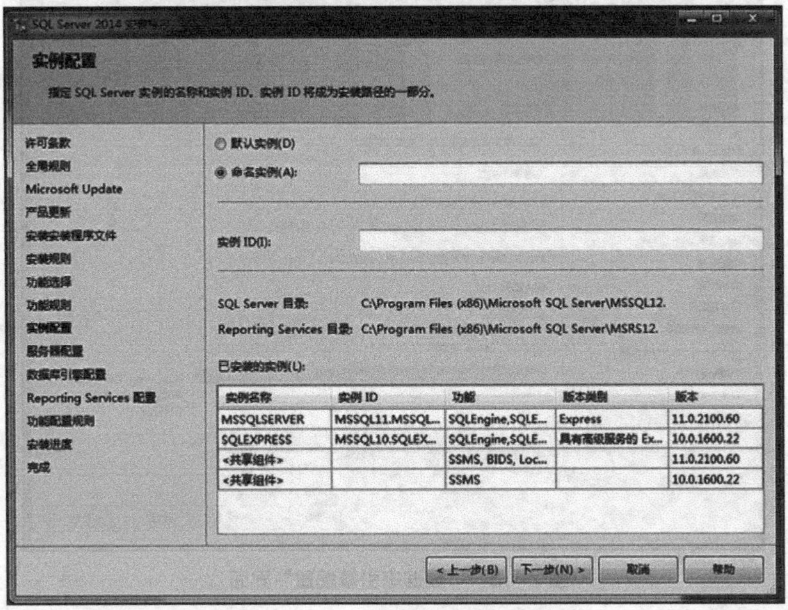


图 2-11 “实例配置”界面

（12）系统进入“服务器配置”界面，如图 2-12 所示，主要是配置 SQL Server 数据库系统服务器的相关参数。

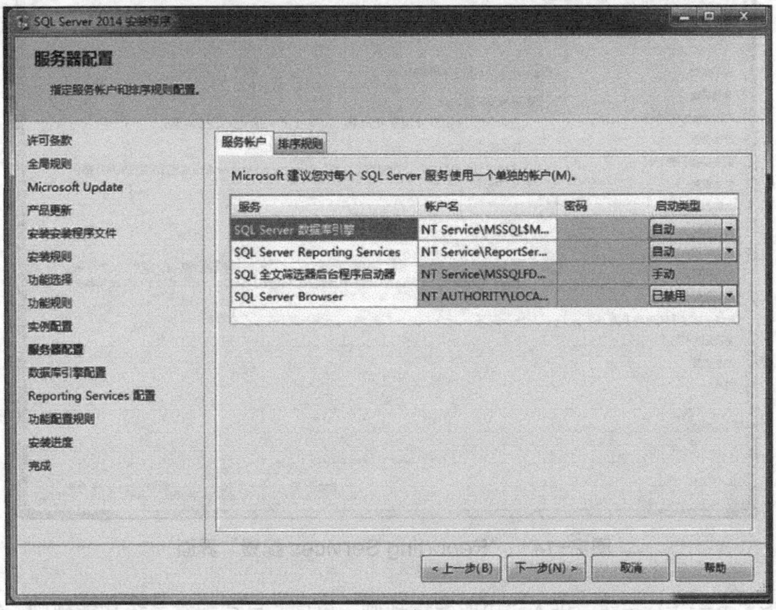


图 2-12“服务器配置”界面

（13）单击“下一步”按钮，进入“数据库引擎配置”界面，可以选择 SQL Server 身份验证模式，通常系统提供两种选项，分别是“Windows 身份验证模式”和“混合模式”。若选择“混合模式”进行身份验证，就要为 SQL Server 系统管理员的 sa 账户设定系统登录密码，如图 2-13 所示。

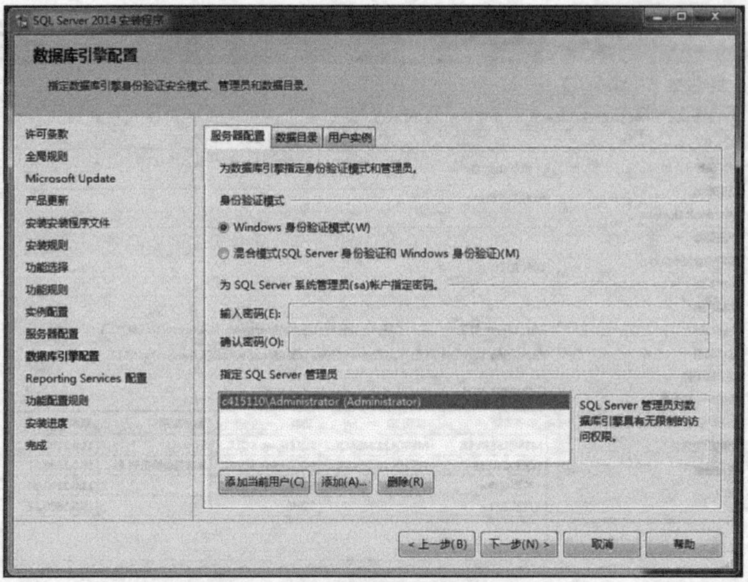


图 2-13　“数据库引擎配置”界面

（14）配置信息输入完毕，单击“下一步”按钮，进入“Reporting Services 配置”界面，选择“安装和配置”选项，如图 2-14 所示。

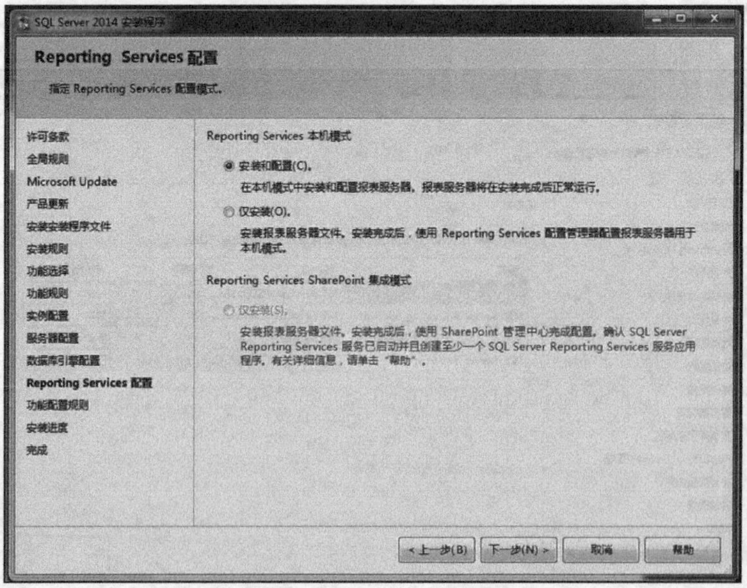


图 2-14　“Reporting Services 配置”界面

（15）单击“下一步”按钮，进入“功能配置规则”界面，自动配置系统功能规则，然后进入“安装进度”界面，如图 2-15 所示，此步骤要花费几分钟时间。

（16）安装进度执行完毕，单击“下一步”按钮，进入 SQL Server 2014 安装程序的处理操作，处理完毕进入“完成”界面，如图 2-16 所示。所有功能成功安装后，单击“关闭”按钮，即可完成数据库系统的安装。

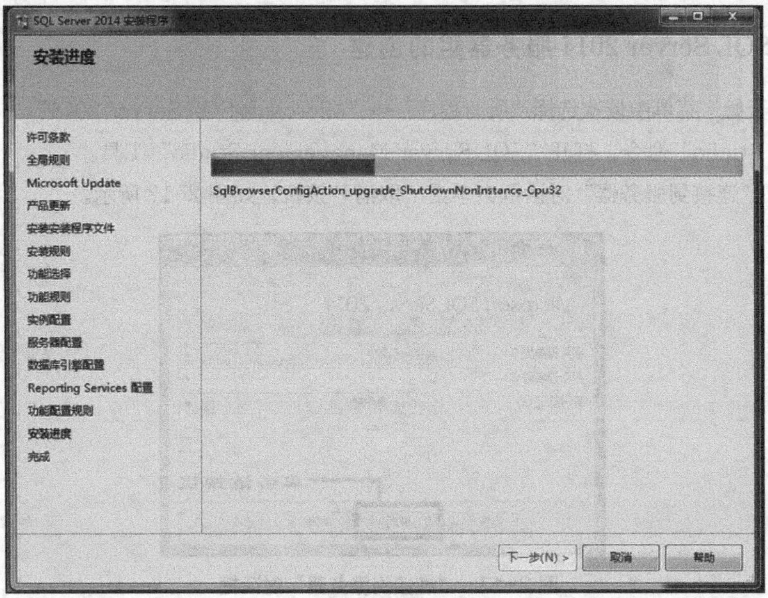


图 2-15 “安装进度”界面

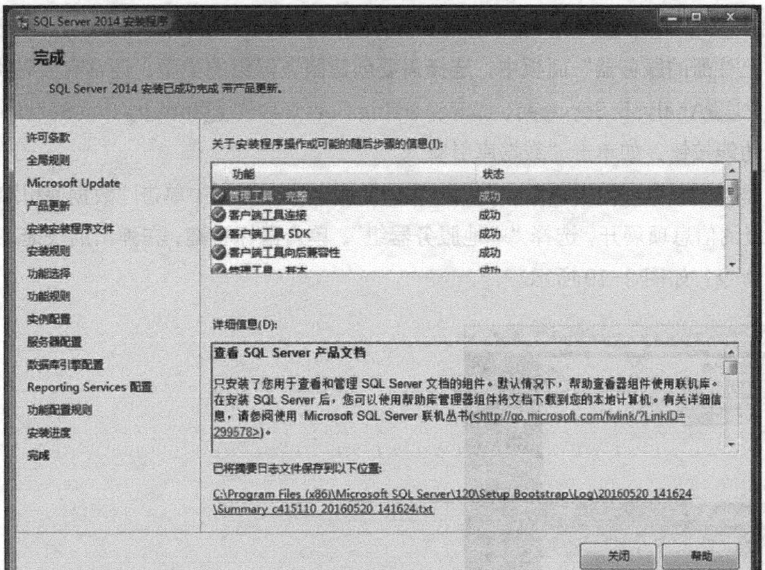


图 2-16 “完成”界面

微课：SQL Server 2014 系统配置

# 2.3 SQL Server 2014 系统配置

安装完毕的 SQL Server 2014 数据库系统在使用之前要进行创建服务器组及注册服务器等操作，对该系统实施优化配置。创造服务器组，不仅可以将已注册的众多服务器实施分组管理，而且借助服务器注册操作，可以存储大量与服务器之间的连接信息，确保数据库系统使用的安全性、稳定性与高效性。

### 2.3.1 SQL Server 2014 服务器组的创建

（1）在“开始”菜单中依次选择“所有程序”→“Microsoft SQL Server 2014”→“SQL Server Management Studio”命令，打开“SQL Server Management Studio”工具。

（2）进入“连接到服务器”对话框，单击“取消”按钮，如图 2-17 所示。

图 2-17 “连接到服务器”对话框

（3）在没有连接数据库服务器的情况下，进入 SQL Server Management Studio 可视化管理界面，选择“视图”→“已注册的服务器”命令，界面中将显示已注册的服务器面板，如图 2-18 所示。

（4）在“已注册的服务器”面板中，选择需要创建服务器组的类型，通常有 4 种类型，分别是：数据库引擎、Analysis Services、Reporting Services、Integration Services 等，根据需要单击对应的功能按钮，如单击“数据库引擎”。

（5）选择需要的服务器组类型后，在“已注册的服务器”面板中单击“数据库引擎”前面的⊞图标，将其下一级的信息项展开，选择“本地服务器组”，单击鼠标右键，在弹出的快捷菜单中选择“新建服务器组”命令，如图 2-19 所示。

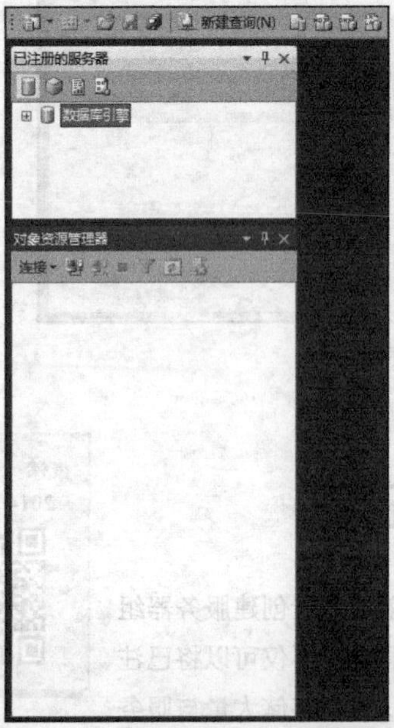


图 2-18 添加已注册的服务器面板到 SSMS 可视化界面

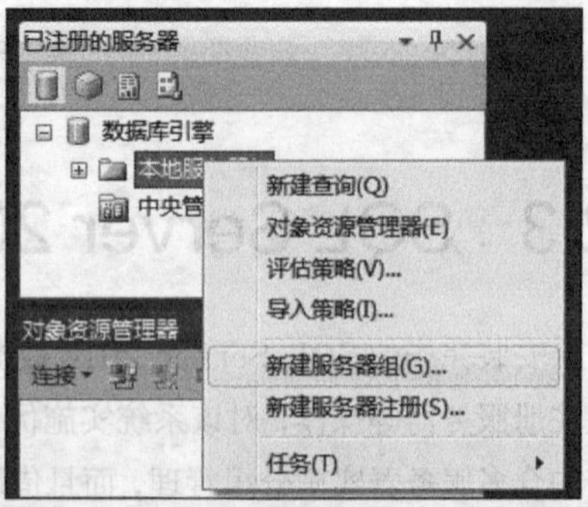


图 2-19 选择“新建服务器组”命令

（6）在弹出的“新建服务器组属性”对话框中输入如下的内容，“组名”为“DBserver”，这是即将创建的服务器组的名称；“组说明”为“这是一个新创建的服务器组”，在这里可以对即将创建的服务器组进行简要说明，如图 2-20 所示。服务器组的属性信息输入完毕后，单击“确定”按钮，完成服务器组的创建操作。

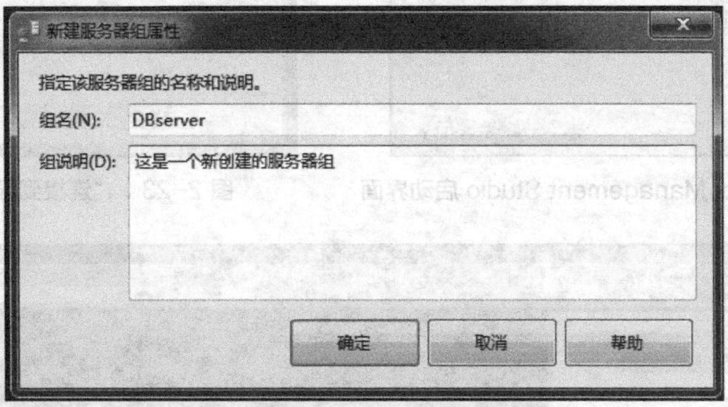


图 2-20 “新建服务器组属性”对话框

## 2.3.2 SQL Server 2014 服务器的注册

（1）单击“开始”菜单，在弹出的菜单中依次选择“所有程序”→“Microsoft SQL Server 2014”→“SQL Server Management Studio”命令，如图 2-21 所示。

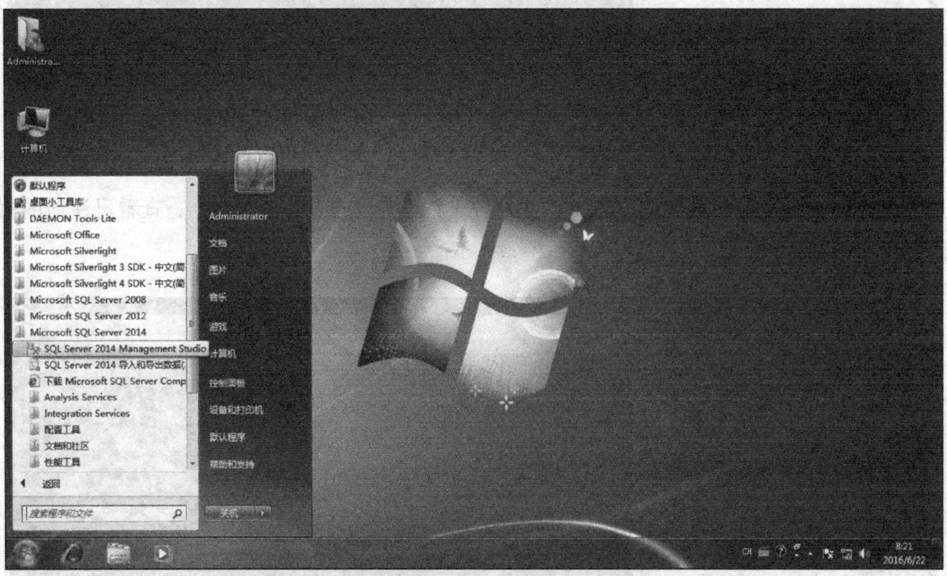


图 2-21 选择“SQL Server Management Studio”命令

（2）运行启动命令，进入启动界面，如图 2-22 所示。

（3）进入“连接到服务器”对话框，选择服务器类型、服务器名称以及身份验证等内容，在此“服务器名称”选择本地服务器，输入“.”，“身份验证”选择“Windows 身份验证”，如图 2-23 所示。

（4）单击“连接”按钮，完成与服务器的连接，进入 SQL Server Management Studio 可视化管理界面，左侧是“对象资源管理器”窗口，如图 2-24 所示。

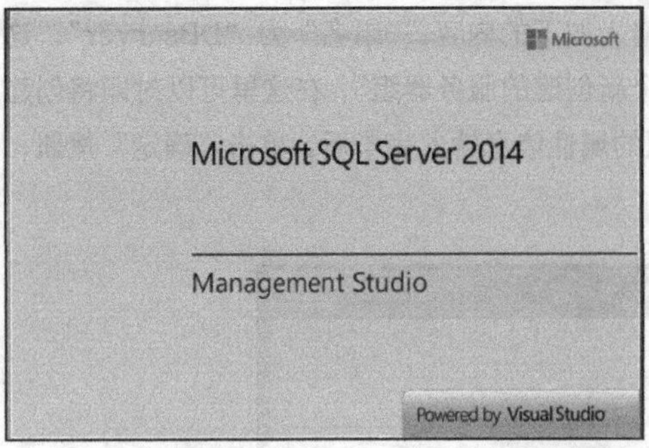


图 2-22　SQL Server Management Studio 启动界面

图 2-23　“连接到服务器”对话框

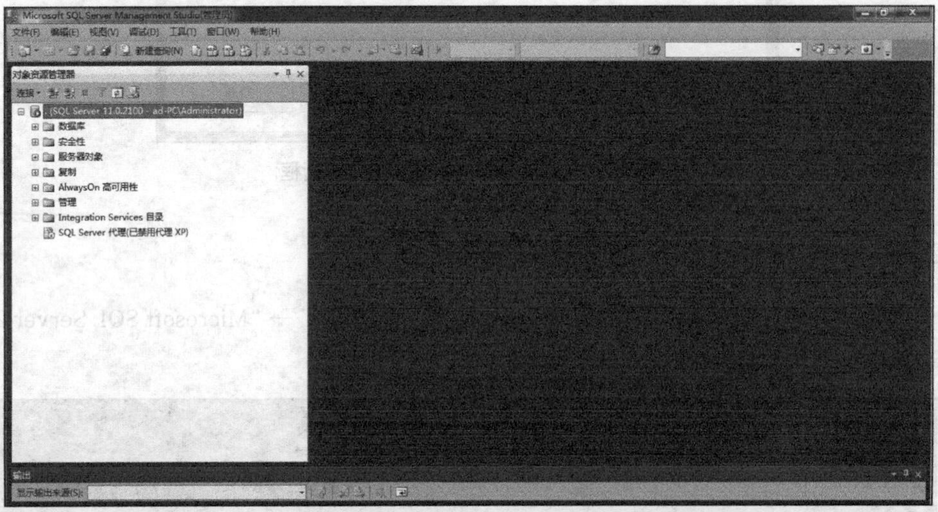


图 2-24　SQL Server Management Studio 可视化主界面

（5）查看已注册的服务器信息，选择“视图”→“已注册的服务器”命令，查看已注册的服务器具体信息，如图 2-25 所示。

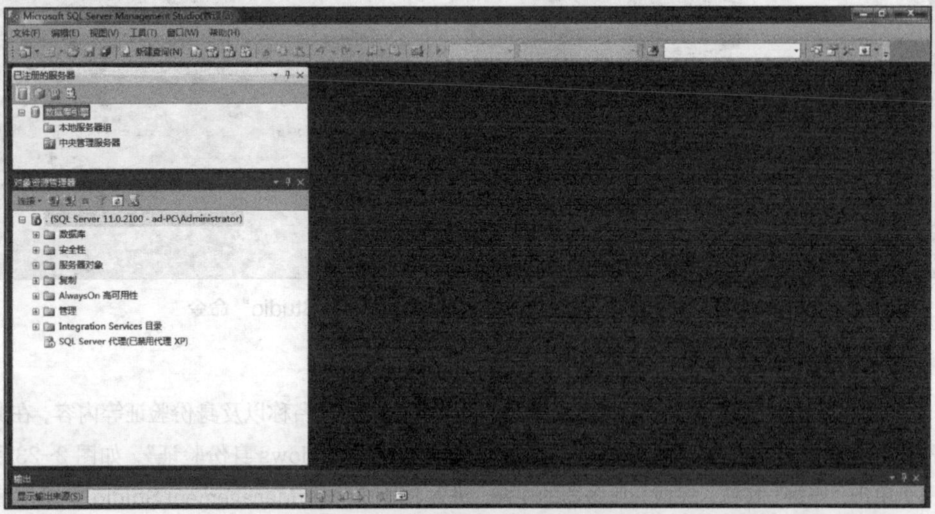


图 2-25　查看已注册的服务器信息

（6）依据实际需求可以注册其他服务器，具体操作为，选择“本地服务器组”节点，单击鼠标右键，在弹出的快捷菜单中选择“新建服务器注册”命令，如图 2-26 所示。在“新建服务器注册”对话框中，输入服务器名称，选择身份验证类型，如图 2-27 所示，单击“测试”按钮，通过测试后，单击“保存”按钮即可。

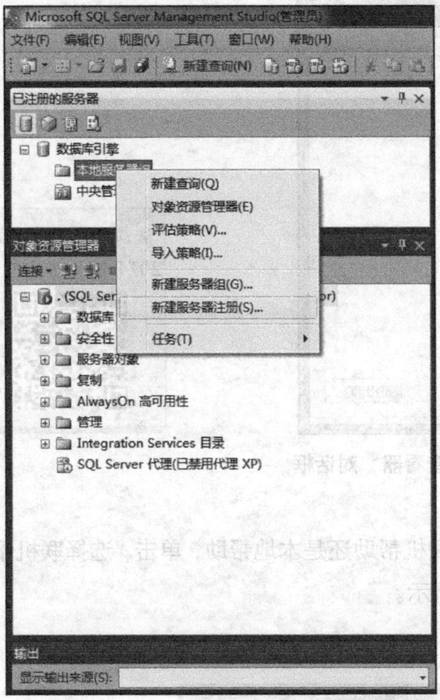


图 2-26 选择“新建服务器注册”命令

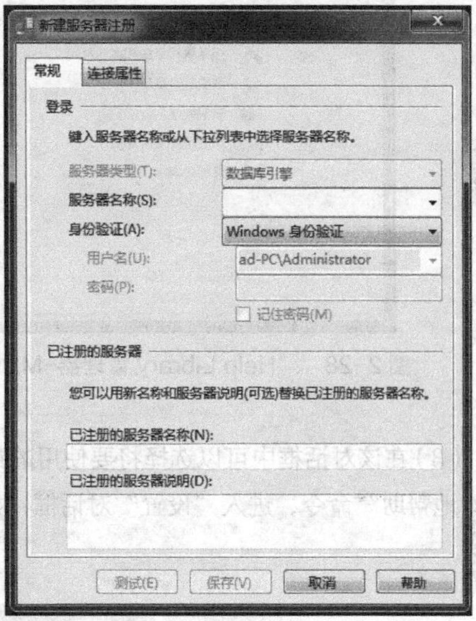


图 2-27 “新建服务器注册”对话框

## 2.3.3 SQL Server 2014 服务器组与服务器的删除

不再需要的服务器组或不再使用的已经注册的服务器要及时删除，具体操作步骤是：在“已注册的服务器”面板中，选择需要删除的服务器组，单击鼠标右键，在弹出的快捷菜单中选择“删除”命令，系统弹出确认删除对话框，单击“是”按钮，即可删除服务器组。同理，在“已注册的服务器”面板中，选择需要删除的服务器，单击鼠标右键，在弹出的快捷菜单中选择“删除”命令，系统弹出确认删除对话框，单击“是”按钮，即可删除已注册的服务器。值得注意的是，在执行删除服务器组的命令时，该组包含的已注册服务器一并被删除。

## 2.3.4 SQL Server 2014 帮助信息的使用

SQL Server 2014 数据库系统与微软公司的其他产品系统一样，均提供了本地帮助系统和联机帮助系统。通常，在安装 SQL Server 2014 数据库系统时就有安装帮助系统的提示，并且提供了帮助系统的安装程序，选择系统提供的帮助内容，按 F1 键可以打开对应的帮助信息。

SQL Server 2014 帮助信息的使用方法及操作步骤如下。

（1）正常启动 SQL Server 2014 数据库系统，在“连接到服务器”界面中输入服务器名及选择身份验证类型后，进行服务器连接操作，连接成功即可进入 SQL Server Management Studio 可视化管理界面。

（2）单击该界面中的“帮助”菜单，选择“管理帮助设置”命令，进入“Help Library 管理器-Microsoft Help 查看器”对话框，如图 2-28 所示。

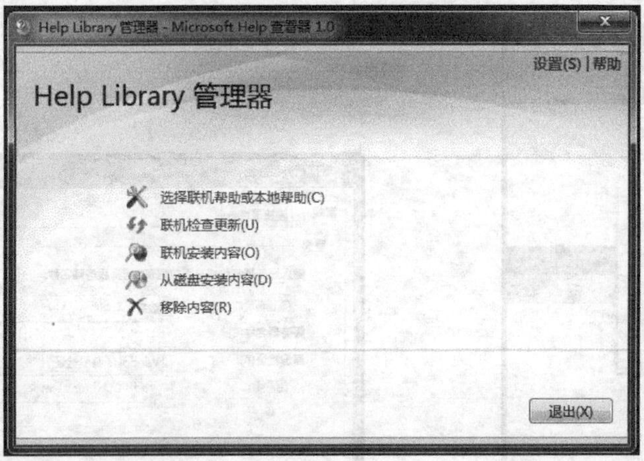


图 2-28 “Help Library 管理器-Microsoft Help 查看器”对话框

微课：SQL Server 2014 帮助信息使用

（3）在该对话框中可以选择将要使用的帮助系统是联机帮助还是本地帮助，单击“选择联机帮助或本地帮助”命令，进入“设置”对话框，如图 2-29 所示。

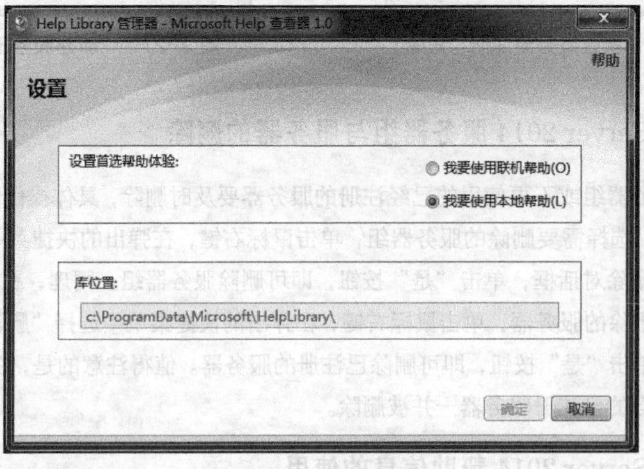


图 2-29 “设置”对话框

（4）如果选择“我要使用联机帮助”单选按钮，单击“确定”按钮退出“设置”对话框，可以在微软官方网站上体验为 SQL Server 2014 数据库系统提供的帮助操作；如果选择“我要使用本地帮助”单选按钮，单击“确定”按钮退出“设置”对话框，单击“帮助”命令，打开本地的帮助信息，如图 2-30 所示。

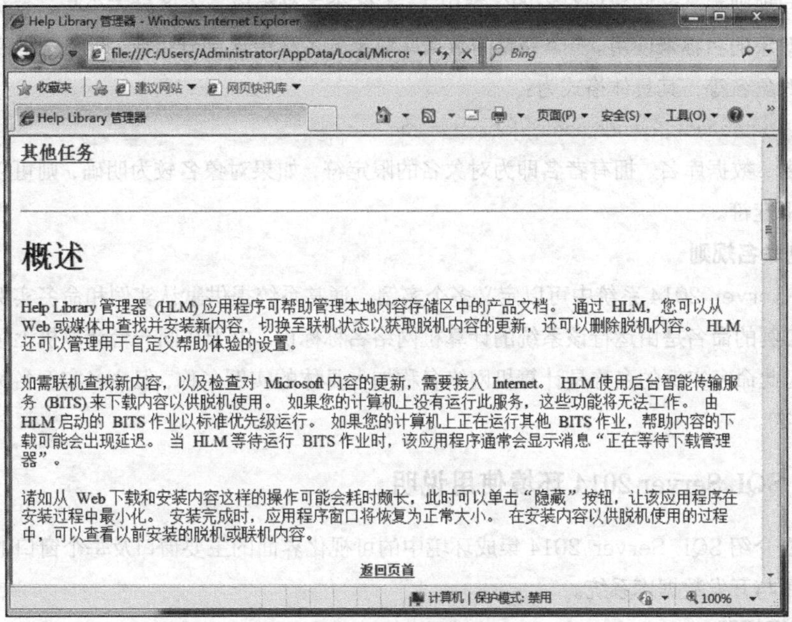


图 2-30　查看本地帮助信息

## 2.4　SQL Server 2014 系统简单应用

微课：SQL Server 2014 系统简单应用

在安装与配置完 SQL Server 2014 数据库系统之后，下面介绍 SQL Server 的命名规范及集成环境各个面板的使用方法与功能，然后通过设计与运行一个较为简单的案例熟悉 SQL Server 2014 系统的使用流程。

### 2.4.1　SQL Server 命名规范简介

SQL Server 2014 数据库系统拥有完善的管理机制，设计了严格的命名规则。用户在创建与使用数据库系统或数据库对象时，必须严格遵守该系统的命名规则，否则将破坏系统的整体规范性。

**1. 标识符命名规则**

在 SQL Server 2014 系统中，标识符是为服务器、数据库及数据库对象起的名称，使用标识符可以引用数据库对象。一般标识符分为常规标识符和分隔标识符两种。通常，定义标识符时必须遵循以下规定。

- 标识符的首字符应当是英文字母 A～Z 的大写或小写、下画线、符号@、数字符号#等，这些字符具有特殊意义，如@表示局部变量或参数，#表示临时表或过程，##表示全局临时对象等。
- 跟在首字符之后的后续字符可以是英文大小写字母、拉丁字母、十进制数字、符号@、美元符号$、数字符号#或下划线等。
- 标识符的长度通常为 1～128 个字符，本地临时表的标识符最长为 116 个字符。
- 切记 SQL 的保留字不能作为标识符来使用，空格与其他字符不能出现在标识符中。

**2. 对象命名规则**

SQL Server 2014 系统中的数据库对象通常包括：数据列、数据表、视图、索引、触发器、存储过程、约束与规则等。这些数据对象的名称由 1～128 个字符组成，不区分大小写，合法的标识符同样可以作为对象的名称来使用。一个完整的数据库对象的名称由 4 部分组成，即服务器名、数据库名、拥有者名与对象名等，其具体格式为：

```
[[[server.][database].][owner_name].]object_name
```

服务器名、数据库名、拥有者名即为对象名的限定符，如果对象名较为明确，则可以省略对象名前面的多个限定符。

**3. 实例命名规则**

在 SQL Server 2014 系统中可以定义多个实例，通常系统提供默认实例和命名实例两种类型。其中，默认实例的命名是由运行该系统的计算机网络名称标识；由于在同一台计算机上可以运行多个命名实例，因此命名实例的名称是计算机网络名称加上具体的实例名称，但命名实例名称总长度不能超过 16 个字符。

### 2.4.2 SQL Server 2014 环境使用说明

下面简要介绍 SQL Server 2014 集成环境中的可视化界面的主要窗口及每个窗口的主要功能，以便顺利使用与开发数据库系统。

**1. 代码编辑器**

代码编辑器用于编写脚本代码，是一款功能完备、易用性强、灵活便捷的脚本编辑器。

**2. 对象资源管理器**

对象资源管理器用于对 SQL Server 实例中的各种对象进行新建、查找、修改、重命名、删除、编写脚本及运行相关命令等操作。

**3. 模板资源管理器**

模板资源管理器用于查找数据库系统中各类对象的编辑模板，并以各类模板为基础编写脚本。

**4. 解决方案资源管理器**

解决方案资源管理器用于整理并存储对数据库系统操作的相关脚本，是所设定项目的组成部分。

**5. 属性窗口**

属性窗口用于显示指定对象的具体属性，根据实际需要可以修改相关属性值。

**6. 实用工具资源管理器**

实用工具资源管理器用于为多个 SQL Server 实例提供统一的资源运行状况视图，以便实现系统化创建和注册数据层应用程序及设置主机等资源运转状况的策略。

### 2.4.3 SQL Server 2014 简单案例操作

利用 T-SQL 语句在代码编辑窗口设计程序，计算 1～100 之和，其操作步骤如下。

（1）启动 SSMS 可视化界面，按 Ctrl+N 组合键，调出查询代码编辑窗口，在该窗口中输入如下 T-SQL 语句。

```
DECLARE @i int,@sum int;
SELECT @i=0,@sum=0;
 PRINT '************';
WHILE @i<=100
  BEGIN
```

```
        SELECT @sum=@sum+@i;
    SELECT @i=@i+1;
    END
PRINT '*'+'1~100累加之和是：'+CONVERT(VARCHAR(8),@sum)+'*';
PRINT '* * * * * * * * * * * *';
```

（2）在工具栏上单击“分析”按钮✓，对 SQL 语句进行语法检查。

（3）经检查无误后，单击工具栏上的“执行”按钮! 执行(X)，运行结果如图 2-31 所示。

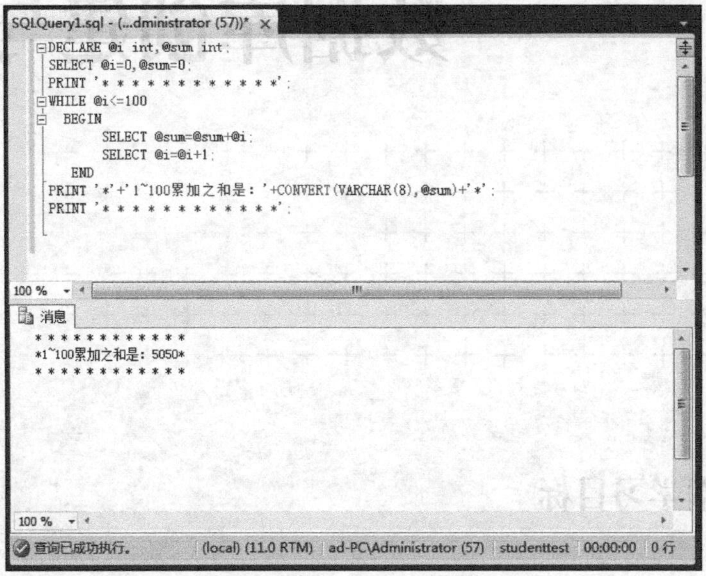


图 2-31　计算 1~100 累加和执行结果

## 2.5　本章小结

本章主要介绍 SQL Server 2014 数据库系统的概念、安装与配置。选择合适的 SQL Server 2014 数据库系统版本在本地计算机上演示安装操作，并且较完善地配置了 SQL Server 2014 数据库系统的服务器组和已注册的服务器，完成 SQL Server 2014 数据库系统的服务器连接操作。系统配置成功后，启动 SQL Server 2014 数据库系统的 SSMS 可视化界面，操作简单案例。

PART 03

# 第3章

# 数据库创建与维护

## 课堂学习目标

- 掌握数据库文件和数据库对象
- 熟悉使用可视化界面创建、修改和删除数据库
- 熟悉使用 T-SQL 语句创建、修改和删除数据库

# 3.1 创建应用数据库必备知识

## 3.1.1 数据库文件

每个 SQL Server 2014 数据库至少有一个主要数据文件，可以有多个从属数据文件，以存放不适合在主要数据文件中放置的数据。

数据文件一般是指数据库的文件，如每一个 SQL Server 2014 数据库有一个或多个物理的数据文件（Data File）。一个数据库的数据文件包含全部数据库数据。逻辑数据库结构(如表、索引)的数据物理地存储在数据库的数据文件中。

数据文件有下列特征。

- 一个数据文件仅与一个数据库联系。
- 一旦建立，数据文件就不能改变大小。
- 一个表空间（数据库存储的逻辑单位）由一个或多个数据文件组成。

数据文件中的数据在需要时可以读取并存储在 SQL Server 内存储区中。例如，用户要存取数据库中表的某些数据，如果请求信息不在数据库的内存储区内，则从相应的数据文件中读取并存储在内存。当修改和插入新数据时，不必立刻写入数据文件。为了减少磁盘输出的总数，提高性能，数据存储在内存，然后由 SQL Server 后台进程决定如何将其写入相应的数据文件中。

### 1. 数据文件

一个数据库可以有一个或多个数据文件（Data File），其中默认最先创建并包含系统对象的文件称为主要数据文件（Primary Data File），其默认扩展名为.mdf，主要数据文件是必需的，一个数据库只有一个主要数据文件，不可以删除。主要数据文件由主文件组中的初始数据文件组成。文件组是经过命名的数据文件集合，包含所有数据库系统表，以及没有赋给自定义文件组的对象和数据。主要数据文件是数据库的起始点，它指向数据库中的其他文件。

其他数据文件称为从属数据文件（Secondary Data File），其默认扩展名为.ndf，一个数据库可以没有从属数据文件，也可以同时拥有多个从属数据文件。在文件中的数据已清空的情况下可以删除。对于超大的数据库，使用多个数据文件可以提高管理的灵活性。将多个数据文件分布在不同的磁盘上，有助于提升数据库的整体 I/O 性能，磁盘访问的 I/O 压力将随机分在不同的磁盘上。

### 2. 事务日志文件

事务日志文件（Transaction Log File）保存用于恢复数据库的日志信息，一个数据库可以有一个或多个事务日志文件，其默认扩展名为.ldf。使用多个事务日志文件对提高数据库性能没有任何好处，因为事务日志总是在单个日志文件中顺序写入的。

## 3.1.2 数据库对象

微课：数据库对象

数据库对象是数据库的组成部分，常用的数据库对象有表（Table）、索引（Index）、视图（View）、图表（Diagram）、默认值（Default）、规则（Rule）、触发器（Trigger）、存储过程（Stored Procedure）、用户（User）等。

### 1. 表

数据库中的表与我们日常生活中使用的表格类似，它也是由行（Row）和列（Column）组成的。

列由同类的信息组成，每列又称为一个字段，每列的标题称为字段名。行包括若干列信息项。一行数据称为一个或一条记录，它表达有一定意义的信息组合。一个数据库表由一条或多条记录组成，没有记录的表称为空表。每个表中通常都有一个主关键字，用于唯一确定一条记录。

**2. 索引**

索引是根据指定的数据库表列建立起来的顺序。它提供了快速访问数据的途径，并且可监督表的数据，使其索引指向的列中的数据不重复，如聚簇索引。

**3. 视图**

视图看上去似乎同表一模一样，具有一组命名的字段和数据项，但它其实是一个虚拟的表，在数据库中并不实际存在。视图是由查询数据库表产生的，它限制了用户能看到和修改的数据。由此可见，视图可以用来控制用户对数据的访问，并简化数据的显示，即通过视图只显示那些需要的数据信息。

**4. 图表**

图表其实就是数据库表之间的关系示意图。利用它可以编辑表与表之间的关系。

**5. 默认值**

默认值是当在表中创建列或插入数据时，对没有指定其具体值的列或列数据项赋予事先设定好的值。

**6. 规则**

规则用于限制数据库表中的数据信息。它限定的是表的列。

**7. 触发器**

触发器由事件触发，可以查询其他表，而且可以包含复杂的 SQL 语句。它们主要用于强制服从复杂的业务规则或要求，也可用于强制引用完整性，以便在多个表中添加、更新和删除行时，保留在这些表之间定义的关系。

触发器实际上就是一个用户定义的 SQL 事务命令的集合。当对一个表进行插入、更改、删除时，这组命令会自动执行。

**8. 存储过程**

存储过程是为完成特定的功能而汇集在一起的一组 SQL 程序语句，经编译后存储在数据库的 SQL 程序中。

**9. 用户**

用户就是有权限访问数据库的人，同时需要自己登录账号和密码。用户分为：管理员用户和普通用户。前者可对数据库进行修改、删除，后者只能进行阅读、查看等操作。在实际项目应用中，数据库管理员（DBA）根据用户访问数据的权限，可以设置不同的权限；如数据的读、写、修改权限等。

### 3.1.3 系统数据库

SQL Server 系统运行时用到的相关信息，如系统对象和组态设置等，都是以数据库的形式存在的，而存放这些系统信息的数据库称为系统数据库。成功安装 SQL Server 后，系统会自动建立 master、tempdb、model、msdb 及 resource 等 5 个系统数据库。

**1. master**

master 数据库是 SQL Server 中最重要的数据库，记录了 SQL Server 系统中的所有系统信息，包括登入账户，系统配置和设置，服务器中数据库的名称、相关信息和这些数据库文件的位置，以及SQL Server初始化信息等。由于master数据库记录了如此多且重要的信息，一旦数据库文件损失或损毁，将对整个SQL Server系统的运行造成重大的影响，甚至使整个系统瘫痪，因此，要经常备份master数据库，以便在发生问题时，恢复数据库。

需要注意的是，不能在master数据库中执行下列操作。

- 添加文件或文件组。
- 更改排序规则。默认排序规则为服务器排序规则。
- 更改数据库所有者。master的所有者是sa。
- 创建全文目录或全文索引。
- 在数据库的系统表上创建触发器。
- 删除数据库。
- 从数据库中删除guest用户。
- 启用变更数据捕获。
- 参与数据库镜像。
- 删除主文件组、主要数据文件或日志文件。
- 重命名数据库或主文件组。
- 将数据库设置为OFFLINE。
- 将数据库或主文件组设置为READ_ONLY。

另外，在使用master数据库时，请考虑下列建议。

- 始终有一个master数据库的当前备份可用。
- 执行下列操作后，尽快备份master数据库。
  - 创建、修改和删除任意数据库。
  - 更改服务器或数据库的配置值。
  - 修改、添加登录账户。
- 不要在master中创建用户对象，否则必须更频繁地备份master。
- 不要针对master数据库将TRUSTWORTHY选项设置为ON。

**2. tempdb**

tempdb数据库是存在于SQL Server会话期间的一个临时性的数据库。一旦关闭SQL Server，tempdb数据库保存的内容将自动消失。重启动SQL Server时，系统将重新创建新的、空的tempdb数据库。

tempdb保存的内容主要包括以下几种。

- 显示创建临时对象，如表、存储过程、表变量和游标。
- 所有版本的更新记录。
- SQL Server创建的内部工作表。
- 创建或重新生成索引时，临时排序的结果。

不能对tempdb数据库执行以下操作。

- 添加文件组。
- 备份和还原数据库。
- 更改排序规则。默认排序规则为服务器排序规则。

➢ 更改数据库所有者。tempdb 的所有者是 sa。
➢ 创建数据库快照。
➢ 删除数据库。
➢ 从数据库中删除 guest 用户。
➢ 启用变更数据捕获。
➢ 参与数据库镜像。
➢ 删除主文件组、主要数据文件和日志文件。
➢ 重命名数据库或主文件组。
➢ 运行 DBCC CHECKALLOC。
➢ 运行 DBCC CHECKCATALOG。
➢ 将数据库设置为 OFFLINE。
➢ 将数据库或主文件组设置为 READ_ONLY。

### 3. model

model 系统数据库是一个模板数据库，可以用作建立数据库的模板。它包含了建立新数据库时所需的基本对象，如系统表、查看表、登录信息等。在系统执行新建数据库操作时，它会复制这个模板数据库的内容到新的数据库上。由于所有新建立的数据库都是继承这个 model 数据库而来的，因此，更改 model 数据库中的内容，如增加对象，稍后建立的数据库也都会包含该变动。

model 系统数据库是 tempdb 数据库的基础。由于每次启动提供 SQL Server 时，系统都会创建 tempdb 数据库，所以 model 数据库必须始终存在于 SQL Server 系统中。

不能在 model 数据库中执行下列操作。

➢ 添加文件或文件组。
➢ 更改排序规则。默认排序规则为服务器排序规则。
➢ 更改数据库所有者。model 的所有者是 sa。
➢ 删除数据库。
➢ 从数据库中删除 guest 用户。
➢ 启用变更数据捕获。
➢ 参与数据库镜像。
➢ 删除主文件组、主要数据文件和日志文件。
➢ 重命名数据库或主文件组。
➢ 将数据库设置为 OFFLINE。
➢ 将主文件组设置为 READ_ONLY。
➢ 使用 WITH ENCRYPTION 选项创建过程、视图或触发器。加密密钥与在其中创建对象的数据库绑定在一起。在 model 数据库中创建的加密对象只能用于 model 中。

### 4. msdb

msdb 系统数据库会在“SQL Server 代理服务”调度警报、作业以及记录操作员时使用。如果不使用这些 SQL Server 代理服务，就不会使用到该系统数据库。

SQL Server 代理服务是 SQL Server 中的一个 Windows 服务，用于运行任何已创建的计划作业。作业是指 SQL Server 中定义的能自动运行的一系列操作。例如，如果希望在每个工作日下班后备份公司所有服务器，就可以通过配置 SQL Server 代理服务，使数据库备份任务在周一到周五的 22:00 之后自动运行。

不能在 msdb 数据库中执行下列操作。

- 更改排序规则。默认排序规则为服务器排序规则。
- 删除数据库。
- 从数据库中删除 guest 用户。
- 启用变更数据捕获。
- 参与数据库镜像。
- 删除主文件组、主要数据文件和日志文件。
- 重命名数据库或主文件组。
- 将数据库设置为 OFFLINE。
- 将主文件组设置为 READ_ONLY。

#### 5. resource

resource 数据库是只读数据库，包含 SQL Server 中的所有系统对象，如 sys.object 对象。SQL Server 系统对象在物理上持续存在于 resource 数据库中。

### 3.1.4 应用系统数据库设计原则

数据库设计的基本原则是在系统总体信息方案的指导下，各个库应当为它支持的管理目标服务，在设计数据库系统时，应当遵循以下原则。

（1）数据库必须层次分明，布局合理。

（2）数据库必须高度结构化。保证数据的结构化、规范化和标准化是建立数据库和进行信息交换的基础。数据结构的设计应该遵循国家标准和行业标准，尤其要重视编码的应用。

（3）在设计数据库时，一方面要尽可能地减小冗余度，减小存储空间的占用，降低数据一致性问题发生的可能性；另一方面，要考虑适当的冗余，以提高运行速度和降低开发难度。

（4）必须维护数据的正确性和一致性。在系统中，多个用户共享数据库，由于并发操作，可能影响数据的一致性，因此必须用“锁”等办法保证数据的一致性。

（5）设定相应的安全机制。由于数据库的信息对特定的用户有特定的保密要求，所以安全机制必不可少。

微课：创建应用系统数据库

## 3.2 创建应用系统数据库

创建数据库的过程是为数据库确定名称、大小、存放位置、文件名和所在文件组的过程。数据库的名称必须满足 SQL Server 标识符命名规则，最好使用有意义的名称命名数据库。在同一台 SQL Server 服务器上，数据库名称是唯一的。每个数据库至少有两个文件（一个主要数据文件和一个事务日志文件）和一个文件组。

### 3.2.1 使用可视化界面创建数据库

（1）启动 SQL Server Management Studio，连接服务器后，展开其树状目录，用鼠标右键单击“数据库”文件夹，在弹出的快捷菜单中，选择“新建数据库”命令，如图 3-1 所示。

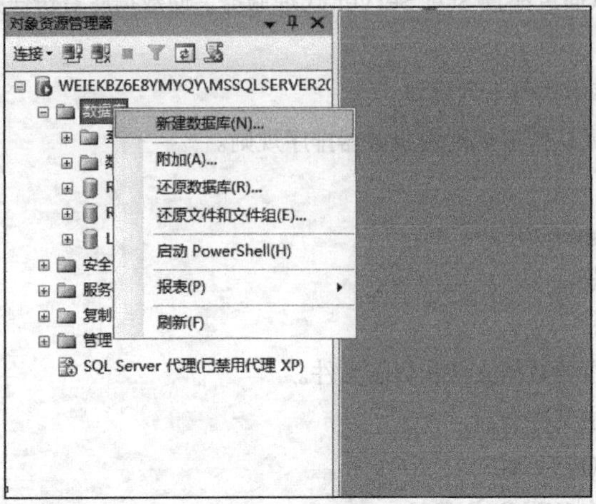


图 3-1　树状目录

（2）在“新建数据库”窗口的“常规”页的“数据库名称”文本框中，输入新建数据库的名称 Librarymanage。还可以修改所有者名称、启用数据库的全文索引及更改数据库文件的默认设置（包括逻辑名称、初始大小、自动增长/最大大小、路径以及文件名），如图 3-2 所示。

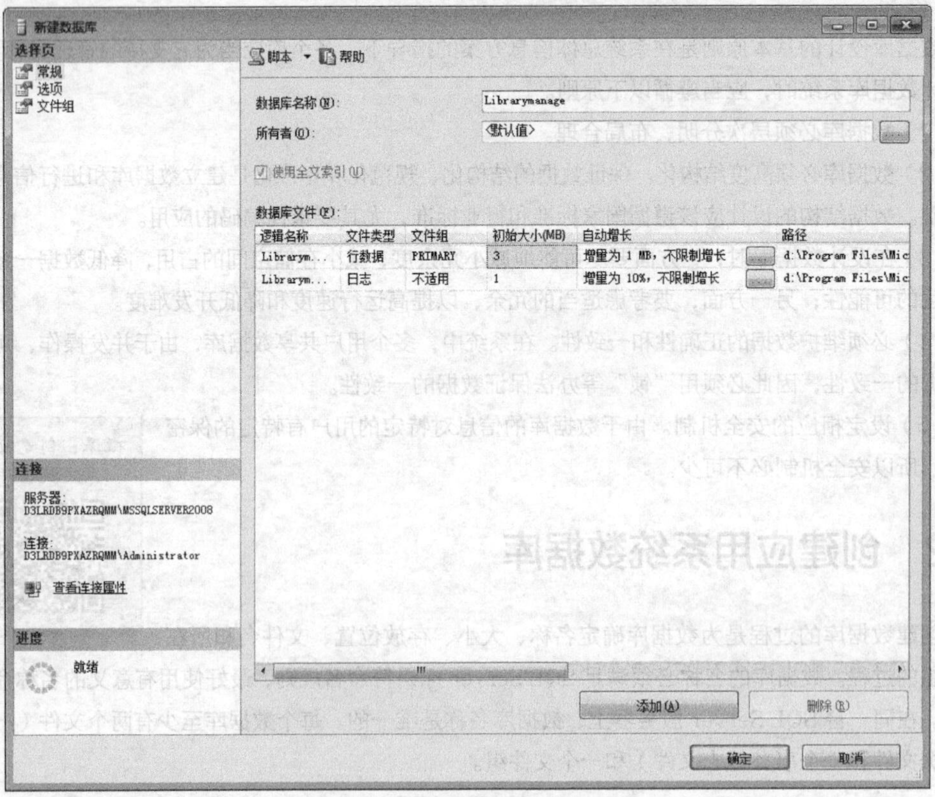


图 3-2　“新建数据库”窗口

（3）如果要设置更多选项，则选择“选择页”列表框中的“选项”，在此页面中，可以设置新建数据库的排序规则、恢复模式、兼容级别及其他选项，如图 3-3 所示。

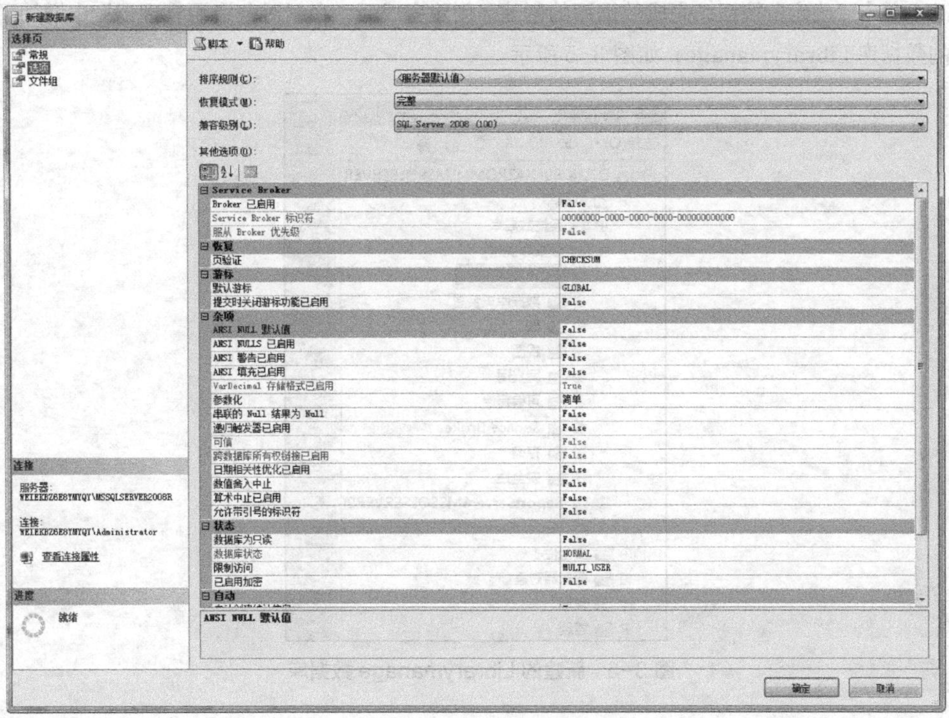


图 3-3　设置更多选项

（4）在“选择页”的“文件组”页中，可以添加文件组或者删除用户添加的文件组，如图 3-4 所示。

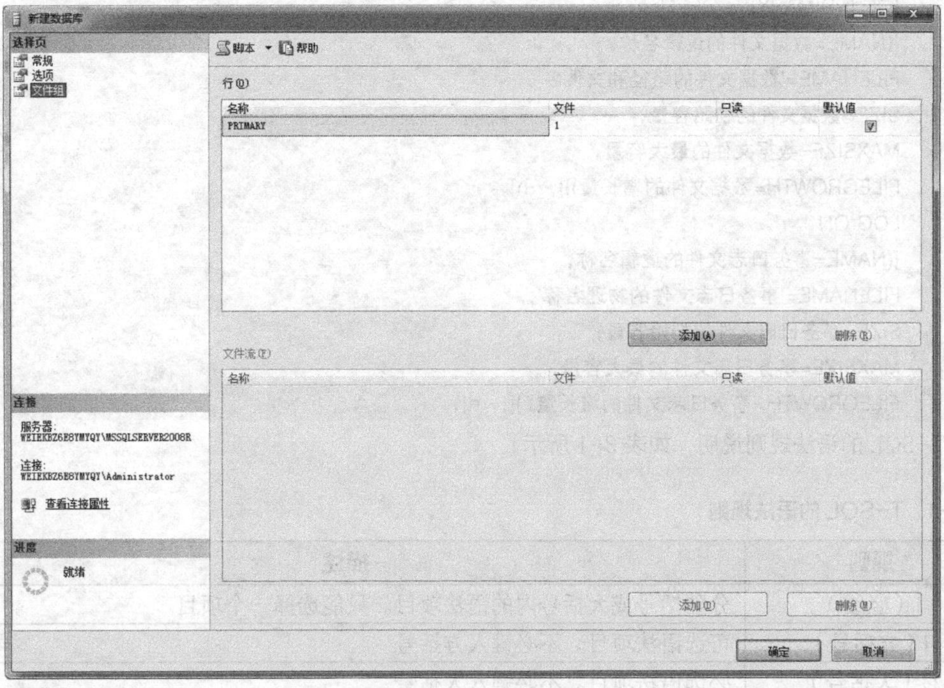


图 3-4　“文件组”页

（5）单击“确定”按钮，完成数据库的创建。创建完成后，在“对象资源管理器”中增加了一个新建的数据库 Librarymanage，如图 3-5 所示。

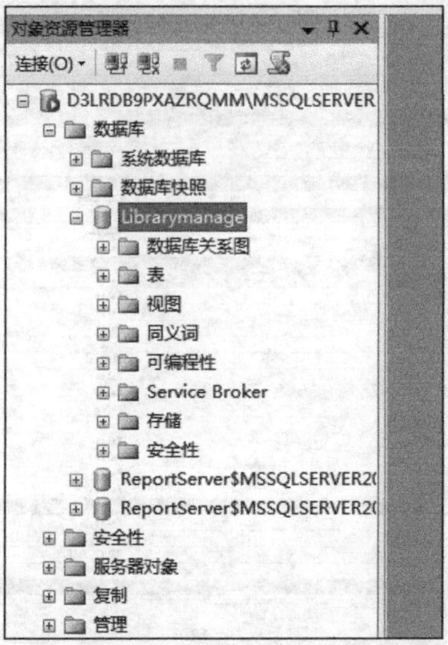


图 3-5　新建的 Librarymanage 数据库

### 3.2.2　使用 T-SQL 命令创建数据库

创建数据库的语法格式如下。

```
CREATE DATABASE数据库名
    [ON [PRIMARY]
    {(NAME=数据文件的逻辑名称,
    FILENAME='数据文件的路径和文件名',
    SIZE=数据文件的初始容量,
    MAXSIZE=数据文件的最大容量,
    FILEGROWTH=数据文件的增长量)}[,…n]
    LOG ON
    {(NAME=事务日志文件的逻辑名称,
    FILENAME='事务日志文件的物理名称',
    SIZE=事务日志文件的初始容量,
    MAXSIZE=事务日志文件的最大容量,
    FILEGROWTH=事务日志文件的增长量) }[,…n]]
```

T-SQL 的语法规则说明，如表 3-1 所示。

表 3-1　T-SQL 的语法规则

| 规则 | 描述 |
| --- | --- |
| \|（竖线） | 分隔括号或大括号内的语法项目。只能选择一个项目 |
| []（方括号） | 可选语法项目。不必键入方括号 |
| {}（大括号） | 必选语法项目。不必键入大括号 |
| [,…n] | 表示前面的项可重复 *n* 次，每一项由逗号分隔 |

【例 3-1】创建一个只包含一个数据库文件和一个日志文件的数据库。该数据库名为 LibMgtInfo_test，数据文件的逻辑文件名为 LibMgtInfo_test_data，数据文件的物理文件名称为 LibMgtInfo_test.mdf，初始大小为 10MB，最大可以增至 500MB，增幅为 20%；日志文件的逻辑名为 LibMgtInfo_test_log，日志文件的物理文件名称为 LibMgtInfo_test_log.ldf，初始大小为 5MB，最大值为 100MB，日志文件大小以 5MB 幅度增加。

（1）单击“工具栏”中的“新建查询”按钮，如图 3-6 所示。

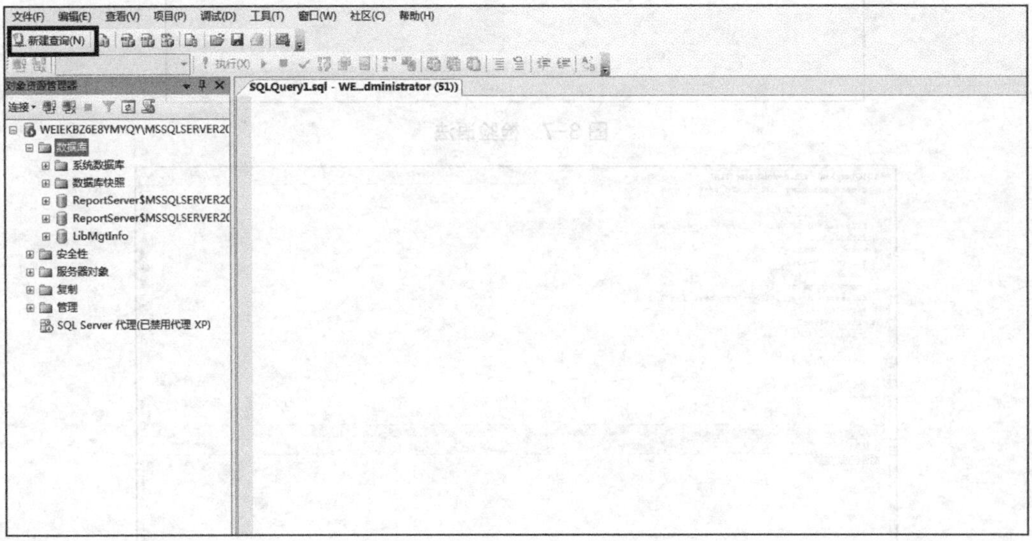


图 3-6 单击“新建查询”按钮

（2）在弹出的对话框中输入以下程序代码。

```
create database LibMgtInfo_test
on
(name=LibMgtInfo_test_data,
filename='D:\SQL\LibMgtInfo_test_data.mdf',
size=10MB,
maxsize=500MB,
filegrowth=20%)
log on
(name=LibMgtInfo_test_log,
filename='D:\SQL\LibMgtInfo_test_log.ldf',
size=5MB,
maxsize=100MB,
filegrowth=5MB)
```

（3）单击“工具栏”中的“分析”按钮，或按 Ctrl+F5 组合键检验语法是否正确，如图 3-7 所示。

（4）出现结果“命令已成功完成”，说明此语法正确无误，接下来就可以执行了，如图 3-8 所示。

（5）单击“工具栏”中的“执行”按钮，或按 F5 键。运行结果如图 3-9 所示。

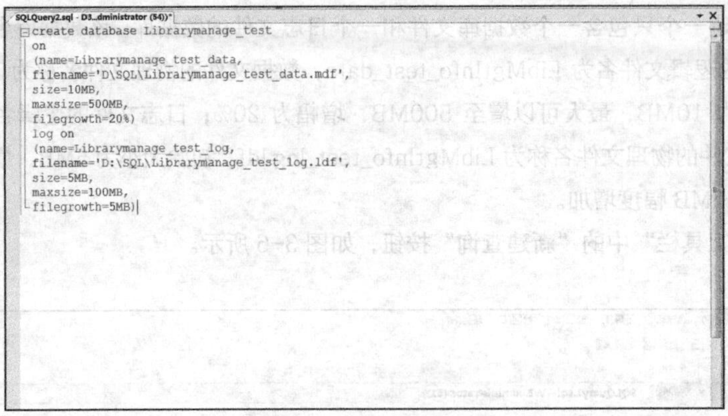

SQLQuery2.sql - D3...dministrator (54))*
create database Librarymanage_test
on
(name=Librarymanage_test_data,
filename='D\SQL\Librarymanage_test_data.mdf',
size=10MB,
maxsize=500MB,
filegrowth=20%)
log on
(name=Librarymanage_test_log,
filename='D:\SQL\Librarymanage_test_log.ldf',
size=5MB,
maxsize=100MB,
filegrowth=5MB)


图 3-7　检验语法

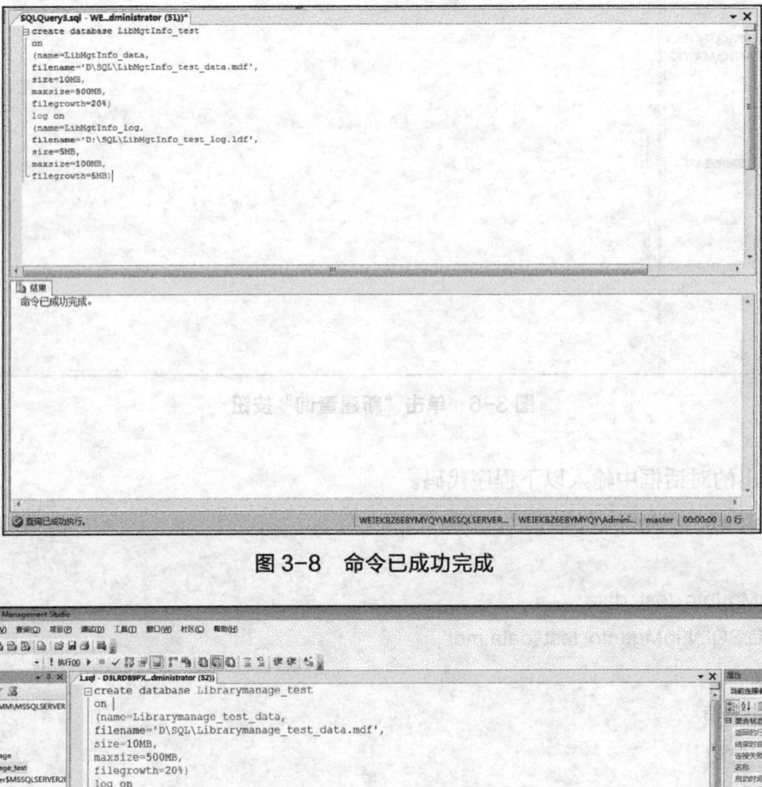


图 3-8　命令已成功完成

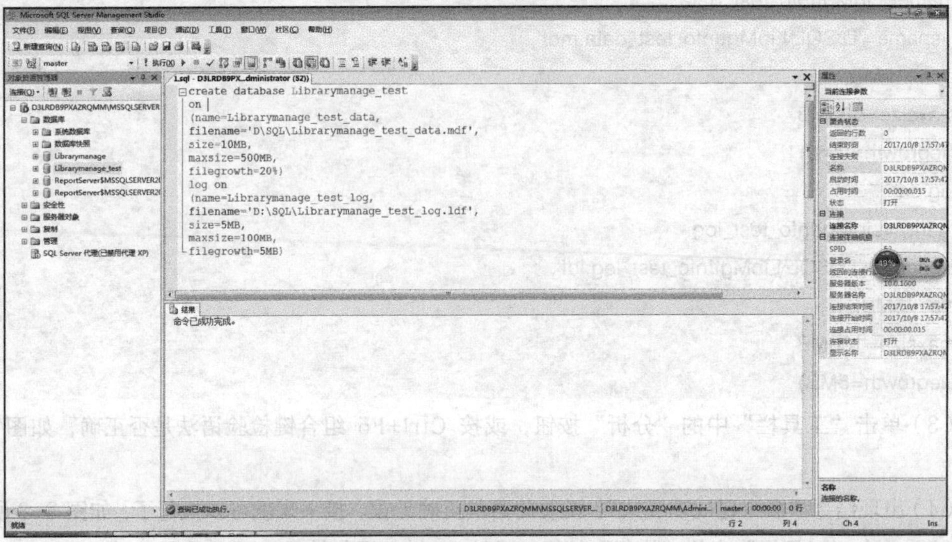


图 3-9　运行结果

（6）出现结果“命令已成功完成”，说明数据库已被成功创建。可在相应的文件夹下查询到数据库的数据文件和日志文件，如图 3-10 所示。

名称
修改日期
类型
大小
Librarymanage_test.mdf
2017/10/8 17:58
SQL Server Data...
3,072 KB
Librarymanage_test_log.ldf
2017/10/8 17:58
SQL Server Data...
1,024 KB

图 3-10 数据库数据文件和日志文件

微课：修改应用系统数据库

# 3.3 修改应用系统数据库

在实际应用中，有时候需要修改已有的数据库，如重命名数据库、添加或删除数据文件和事务日志文件、收缩数据库等。

## 3.3.1 使用可视化界面修改数据库

### 1. 使用可视化界面重命名数据库

**【例 3-2】**使用 SQL Server Management Studio 将数据库 Librarymanage 重命名为 LibMgt_Info。

（1）启动 SQL Server Management Studio，连接服务器后，展开其树状目录，用鼠标右键单击数据库 Librarymanage，在弹出的快捷菜单中，选择“重命名”命令，如图 3-11 所示。

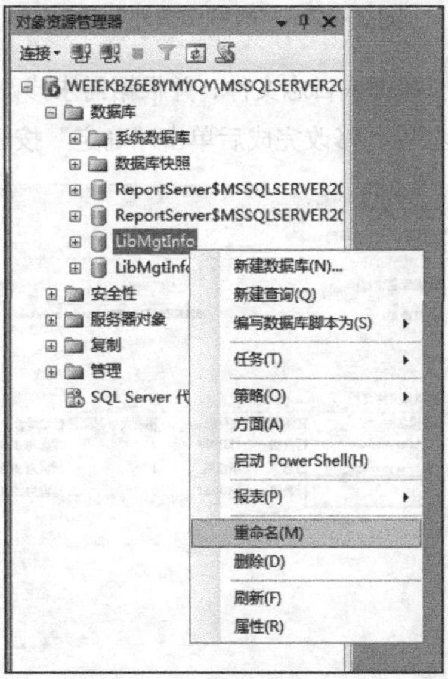


图 3-11 重命名数据库

（2）将数据库的名称直接修改为 LibMgt_Info。

### 2. 使用可视化界面添加和删除数据文件及事务日志文件

**【例 3-3】**使用 SQL Server Management Studio 添加和删除 Librarymanage 数据库的数据文件及事务日志文件。

（1）启动 SQL Server Management Studio，连接服务器后，展开其树状目录，用鼠标右键单击数据库 Librarymanage，在弹出的快捷菜单中，选择“属性”命令。

（2）打开“数据库属性”窗口，单击“选择页”列表框的“文件”选项，如图 3-12 所示。

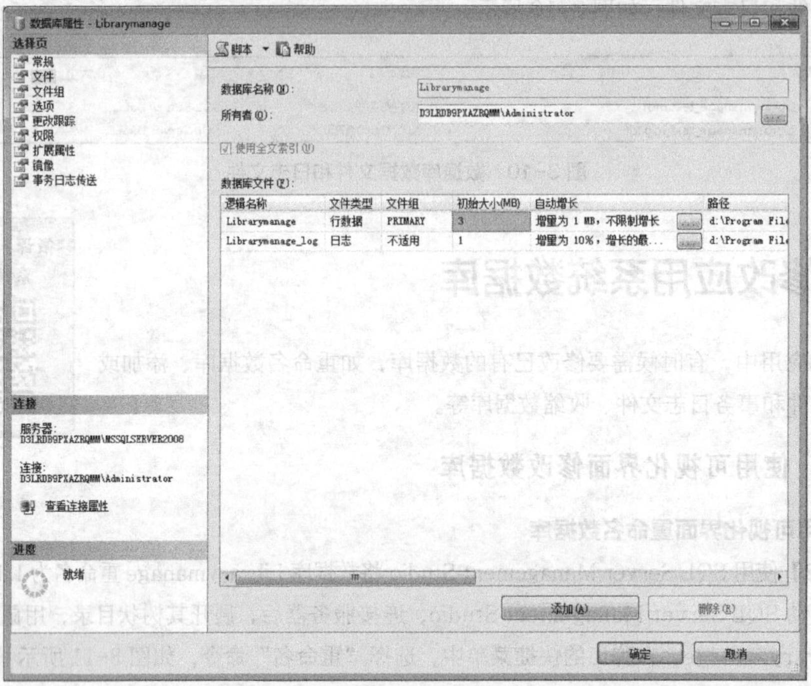

图 3-12 “数据库属性”窗口

（3）单击“添加”按钮，增加数据或日志文件，并根据需求修改文件的逻辑名称、文件类型、文件组、初始大小、自动增长和路径等，修改完成后单击“确定”按钮，如图 3-13 所示。

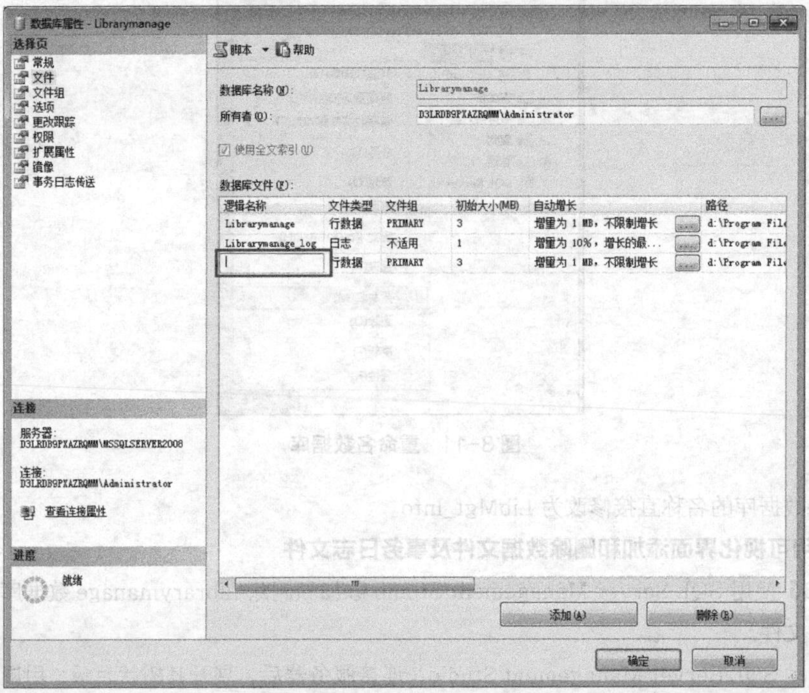

图 3-13 添加数据或日志文件

（4）根据实际应用需求，在“数据库文件”列表框中，选择要删除的文件，单击“删除”按钮，然后单击“确定”按钮完成操作。

**3. 使用可视化界面收缩数据库**

SQL Server 2014 允许用户通过收缩数据库把未使用的空间释放出来，数据文件及事务日志文件都可以缩小，可以手动收缩或自动收缩数据库。

收缩后的数据库不能小于数据库的最小大小，最小大小是在数据库最初创建时指定的大小，或是上一次使用文件大小更改操作设置的显示大小。例如，如果数据库最初创建时的大小为 50MB，后来增长到 500MB，则该数据库最小只能收缩到 50MB，即使已经删除数据库的所有数据也是如此。

**【例 3-4】** 使用 SQL Server Management Studio 收缩数据库 Librarymange。

（1）启动 SQL Server Management Studio，连接服务器后，展开其树状目录，用鼠标右键单击数据库 Librarymange，在弹出的快捷菜单中，选择“任务”→“收缩”→“数据库”命令，如图 3-14 所示。

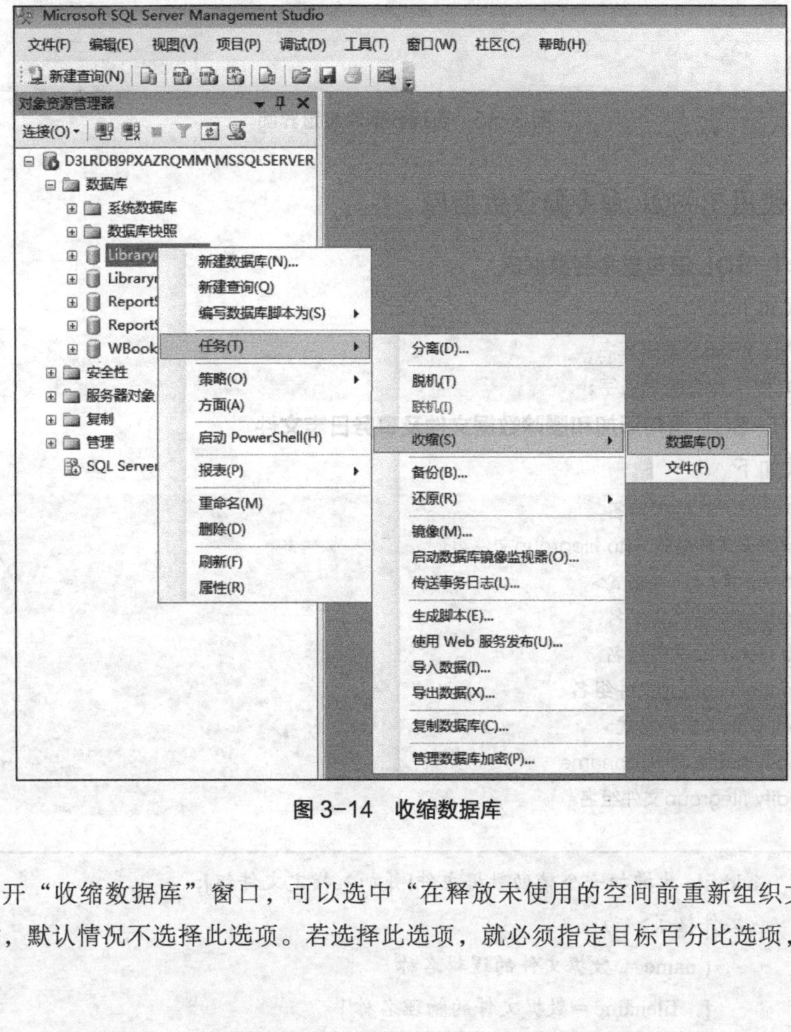


图 3-14 收缩数据库

（2）打开“收缩数据库”窗口，可以选中“在释放未使用的空间前重新组织文件”。在打开该窗口时，默认情况不选择此选项。若选择此选项，就必须指定目标百分比选项，如图 3-15 所示。

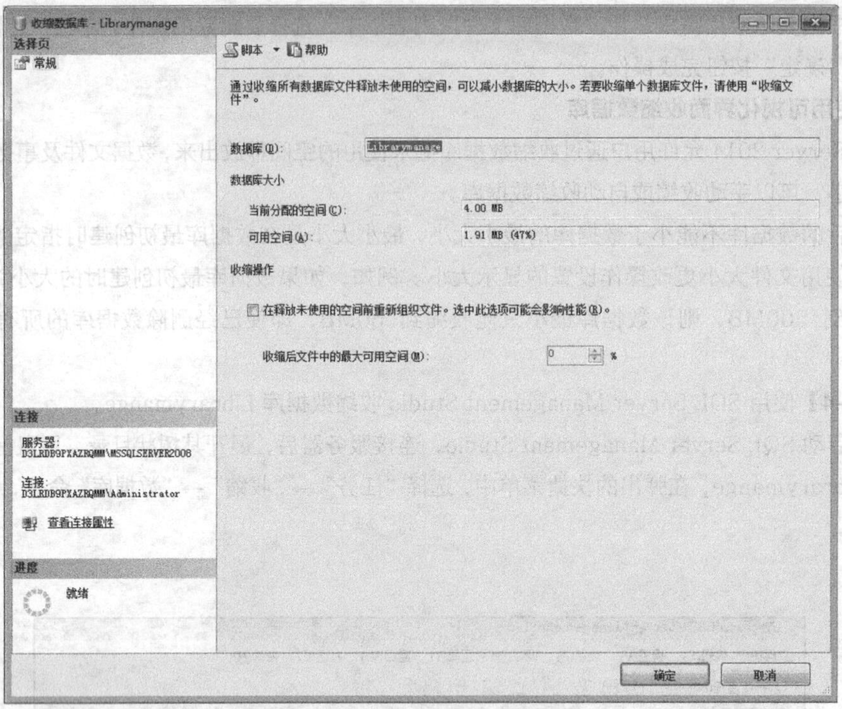


图 3-15　收缩数据库设置界面

## 3.3.2　使用 T-SQL 命令修改数据库

### 1. 使用 T-SQL 语句重命名数据库

语法格式如下。

```
ALTER DATABASE原数据库名
Modify Name = 新数据库名字;
```

### 2. 使用 T-SQL 语句添加和删除数据文件及事务日志文件

语法格式如下。

```
ALTER DATABASE数据库名
    add file <文件格式> [to filegroup文件组]
    | add log file <文件格式>
    | remove file逻辑文件名
    | add filegroup文件组名
    | remove filegroup文件组名
    | modify file <文件格式>
    | modify name new_dbname
    | modify filegroup文件组名
```

说明

add file 为增加一个辅助数据文件[并加入指定文件组];

<文件格式> 为:

　　( name = 数据文件的逻辑名称

　　[, filename ='数据文件的物理名称']

```
[,size = 数据文件的初始大小[ MB | KB|GB ] ]
[,maxsize={ 数据文件的最大容量[ MB | KB|GB ]  | UNLIMITED } ]
[,filegrowth=数据文件的增长量[ MB | KB | GB|% ] ]
)
```

**【例 3-5】**在 Librarymanage 数据库中添加一个名为 test 的数据库文件和一个 test 事务日志文件。

```
USE master;
GO
ALTER DATABASE LibMgtInfo
    ADD FILE
    (
        NAME= test,
        FILENAME ='D:\SQL\test.ndf',
        SIZE = 5MB,
        MAXSIZE = 100MB,
        FILEGROWTH = 5MB
    )
ALTER DATABASE LibMgtInfo
    ADD LOG FILE
    (
        NAME= test,
        FILENAME = 'D:\SQL\test.ldf',
        SIZE = 2MB,
        MAXSIZE = 50MB,
        FILEGROWTH = 2MB
    )
GO
```

**3. 使用 T-SQL 语句收缩数据库**

语法格式如下。

```
DBCC SHRINKDATABASE ( 数据库名，剩余空间比 )
```

**【例 3-6】**减少 Librarymanage 数据库中数据文件和日志文件的大小，并让数据库中有 15%的可用空间。

```
DBCC SHRINKDATABASE ( Librarymanage, 15 ) ;
```

微课：删除应用系统数据库

# 3.4 删除应用系统数据库

对于不需要的数据库，可以将其删除，释放占用的磁盘空间。数据库被删除后，文件及其数据都会从数据库所在服务器的磁盘中被删除，数据库将被永久删除。

## 3.4.1 使用可视化界面删除数据库

**【例 3-7】**使用 SQL Server Management Studio 删除数据库 Librarymanage。

（1）启动 SQL Server Management Studio，连接服务器后，展开其树状目录，用鼠标右键单击数据库 Librarymanage，在弹出的快捷菜单中，选择“删除”命令，如图 3-16 所示。

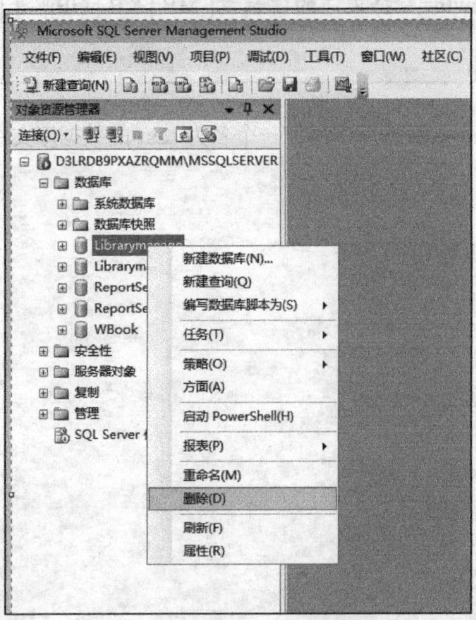


图 3-16 选择“删除”命令

（2）打开“删除对象”窗口，要求用户确认是否删除该数据库，单击“确定”按钮，如图 3-17 所示。

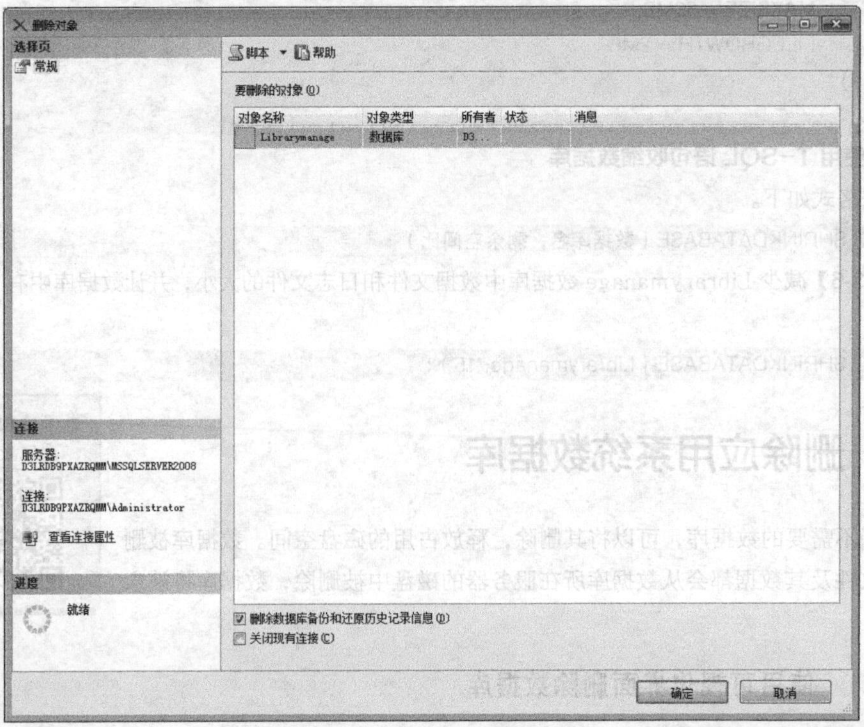


图 3-17 “删除对象”窗口

### 3.4.2 使用 T-SQL 命令删除数据库

语法格式如下。

DROP DATABASE 数据库名

**【例 3-8】** 删除数据库 Librarymanage。

```
USE master;
GO
DROP DATABASE Librarymanage;
GO
```

## 3.5 本章小结

➢ SSMS（SQL Server Management Studio），用于访问、配置、控制、管理和开发 SQL Server 的所有组件。

➢ 系统数据库是在安装 SQL Server 时系统自动创建的数据库，包括 master 数据库、msdb 数据库、model 数据库、tempdb 数据库等。

➢ SQL Server 数据库的存储文件分为数据文件和日志文件。

➢ 数据库对象是数据库的基本组成部分，其中包括表（Table）、索引（Index）、视图（View）、图表（Diagram）、默认值（Default）、规则（Rule）、触发器（Trigger）、存储过程（Stored Procedure）、用户（User）等。

➢ 创建数据库的过程是为数据库确定名称、大小、存放位置、文件名和所在文件组的过程。

➢ 可以使用 SQL Server Management Studio 或者 CREATE DATABASE 语句创建数据库。

➢ 可以使用 SQL Server Management Studio 或者 ALTER DATABASE 语句修改数据库。

➢ 可以使用 SQL Server Management Studio 或者 DBCC SHRINKDATABASE 语句收缩数据库。

➢ 可以使用 SQL Server Management Studio 或者 DROP DATABASE 语句删除数据库。

PART 04

# 第4章 数据表建立与管理

## 课堂学习目标

- 了解系统数据类型
- 熟练使用可视化界面和 T-SQL 创建表
- 使用可视化界面和 T-SQL 对表进行添加、更新和删除数据操作
- 熟练使用可视化界面和 T-SQL 设置表的主键、外键等约束

微课：数据表的构成

# 4.1 建立应用系统数据表必备知识

## 4.1.1 数据表的构成

表是由数据记录按照一定的顺序和格式构成的数据集合，包含数据库所有数据的数据库对象。表中的每一行代表唯一的一条记录，每一列代表记录中的一个域。

在 SQL Server 中，表是一种很重要的数据库对象，也是最常用的数据库对象之一，是组成数据库的基本元素，所有的数据都被存放在表中，同时也用于存放实体之间关系的数据。表主要由列和行构成，每一列用来保存实体或关系的属性，也称为字段。每一行用来保存实体或关系的元组，也称为数据行或记录。

数据表本身还由一些其他的数据库对象组成，如图 4-1 所示。

➢ 列（Column）：属性列，用户必须指定列名和数据类型。

➢ 主键（PK）：表中列名或列名组合，可以唯一地标识表中的一行，确保数据的唯一性。

➢ 外键（FK）：用于建立和加强两个表之间的数据的相关性。

➢ 约束（Check）：用一个逻辑表达式将用户输入的列值限制在指定的范围内。

➢ 触发器（Trigger）：是一个用户定义的事务命令的集合。

➢ 索引（Index）：根据指定表的某些列建立起来的顺序，可以提供快速访问数据的途径，但维护索引也需要占用一定的系统开销。

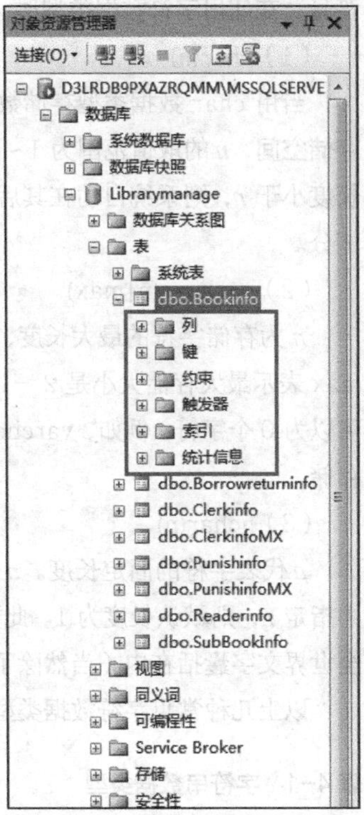


图 4-1　表中的数据库对象

## 4.1.2 系统数据类型

SQL Server 中，每个列、局部变量、表达式和参数都具有一个相关的数据类型。数据类型是一种属性，用于指定对象可保存的数据的类型：整数数据、字符数据、货币数据、日期和时间数据、二进制字符串等。SQL Server 提供系统数据类型集，该类型集定义了可与 SQL Server 一起使用的所有数据类型。

数据类型是一种属性，用于指定对象可保存的数据类型，SQL Server 支持多种数据类型，包括字符类型、数值类型和日期类型等。数据类型相当于一个容器，容器的大小决定了装的东西的多少，将数据分为不同的类型可以节省磁盘空间和资源。

SQL Server 还能自动限制每个数据类型的取值范围。例如，定义一个类型为 int 的字段，如果插入数据时，插入的值的大小在 smallint 或者 tinyint 范围之内，则 SQL Server 会自动将类型转换为 smallint 或者 tinyint，这样一来，在存储数据时，占用的存储空间只有 int 的 1/2 或者 1/4。

### 1. 字符数据类型

数据库中的表与我们日常生活中使用的表格类似，它也是由行（Row）和列（Column）组成的。列由同类的信息组成，每列又称为一个字段，每列的标题称为字段名。行包括了若干列信息项。一行数据称为一个或一条记录，它表达有一定意义的信息组合。一个数据库表由一条或多条记录组成，没有记录的表称为空表。每个表中通常都有一个主关键字，用于唯一地确定一条记录。

字符数据类型也是 SQL Server 中最常用的数据类型之一，用来存储各种字符、数字符号和特殊符号。在使用字符数据类型时，需要在其前后加上英文单引号或者双引号。

（1）char(n)

当用 char 数据类型存储数据时，每个字符和符号占用一字节存储空间，*n* 表示所有字符所占的存储空间，*n* 的取值范围为 1～8 000。如不指定 *n* 的值，系统默认 *n* 的值为 1。若输入数据的字符串长度小于 *n*，则系统自动在其后添加空格来填满设定好的空间；若输入的数据过长，则会截掉其超出部分。

（2）varhcar(n|max)

*n* 为存储字符的最大长度，其取值范围是 1～8 000，可根据实际存储的字符数改变存储空间，max 表示最大存储大小是 $2^{31}-1$ 字节。存储大小是输入数据的实际长度加 2 字节。所输入数据的长度可以为 0 个字符。例如，varchcar(20)对应的变量最多只能存储 20 个字符，不够 20 个字符的按实际存储。

（3）nchar(n)

*n* 代表字符的固定长度。*n* 值必须在 1～4 000 之间（含），如果没有数据定义或在变量声明语句中指定 *n*，则默认长度为 1。此数据类型采用 Unicode 字符集，因此每一个存储单位占两字节，可将全世界文字囊括在内（当然除了部分生僻字）。

以上几种常见字符数据类型的描述和存储空间说明，如表 4-1 所示。

**表 4-1　字符串数据类型**

| 数据类型 | 描述 | 存储空间 |
|---|---|---|
| Char(n) | *n* 为 1～8 000 个字符 | *n* 字节 |
| Nchar(n) | *N* 为 1～4 000 个 Unicode 字符 | （2*n* 字节）+2 字节 |
| Varchar(n) | *n* 为 1～8 000 个字符 | 每字符 1 字节+2 字节 |
| Varchar(max) | 最多为 $2^{31}-1$ | 每字符 1 字节+2 字节 |
| Nvarchar(max) | 最多为 $2^{30}-1$ 个 Unicode 字符 | 2 倍字符数+2 字节 |
| ntext | 最多为 $2^{30}-1$ 个 Unicode 字符 | 每字符 2 字节 |
| text | 最多为 $2^{30}-1$ 个字符 | 每字符 1 字节 |

（4）nvarchar(n|max)

与 varchar 类似，存储可变长度 Unicode 字符数据。*n* 值必须在 1～4 000 之间（含），如果没有数据定义或在变量声明语句中指定 n，则默认长度为 1。max 指最大存储大小为 $2^{31}-1$ 字节。存储大小是输入字符个数的两倍+2 字节。所输入的数据长度可以为 0 个字符。

（5）text 和 ntext

text 数据类型用于在数据页内外存储大型字符数据。可在单行的列中存储 2GB 数据，而且可能影响性能，因此应尽量少用这两种数据类型，最好使用 varchar(max)和 nvarchar(max)数据类型。

**2. 整数数据类型**

整数数据类型是常用的数据类型之一，主要用于存储数值，可以直接进行数据运算而不必使用函数进行转换。

（1）bigint

每个 bigint 存储在 8 字节中，其中一个二进制位表示符号位，其他 63 个二进制位表示长度和大小，可以表示$-2^{63}\sim2^{63}-1$范围内的所有整数。

（2）int

int 或者 integer，每个 int 型数据存储在 4 字节中，其中一个二进制位表示符号位，其他 31 个二进制位表示长度和大小，可以表示$-2^{31}\sim2^{31}-1$范围内的所有整数。

（3）smallint

每个 smallint 类型的数据占用两字节的存储空间，其中一个二进制位表示整数值的正负号，其他 15 个二进制位表示长度和大小，可以表示$-2^{15}\sim2^{15}-1$范围内的所有整数。

（4）tinyint

每个 tinyint 类型的数据占用一字节的存储空间，可以表示 0～255 范围内的所有整数。

**3. 浮点数据类型**

浮点数据类型存储十进制小数，用于表示浮点数值数据的大致数值数据类型。浮点数据为近似值；浮点数值的数据在 SQL Server 中采用了只入不舍的方式存储，即当且仅当要舍入的数是一个非零数时，对其保留数字部分的最低有效位上加 1，并进行必要的进位。

（1）real

real 类型可以存储正的或者负的十进制数，它的存储范围为-3.40E+38～-1.18E-38、0 以及 1.18E-38～3.40E+38。每个 real 类型的数据占用 4 字节的存储空间。

（2）float[(n)]

其中 *n* 为用于存储 float 数值尾数的位数（以科学计数法表示），因此可以确定精度和存储大小。如果指定了 *n*，则它必须是 1～53 的某个值。*n* 的默认值为 53。

其范围为-1.79E+308～-2.23E-308、0 以及 2.23E+308～1.79E-308。如果不指定 float 数据类型的长度，则它占用 8 字节的存储空间。float 数据类型可以写成 float(n)的形式，*n* 为指定 float 数据的精度，可以是 1～53 之间的整数值。当 *n* 取 1～24 时，实际上定义了一个 real 类型的数据，系统用 4 字节存储它。当 *n* 取 25～53 时，系统认为其为 float 类型，用 8 字节存储它。

（3）decimal[(p[,s])]和 numeric[(p[,s])]

这两种分别是带固定精度和小数位数的数值数据类型。使用最大精度时，有效值为-10^38+1～10^38-1。numeric 在功能上等价于 decimal。

p（精度）指定了最多可以存储十进制数的总位数，包括小数点左边和右边的位数，该精度必须是从 1 到最大精度 38 之间的值，默认精度为 18。

s（小数位数）指定小数点右边可以存储的十进制数的最大位数，小数位数必须是 0～p 的值，仅在指定精度后才可以指定小数的位数。默认小数位数是 0，因此 0≤s≤p。最大存储大小基于精度而变化。例如，decimal(10,5)表示共有 10 位数，其中整数 5 位，小数 5 位。

**4. 日期和时间数据类型**

（1）date

date 类型存储用字符串表示的日期数据，可以表示 0001-01-01～9999-12-31（公元元年 1 月

1 日到公元 9999 年 12 月 31 日）间的任意日期值。数据格式为 YYYY-MM-DD，该数据类型占用 3 字节的空间。其中：

➢ YYYY：表示年份的 4 位数字，范围为 0001～9999。

➢ MM：表示指定年份中月份的两位数字，范围为 01～12。

➢ DD：表示指定月份中某一天的两位数字，范围为 01～31（最高值取决于具体月份）。

（2）time

time 类型以字符串形式记录一天的某个时间，取值范围为 00:00:00.0000000～23:59:59.9999999，数据格式为 hh:mm:ss[.nnnnnnn]，time 值在存储时占用 5 字节的空间，其中：

➢ hh：表示小时的两位数字，范围为 0～23。

➢ mm：表示分钟的两位数字，范围为 0～59。

➢ ss：表示秒的两位数字，范围为 0～59。

➢ n*：是数字，范围为 0～9999999，它表示秒的小数部分。

（3）datetime

datetime 用于存储时间和日期数据，从 1753 年 1 月 1 日到 9999 年 12 月 31 日，默认值为 1900-01-01 00:00:00，当插入数据或在其他地方使用时，需用单引号或双引号括起来。可以使用“/”“-”和“.”作为分隔符。该类型数据占用 8 字节的空间。

（4）datetime2

datetime2 为 datetime 的扩展类型，其数据范围更大，默认的最小精度最高，并具有可选的用户定义的精度。默认格式为 YYYY-MM-DD hh:mm:ss[.fractional seconds]，日期的存取范围是 0001-01-01～9999-12-31(公元元年 1 月 1 日到公元 9999 年 12 月 31 日)。

（5）smalldatetime

smalldatetime 类型与 datetime 类型相似，只是其存储范围为 1900 年 1 月 1 日到 2079 年 6 月 6 日，当日期时间精度较小时，可以使用 smalldatetime，该类型数据占用 4 字节的存储空间。

（6）datetimeoffset

datetimeoffset 类型用于定义一个采用 24 小时制与日期相组合并可识别时区的时间。默认格式是 YYYY-MM-DD hh:mm:ss[.nnnnnnn][{+|-}hh:mm]，其中，hh 为两位数，范围是-14～14，mm 为两位数，范围为 00～59；这里 hh 是时区偏移量，该类型数据中保存的是世界标准时间（UTC）值。例如，要存储北京时间 2011 年 11 月 11 日 12 点整，存储时，该值将是 2011-11-11 12:00:00+08:00，因为北京处于东八区，比 UTC 早 8 小时。存储该数据类型数据时，默认占用 10 字节大小的固定存储空间。

**5. 货币数据类型**

（1）money

money 类型用于存储货币值，取值范围为正负 922 337 213 685 477.580 8 之间。money 数据类型中的整数部分包含 19 个数字，小数部分包含 4 个数字，因此 money 数据类型的精度是 19，存储时占用 8 字节的存储空间。

（2）smallmoney

与 money 类型相似，取值范围为正负 214 748.346 8 之间，smallmoney 存储时占用 4 字节存储空间。输入数据时，在前面加上一个货币符号，如人民币为￥或其他定义的货币符号。

**6. 二进制数据类型**

（1）binary(n)

它是长度为 *n* 字节的固定长度二进制数，其中 *n* 是 1～8 000 的值。存储大小为 *n* 字节。输入 binary 值时，必须在前面带 0x,可以使用 0xAA5 代表 AA5，如果输入数据长度大于定义的长度，超出的部分会被截断。

（2）varbinary(n|max)

它是可变长度二进制数。其中 *n* 是 1～8 000 的值，max 指示存储大小为 $2^{31}-1$ 字节。存储大小为所输入数据的实际长度+2 字节。

在定义的范围内，不论输入的时间长度是多少，binary 类型的数据都占用相同的存储空间，即定义时空间，而对于 varbinary 类型的数据，实际存储时占用的存储空间长度与定义的存储空间长度是不同的。

**7. 其他数据类型**

（1）rowversion

每个数据都有一个计数器，当对数据库中包含 rowversion 列的表执行插入或者更新操作时，该计数器数值会增加。此计数器是数据库行版本。一个表只能有一个 rowversion 列。每次修改或者插入包含 rowversion 列的行时，都会在 rowversion 列中插入当前值自增之后的数据库行版本值。

rowversion 是公开数据库中自动生成的唯一二进制数字的数据类型，通常用作给表行加版本戳的机制，存储大小为 8 字节。rowversion 数据类型只是递增的数字，不保留日期或时间。

（2）timestamp

timestamp 为时间戳数据类型，timestamp 的数据类型为 rowversion 数据类型的同义词，提供数据库范围内的唯一值，反映数据修改的唯一顺序，是一个单调上升的计数器，此列的值被自动更新。

在 create table 或 alter table 语句中不必为 timestamp 数据类型指定列名。例如，create table testTable（id int primary key，timestamp），此时 SQL Server 数据库引擎将生成 timestamp 列名，但 rowversion 不具备这样的行为，在使用 rowversion 时，必须指定列名。

（3）uniqueidentifier

uniqueidentifier 是 16 字节的 GUID（Globally Unique Identifier，全球唯一标识符），是 SQL Server 根据网络适配器地址和主机 CPU 时钟产生的唯一号码，其中，每位都是 0～9 或 a～f 范围内的十六进制数字。例如，6F9619FF-8B86-D011-B42D-00C04FC964FF，此号码可以通过 newid() 函数获得，世界各地的计算机由此函数产生的数字不会相同。

（4）cursor

cursor 为游标数据类型，该类型类似于数据表，其保存的数据包含行和列值，但是没有索引，游标用来建立一个数据的数据集，每次处理一行数据。

它也可用于存储对表或视图处理后的结果集。这种新的数据类型使得变量可以存储一个表，从而使函数或过程返回查询结果更加方便、快捷。

（5）sql_variant

sql_variant 用于存储除文本、图形数据和 timestamp 数据外的其他任何合法的 SQL Server 数据，可以方便 SQL Server 的开发工作。

（6）table

table 用于存储除文本、图形数据和 timestamp 数据外的其他任何合法的 SQL Server 数据，可以方便 SQL Server 的开发工作。

此种数据类型用于存储对表或视图处理后的结果集。这种新的数据类型使得变量可以存储一个表，从而使函数或过程返回查询结果更加方便、快捷。

（7）xml

此种数据类型用于存储 xml 数据。可以在列中或者 xml 类型的变量中存储 xml 实例。存储的 xml 数据类型表示实例大小不能超过 2GB。

**8. 位数据类型**

bit 称为位数据类型，取值只为 0 或 1，长度为 1 字节。bit 值经常当作逻辑值用于判断 true(1) 或 false(0)，输入非 0 值时，系统将其替换为 1。

### 4.1.3 数据表设计准则

可以将数据库理解为一个系统，表就是它的对象，而字段即是它的属性。确保数据库事务正确执行的 4 个基本要素如下。

- 原子性。基本表中的字段是不可再分解的。
- 原始性。基本表中的记录是原始数据（基础数据）的记录。
- 演绎性。由基本表与代码表中的数据，可以派生出所有的输出数据。
- 稳定性。基本表的结构是相对稳定的，表中的记录要长期保存。

结构合理的关系型数据库，必须满足一定的范式。在实际开发中最为常见的设计范式有以下 3 个，按照范式设计的数据库最大的好处就是确保了数据库不会冗余，结构简单、稳定。

- 第一范式（确保每列保持原子性）。
- 第二范式（确保表中的每列都和主键相关）。
- 第三范式（确保每列都和主键列直接相关，而不是间接相关）。

### 4.1.4 数据表之间的关联关系

表与表之间一般存在 3 种关系，即一对一、一对多和多对多关系。

**1. 一对一关系**

在实际生活中会有很多种一对一的关系，如一个学校只有一个校长，一个人只有一个性别等。这种关系可以通过两张表实现，但在实际项目中一般都是通过一张表实现，通过增加一个字段来实现一对一的关联关系。

**2. 一对多关系**

在图书管理系统中，出版社与图书的关系就是一对多的关系，也就是说每个出版社都会出版多本图书，这种关系可以采用一张表完成，但因为一个出版社对应多本图书，如果采用一张表，就会造成冗余信息过多。好的设计方式是，出版社和图书分别单独建表，在图书表中加入出版社表的外键字段来实现两者的一对多关联关系 。

**3. 多对多关系**

在图书管理系统中，借阅关系就是多对多的关系，也就是说，每个读者可以借阅多本图书，同名称的图书也可以被多个人借阅。在实际项目应用中，这种关系是通过建立一张关系表来实现的，关系表包括读者的外键和图书的外键，通过这张关系表就可以实现多对多的关联关系。

微课：建立应用系统数据表结构

## 4.2 建立应用系统数据表结构

SQL Server 提供了友好的图形界面供用户使用，使用可视化界面可以快速创建表，同时所有在可视化界面进行的操作，都可以通过 T-SQL 语句来实现。

### 4.2.1 使用可视化界面建立数据表结构

（1）启动 SQL Server Management Studio，连接到数据库服务器。

（2）展开“对象资源管理器”中所需的“数据库”节点，如图 4-2 所示。

（3）用鼠标右键单击“表”节点，从快捷菜单中选择“新建表”命令，弹出定义数据表结构的对话框，如图 4-3 所示。其中，每一行用于定义数据表的一个字段，包括字段名、数据类型及长度、字段是否为空等。

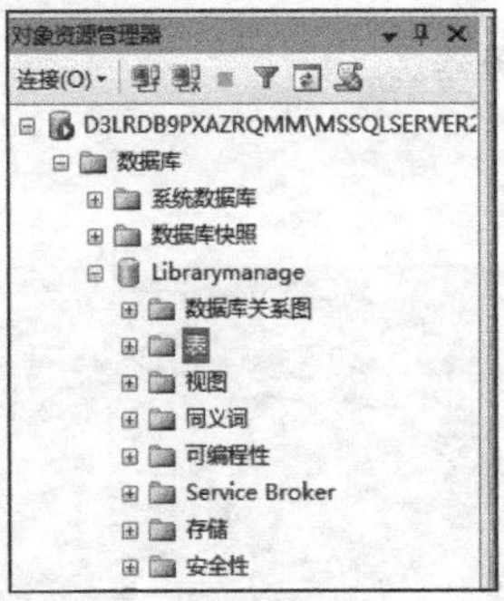


图 4-2　对象资源管理器

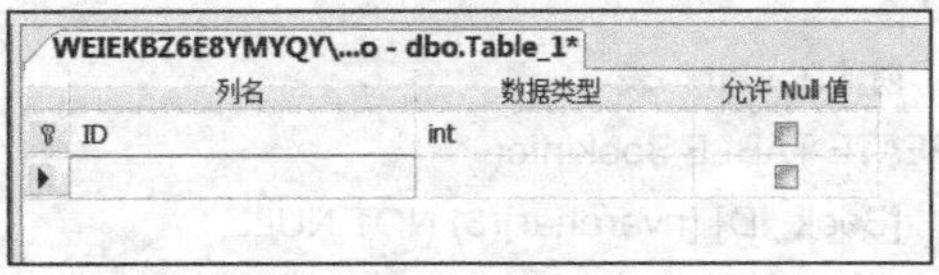


图 4-3　图形化创建表界面

（4）单击“属性窗口”按钮，在显示的“属性”标签页中的“名称”栏中输入表的名称。

（5）定义的数据表中的各列后，单击工具栏中的“保存”按钮，完成创建表的过程。

**【例 4-1】**使用 SQL Server Management Studio 图形化工具在 Librarymanage 数据库中创建 BookInfo 表，表的结构如表 4-2 所示。

表 4-2　BookInfo 表的结构

| 字段名 | 类型 | 长度 | 主键 | 允许空 |
|---|---|---|---|---|
| Book_ID | nvarchar | 8 | Y | N |
| Book_name | nvarchar | 50 | N | N |
| Book_ISBN | nvarchar | 30 | N | N |
| Book_author | nvarchar | 30 | N | Y |
| Book_press | nvarchar | 50 | N | N |
| Book_pressdate | datetime | 默认 | N | Y |
| Book_price | money | 默认 | N | Y |
| Book_quantity | int | 默认 | N | Y |
| Book_inputdate | datetime | 默认 | N | Y |

创建完的 BookInfo 表结构如图 4-4 所示。

| 列名 | 数据类型 | 允许 Null 值 |
|---|---|---|
| Book_ID | nvarchar(8) | ☐ |
| Book_name | nvarchar(50) | ☐ |
| Book_ISBN | nvarchar(30) | ☐ |
| Book_author | nvarchar(30) | ☑ |
| Book_press | nvarchar(50) | ☐ |
| Book_pressdate | datetime | ☑ |
| Book_price | money | ☑ |
| Book_quantity | int | ☑ |
| Book_inputdate | datetime | ☑ |

**图 4-4　图形化工具创建表结构**

### 4.2.2　使用 T-SQL 命令建立数据表结构

在命令行方式下，可以使用 CREATE TABLE 语句创建数据表，其基本语法格式如下。

```
CREATE TABLE <表名>
( 列名 列的属性[,...n] )
```

通过 T-SQL 创建例 4-1 中的表 BookInfo，操作步骤如下。

（1）打开 SQL Server Management Studio，连接到数据库服务器。

（2）单击“新建查询”按钮，进入命令行方式。

（3）输入以下的 T-SQL 语句。

```
USE [Librarymanage]
GO
-- 创建BookInfo表
CREATE TABLE Bookinfo(
    [Book_ID] [nvarchar](8) NOT NULL,
    [Book_ISBN] [nvarchar](30) NULL,
    [Book_name] [nvarchar](50) NULL,
    [Book_type] [nvarchar](30) NULL,
    [Book_author] [nvarchar](30) NULL,
    [Book_press] [nvarchar](50) NULL,
    [Book_pressdate] [datetime] NULL,
    [Book_price] [money] NULL,
    [Book_inputdate] [datetime] NULL,
    [Book_quantity] [int] NULL,
)
```

（4）单击“运行”按钮，完成 BookInfo 表的创建。

## 4.3　修改应用系统数据表结构

微课：修改应用系统数据表结构

在实际应用中，有时候由于应用环境和应用需求的变化，可能要修改基本表的结构，如增加新列、修改原列的长度、增加约束、修改原有列定义和完整性约束等。

### 4.3.1　使用可视化界面修改数据表结构

用 SQL Server Management Studio 图形化工具修改数据表结构的步骤如下。

（1）启动 SQL Server Management Studio，连接服务器后，展开数据库节点。

（2）用鼠标右键单击要修改的数据表，从快捷菜单中选择“设计”命令，如图 4-5 所示，弹出修改数据表结构对话框。可以在此对话框中修改列的数据类型、名称等属性，添加或删除列，指定表的主关键字约束等。

（3）修改完成后，单击工具栏中的“保存”按钮，保存上述的操作。

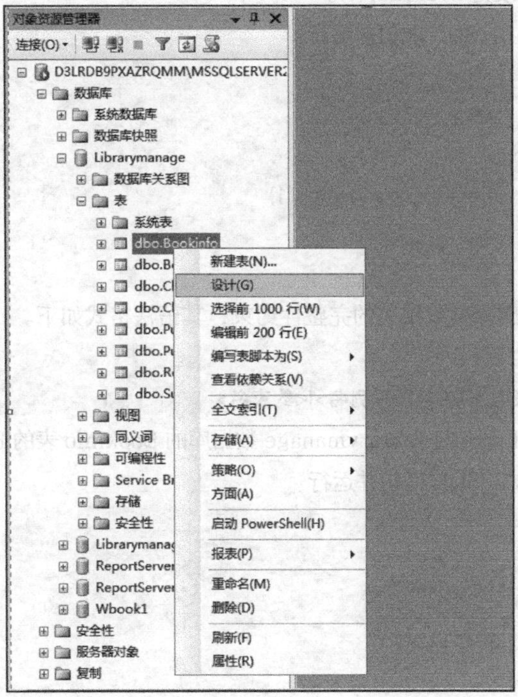


图 4-5 选择“设计”命令

### 4.3.2 使用 T-SQL 命令修改数据表结构

SQL Server 使用 ALTER TABLE 命令来修改表结构，修改表结构有以下 3 种方式。

#### 1. ADD 方式

ADD 方式用于增加新列和完整性约束，定义方式与 CREATE TABLE 语句中的定义方式相同，其语法格式如下。

```
ALTER TABLE <表名>
ADD<列定义>|<完整性约束定义>
```

**【例 4-2】** 使用 T-SQL 语句给 Librarymanage 数据库的 BookInfo 表增加一列，列名为 Book_isborrow，数据类型为 nvarchar(1)。

在查询窗口输入以下 T-SQL 语句并运行。

```
USE Librarymanage
GO
ALTER TABLE BookInfo
ADD BOOK_ISBORROW nvarchar(10)
GO
```

### 2. ALTER 方式

ALTER 方式用于修改列，其语法格式如下。

```
ALTER TABLE <表名>
ALTER COLUMN <列定义> <数据类型> [NULL | NOT NULL]
```

【例 4-3】使用 T-SQL 语句将 Librarymanage 数据库的 BookInfo 表的 Book_isborrow 字段的数据长度由 nvarchar(10)改为 nvarchar(1)。

在查询窗口输入以下 T-SQL 语句并运行。

```
USE Librarymanage
GO
ALTER TABLE BookInfo
ALTER COLUMN BOOK_ISBORROW nvarchar(1)
GO
```

### 3. DROP 方式

DROP 方式可以用于删除列或相关的完整性约束，其语法格式如下。

```
ALTER TABLE <表名>
DROP <COLUMN>|<CONSTRAINT> <列名>|<约束名>
```

【例 4-4】使用 T-SQL 语句将 Librarymanage 数据库的 BookInfo 表的 Book_isborrow 字段删除。

在查询窗口输入以下 T-SQL 语句并运行。

```
USE LibMgtInfo
GO
ALTER TABLE BookInfo
DROP COLUMN BOOK_ISBORROW
GO
```

## 4.4 删除应用系统数据表结构

对于不需要的数据库，可以将其删除，释放占用的磁盘空间。同样，对于数据库中的表，如果不再需要，也可以将其从数据库中删除，数据表被删除后，数据表中的结构、表中的数据记录等也被一并删除。

微课：删除应用系统数据表结构

### 4.4.1 使用可视化界面删除数据表结构

【例 4-5】使用 SQL Server Management Studio 删除数据库 Librarymanage 中的 BookInfo 数据表。

（1）启动 SQL Server Management Studio，连接服务器后，展开数据库节点中的 Librarymanage 数据库节点。

（2）展开表节点，用鼠标右键单击要删除的表对象，在弹出的快捷菜单中选择“删除”命令，如图 4-6 所示。

图 4-6 选择“删除”命令

### 4.4.2 使用 T-SQL 命令删除数据表结构

**【例 4-6】**使用命令行方式删除数据库 Librarymanage 中的 BookInfo 数据表。

```
USE LibMgtInfo
GO
DROP TABLE BookInfo
GO
```

微课：操作数据表中的数据记录

## 4.5 操作数据表中的数据记录

SQL Server 提供了可视化界面和命令行两种方式对数据表中的数据进行添加、修改和删除操作。在实际的项目应用中，应用程序全部通过 T-SQL 语句向数据表中插入、修改和删除数据。

### 4.5.1 使用可视化界面添加数据记录

使用 SQL Server Management Studio 可视化界面向数据表中添加记录的操作步骤如下。

（1）启动 SQL Server Management Studio，连接服务器。

（2）展开“数据库”节点中的目标数据库节点。

（3）展开表节点，用鼠标右键单击需要插入数据的表，在弹出的快捷菜单中选择“编辑前 n 行”命令，*n* 通常为 200，打开表后，在表中的最后一行按列输入新的数据，如图 4-7 所示。

（4）输入完毕后关闭窗口，输入的数据将保存在表中。

| Book_ID | Book_ISBN | Book_name | Book_type | Book_author | Book_press | Book_pressdate | Book_price | Book_inputdate | Book_quantity |
|---|---|---|---|---|---|---|---|---|---|
| 00000001 | 9781111206677 | 数据库 | 数据库设计 | 李红 | 科学出版社 | 2009-09-02 00:... | 68.0000 | 2010-08-12 00:... | 2 |
| 13332245 | 9788836502341 | VC程序设计实... | 程序语言 | 吴华健 | 科学出版社 | 2009-10-01 00:... | 35.0000 | NULL | 6 |
| 10201001 | 9781349207867 | FLASH程序设计 | 动画设计 | 吴刚 | 清华大学出版社 | 2008-02-04 00:... | 26.0000 | 2010-08-12 00:... | 2 |
| 10201005 | 9782894578444 | 操作系统 | 系统设计 | 吴玉华 | 科学出版社 | 2009-11-05 00:... | 35.0000 | 2010-08-12 00:... | 1 |
| 10201067 | 9787379543373 | JAVA程序设计 | 程序语言 | 马文霞 | 机械出版社 | 2009-05-12 00:... | 35.2000 | 2010-08-12 00:... | 1 |
| 10301004 | 9784008324766 | 多媒体技术与... | 动画设计 | 李红 | 电子工业出版社 | 2007-12-06 00:... | 38.0000 | 2011-02-18 00:... | 1 |
| 10301012 | 9787322209502 | 计算机应用基础 | 基础教程 | 马玉兰 | 机械出版社 | 2010-10-29 00:... | 38.5000 | 2011-02-18 00:... | 1 |
| 10301022 | 9781129848558 | 计算机组成原理 | 系统设计 | 吴进军 | 电子工业出版社 | 2004-10-01 00:... | 33.0000 | 2011-02-18 00:... | 1 |
| 10302001 | 9783773620649 | 计算机网络实... | 网络设计 | 赵建军 | 中国水利出版社 | 2009-07-19 00:... | 39.0000 | 2011-02-18 00:... | 3 |
| 10303010 | 9782289885985 | 软件人机界面... | 基础教程 | 陈康建 | 高等教育出版社 | 2008-06-21 00:... | 21.0000 | 2010-05-30 00:... | 2 |
| 10305010 | 9781000858595 | UML及建模 | 程序语言 | 郭雯 | 清华大学出版社 | 2009-08-13 00:... | 45.0000 | 2010-05-30 00:... | 1 |
| 10305011 | 9789947967302 | UML使用手册 | 程序语言 | 刘强 | 天津大学出版社 | 2008-04-07 00:... | 25.0000 | 2010-05-30 00:... | 3 |
| 10401022 | 9782947057205 | SQL基础教程 | 数据库设计 | 董煜 | 科学出版社 | 2010-01-25 00:... | 48.0000 | 2010-05-30 00:... | 3 |
| 10411001 | 9783758275966 | 计算机原理与... | 系统设计 | 徐晓勇 | 科学出版社 | 2009-03-11 00:... | 52.0000 | 2009-07-25 00:... | 3 |
| 13020889 | 9781174777495 | C语言程序设计 | 程序语言 | 李敏 | 清华大学出版社 | 2007-08-09 00:... | 36.0000 | 2009-07-25 00:... | 1 |
| 00000005 | 9784633678887 | ASP.NET开发教程 | 程序语言 | 焦文丽 | 高等教育出版社 | 2013-06-03 00:... | 56.0000 | 2014-09-12 00:... | 7 |
| 10201008 | 9784633120128 | 网络数据库高... | 数据库设计 | 李文 | 人民邮电出版社 | 2010-01-02 00:... | 39.0000 | 2012-03-17 00:... | 2 |
| 10201009 | 9784633120129 | 数据库设计教程 | 数据库设计 | NULL | 人民出版社 | 2010-09-03 00:... | 50.0000 | 2011-07-09 00:... | 3 |
| 10201009 | NULL | NULL | NULL | NULL | NULL | NULL | NULL | NULL | NULL |
| NULL | NULL | NULL | NULL | NULL | NULL | NULL | NULL | NULL | NULL |

图 4-7　在可视化界面向数据表中添加数据

### 4.5.2　使用 T-SQL 命令添加数据记录

在命令行方式下，可以使用 INSERT、SELECT INTO 语句向数据表中插入数据。

INSERT 语句的基本语法格式如下。

```
INSERT [INTO]目标表名 (列1,列2,...) VALUES (值1,值2,...)
```

【例 4-7】使用命令行方式向表 BookInfo 中插入一条数据。

```
USE Librarymanage
GO
INSERT Bookinfo (Book_ID, Book_ISBN, Book_name, Book_type, Book_author, Book_press, Book_pressdate, Book_price,) VALUES ('00000001', '9781111206677', '数据库', '数据库设计', '李红', '科学出版社',68)
GO
```

使用 SELECT INTO 语句，允许用户定义一张新表，并把 SELECT 的数据插入新表中，其语句的基本语法格式如下。

```
SELECT新表的字段列表
  INTO新表名称
FROM原表名称WHERE逻辑条件表达式
```

【例 4-8】在命令行方式下使用 SELECT INTO 语句生成一张新表，新表名称为 SubBookInfo，数据来源于表 BookInfo 中所有出版社为“科学出版社”的数据结果集。

在查询窗口输入以下 SQL 语句并运行。

```
USE Librarymanage
GO
SELECT Book_ID, Book_ISBN, Book_name, Book_press
INTO SubBookInfo
FROM BOOKINFO WHERE Book_press='科学出版社'
GO
```

### 4.5.3　使用可视化界面修改数据记录

使用 SQL Server Management Studio 可视化界面修改数据表中的数据的操作步骤如下。

（1）启动 SQL Server Management Studio，连接到数据库服务器。

（2）展开“数据库”节点中的目标数据库节点。

（3）展开表节点，用鼠标右键单击需要插入数据的表，在弹出的快捷菜单中选择“编辑前 n 行”命令，*n* 通常为 200，打开表后，找到要更改的数据记录行，直接修改数据。

（4）修改完毕后关闭窗口，数据将保存在表中。

### 4.5.4 使用 T-SQL 命令修改数据记录

在命令行方式下，可以使用 UPDATE 语句修改数据表中的数据，UPDATE 语句的基本语法格式如下。

```
UPDATE 目标表名SET列名1=值1, 列名2 = 值2, ... , 列n=值n
[Where逻辑表达式]
```

【例 4-9】使用命令行方式将 LibMgtInfo 数据库中表 BookInfo 中 Book_ID 为 10201001 的图书价格改为 52。

```
USE LibMgtInfo
GO
UPDATE BookInfo SET Book_price=52 WHERE Book_ID='10201001'
GO
```

### 4.5.5 使用可视化界面删除数据记录

使用 SQL Server Management Studio 可视化界面删除数据表中的数据的操作步骤如下。

（1）启动 SQL Server Management Studio，连接到数据库服务器。

（2）展开“数据库”节点中的目标数据库节点。

（3）展开表节点，用鼠标右键单击需要插入数据的表，在弹出的快捷菜单中选择“编辑前 n 行”命令，*n* 通常为 200，打开表后，将光标移动到表内窗口左边的行首，选择需要删除的数据记录。

（4）按 Delete 键，完成数据记录的删除。

### 4.5.6 使用 T-SQL 命令删除数据记录

在命令行方式下，可以使用 DELETE 语句删除数据表中的数据，DELETE 语句的基本语法格式如下。

```
DELETE [FROM] 目标表名
[Where 逻辑表达式]
```

【例 4-10】使用命令行方式将 Librarymanage 数据库中表 BookInfo 中 Book_ID 为 10201001 的数据删除。

```
USE Librarymanage
GO
DELETE FROM BookInfo WHERE Book_ID='10201001'
GO
```

## 4.6 数据完整性设置

数据库中的数据是从外界输入的，而数据的输入由于种种原因，有时会发生输入无效或错误信息的情况。保证输入的数据符合规定，是数据库系统，尤其是多用户的关系数据库系统首要关注的问题。

### 4.6.1 数据完整性的概念与分类

数据完整性（Data Integrity）是指数据的精确性（Accuracy）和可靠性（Reliability）。它是为防止数据库中存在不符合语义规定的数据和因错误信息的输入输出造成无效操作或错误信息而提出的。

数据完整性分为以下 4 类。

#### 1. 实体完整性

实体完整性（Entity Integrity）要求每一个表中的主键字段都不能为空或者重复的值。实体完整性是指表中行的完整性。要求表中的所有行都有唯一的标识符，称为主关键字。主关键字是否可以修改，或整个列是否可以被删除，取决于主关键字与其他表之间要求的完整性。可以通过建立唯一索引表、UNIQUE、PRIMARY KEY 和 IDENTITY 约束等措施来设置实体完整性。

#### 2. 域完整性

域完整性（Domain Integrity）是针对某一具体关系数据库的约束条件。保证表中某些列不能输入无效的值，如数据类型、格式、值域范围、是否允许空值等。同时，域完整性限制了某些属性中出现的值，把属性限制在一个有限的集合中。例如，如果属性类型是整数，它就不能是 101.5 或任何非整数。

#### 3. 参照完整性

参照完整性（Referential Integrity）要求关系中不允许引用不存在的实体，而实体完整性是关系模型必须满足的完整性约束条件，目的是保证数据的一致性。

参照完整性属于表间规则。对于永久关系的相关表，在更新、插入或删除记录时，如果只改其一不改其二，就会影响数据的完整性。例如，修改父表中的关键字值后，子表关键字值未做相应改变会导致子表与父表的数据不一致；删除父表的某个记录后，子表的相应记录未删除，致使这些记录成为孤立记录；对于子表插入的记录，在父表中没有相应关键字值与之联系，致使子表中的这些记录无法与父表关联。

参照完整性则是相关联的两个表之间的约束，具体来说，就是从表中每条记录外键的值必须是主表中存在的。因此，如果在两个表之间建立了关联关系，则对一个关系进行的操作要影响到另一个表中的记录。如果实施了参照完整性，当主表中没有相关记录时，就不能将记录添加到相关表中，也不能在相关表中存在匹配的记录时，删除主表中的记录，更不能在相关表中有相关记录时，更改主表中的主键值。也就是说，实施了参照完整性后，对表中主键字段进行操作时，系统会自动检查主键字段，看看该字段是否被添加、修改、删除了。如果对主键的修改违背了参照完整性的要求，系统就会自动强制执行参照完整性。

#### 4. 用户定义的完整性

用户定义的完整性（User-definedIntegrity）是指针对某一具体关系数据库的约束条件，它反映某一具体应用涉及的数据必须满足的语义要求，主要有规则（rule）、默认值（default）、约束（constraint）和触发器（trigger）。

### 4.6.2 使用数据完整性的必要性

数据库采用多种方法来保证数据完整性，包括外键、约束、规则和触发器。系统很好地处理了这四者的关系，并针对具体情况用不同的方法，相互交叉使用，相补缺点。

数据完整性可以最大限度地保证数据的可靠性和一致性，避免出现脏数据，使用合理的数据完整性规则可以最大限度地保证数据的正确性，保护数据的合法性。

在实际的数据库应用中，数据库管理员（DBA）都会设置各种数据完整性规则，以确保数据库中数据的正确性和安全性。

### 4.6.3 使用可视化界面和 T-SQL 命令实现非空约束

#### 1. 使用可视化界面实现非空约束

使用 SQL Server Management Studio 可视化界面设置数据表中字段非空约束的操作步骤如下。

（1）启动 SQL Server Management Studio，连接到数据库服务器。

（2）展开“数据库”节点中的目标数据库节点。

（3）展开表节点，用鼠标右键单击目标数据表，在弹出的快捷菜单中选择“设计”命令后显示图 4-8 所示的可视化界面。

（4）通过“允许 Null 值”来设置对应的字段是否允许空，如图 4-8 所示。

| 列名 | 数据类型 | 允许 Null 值 |
|---|---|---|
| Book_ID | nvarchar(8) | ☐ |
| Book_ISBN | nvarchar(30) | ☑ |
| Book_name | nvarchar(50) | ☑ |
| Book_type | nvarchar(30) | ☑ |
| Book_author | nvarchar(30) | ☑ |
| Book_press | nvarchar(50) | ☑ |
| Book_pressdate | datetime | ☑ |
| Book_price | money | ☑ |
| Book_inputdate | datetime | ☑ |
| Book_quantity | int | ☑ |

图 4-8 可视化界面实现非空约束窗口

#### 2. 使用 T-SQL 命令实现非空约束

在命令行方式下，可以使用以下命令实现非空约束。

```
ALTER TABLE 目标表名
ALTER COLUMN 列名 列的数据类型 [NOT] NULL;
```

**【例 4-11】**使用命令行方式将 Librarymanage 数据库中表 BookInfo 的 Book_ID 列设置为非空约束。

```
USE Librarymanage
GO
ALTER TABLE BookInfo
ALTER COLUMN Book_ID nvarchar(8) NOT NULL;
GO
```

### 4.6.4 使用可视化界面和 T-SQL 命令实现主键约束

#### 1. 使用可视化界面实现主键约束

使用 SQL Server Management Studio 可视化界面为数据表设置主键约束的操作步骤如下。

（1）启动 SQL Server Management Studio，连接到数据库服务器。

（2）展开“数据库”节点中的目标数据库节点。

（3）展开表节点，用鼠标右键单击目标数据表，在弹出的快捷菜单中选择“设计”命令。

（4）选中要操作的数据列，单击鼠标右键，选择“设置主键”命令，如图 4-9 所示。

#### 2. 使用 T-SQL 命令实现主键约束

在命令行方式下，可以使用 ADD CONSTRAINT 语句为数据表添加主键约束。如果要删除主键约束，可以通过 DROP PRIMARY KEY 语句实现。

```
ALTER TABLE 目标表名
ADD CONSTRAINT 主键名 PRIMARY KEY (列名，[可指定多个列])
```

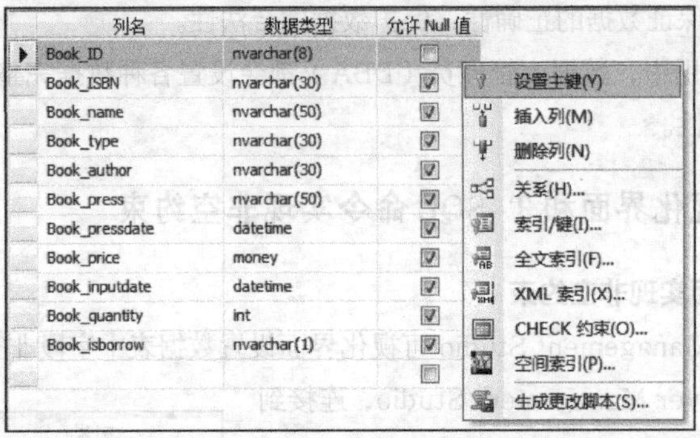


图 4-9　选择“设置主键”命令

【例 4-12】使用命令行方式将 Librarymanage 数据库中表 BookInfo 的 Book_ID 列设置为主键约束。

```
USE Librarymanage
GO
ALTER TABLE BookInfo ADD CONSTRAINT Book_ID_PK PRIMARY KEY (Book_ID)
GO
```

### 4.6.5　使用 T-SQL 命令实现唯一约束

SQL Server 的数据表中主键列的值是不允许重复的，也就是说，主键默认就拥有唯一约束，当然也可以通过 T-SQL 命令为非主键设置唯一约束。

在命令行方式下，可以使用 UNIQUE 语句为数据表中的列添加唯一约束，可以通过 DROP UNIQUE 语句删除唯一约束。

```
ALTER TABLE 目标表名
ADD CONSTRAINT 唯一约束名称 UNIQUE (列名，[可指定多个列])
```

【例 4-13】使用命令行方式将 Librarymanage 数据库中表 BookInfo 的 Book_ID 列设置为唯一约束。

```
USE Librarymanage
GO
ALTER TABLE BookInfo ADD CONSTRAINT Book_ID_UQ1 UNIQUE (Book_ID)
GO
```

### 4.6.6　使用可视化界面和 T-SQL 命令实现检查约束

#### 1. 使用可视化界面实现检查约束

使用 SQL Server Management Studio 可视化界面为数据表实现检查约束的操作步骤如下。

（1）启动 SQL Server Management Studio，连接到数据库服务器。

（2）展开“数据库”节点中的目标数据库节点。

（3）展开表节点，用鼠标右键单击“约束”节点，选择“新建约束”命令，弹出“CHECK 约束”对话框，如图 4-10 所示。

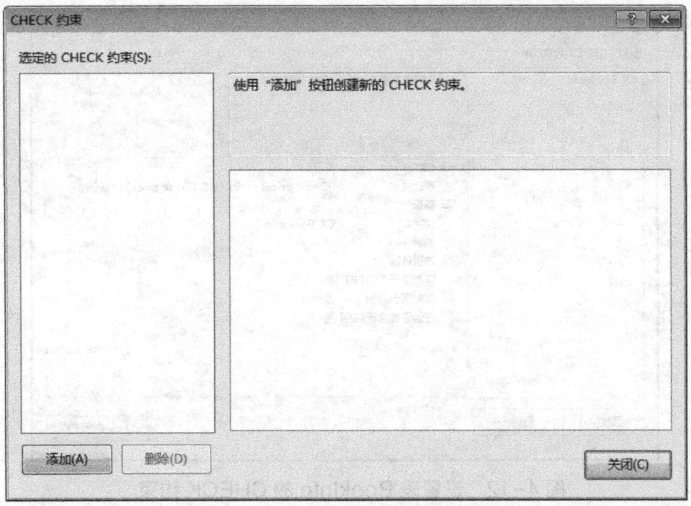


图 4-10 "CHECK 约束"对话框

（4）单击左下角的"添加"按钮，弹出 CHECK 约束设置界面，如图 4-11 所示。

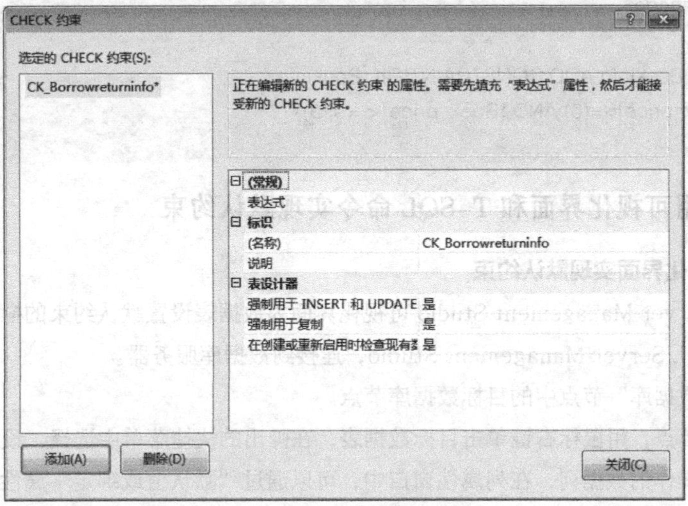


图 4-11 CHECK 约束设置窗口

（5）设置 CHECK 约束名称，并根据应用需要设置表达式。

（6）设置完毕后，单击"关闭"按钮，退出当前窗口。

**【例 4-14】** 为 Librarymanage 数据库中的表 BookInfo 设置 CHECK 约束，要求列 Book_price 的取值范围为 0～999，如图 4-12 所示。

表达式的值设置为：([Book_price]>=(0) AND [Book_price]<=(999))

**2. 使用命令行方式实现检查约束**

在命令行方式下，可以使用 CHECK 语句为数据表添加 CHECK 约束，如果要删除 CHECK 约束，可以通过 DROP 语句实现。

```
ALTER TABLE 目标表名
ADD CONSTRAINT CHECK 名称
CHECK (逻辑表达式)
```

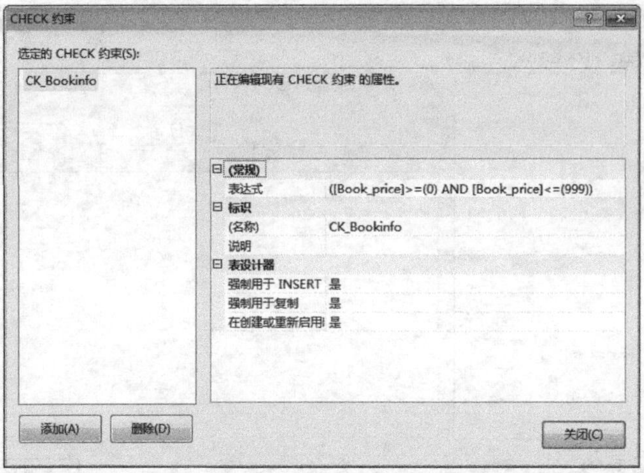


图 4-12　设置表 BookInfo 的 CHECK 约束

【例 4-15】使用命令行方式为 Librarymanage 数据库中的表 BookInfo 设置 CHECK 约束，要求列 Book_price 的取值范围为 0 ~ 999。

```
USE Librarymanage
GO
ALTER TABLE BookInfo ADD CONSTRAINT CK_Bookinfo
CHECK ([Book_price]>=(0) AND [Book_price]<=(999))
GO
```

## 4.6.7　使用可视化界面和 T-SQL 命令实现默认约束

### 1. 使用可视化界面实现默认约束

使用 SQL Server Management Studio 可视化界面为数据表设置默认约束的操作步骤如下。

（1）启动 SQL Server Management Studio，连接到数据库服务器。

（2）展开“数据库”节点中的目标数据库节点。

（3）展开表节点，用鼠标右键单击目标数据表，在弹出的快捷菜单中选择“设计”命令。

（4）选中要操作的数据列，在列属性窗口中，可以通过“默认值或绑定”属性来设置默认约束，如图 4-13 所示。

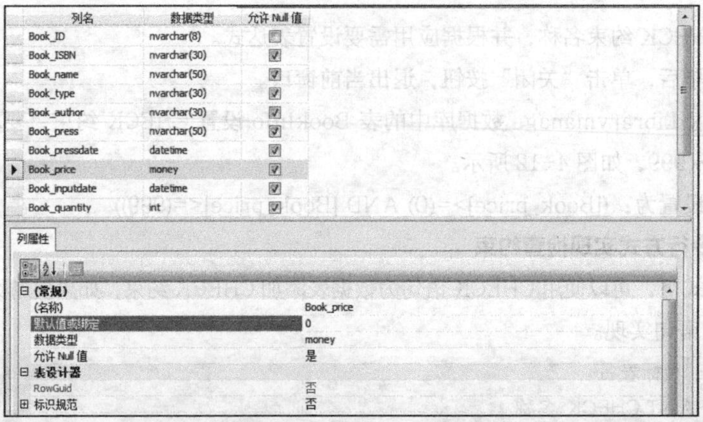


图 4-13　可视化界面为数据表设置默认约束

### 2. 使用命令行方式实现默认约束

命令行方式下，可以使用 DEFAULT 语句为数据表添加默认约束，如果要修改或删除默认约束，可以通过 ALTER 或 DROP 语法来实现。

```
ALTER TABLE 目标表名
ADD CONSTRAINT 约束名字 DEFAULT 默认值 FOR 字段名称
```

【例 4-16】使用命令行方式为 Librarymanage 数据库中的表 BookInfo 设置默认约束，将列 Book_price 的默认值设置为 0。

```
USE LibMgtInfo
GO
ALTER TABLE BookInfo ADD CONSTRAINT Book_Price_Default DEFAULT 0 For Book_Price
GO
```

## 4.6.8 使用可视化界面和 T-SQL 命令实现外键约束

### 1. 使用可视化界面实现外键约束

使用 SQL Server Management Studio 可视化界面为数据表设置外键约束的操作步骤如下。

(1) 启动 SQL Server Management Studio，连接到数据库服务器。

(2) 展开“数据库”节点中的目标数据库节点。

(3) 展开“表”节点，选中下面的“键”，单击鼠标右键，选择“新建外键”命令，如图 4-14 所示。

(4) 在弹出的对话框中，可以设置外键的名称和外键列等属性，如图 4-15 所示。

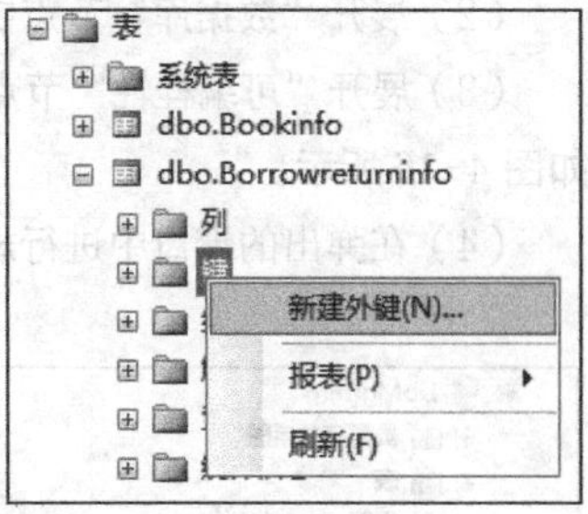


图 4-14 选择“新建外键”命令

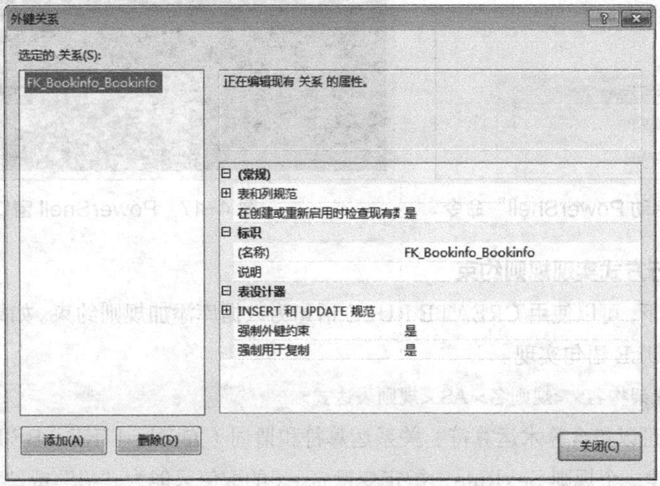


图 4-15 “外键关系”对话框

### 2. 使用命令行方式实现外键约束

在命令行方式下，可以使用 ADD CONSTRAINT 语句为数据表添加外键约束。如果要删除外键约束，可以通过 DROP 语句完成。

```
ALTER TABLE 需要建立外键的表名
ADD CONSTRAINT 外键名称 FOREIGN KEY (列名) REFERENCES 关联的表名(关联的字段名)
```

【例 4-17】使用命令行方式将 Librarymanage 数据库中表 Borrowreturninfo 的 Reader_ID 列设置为外键约束，关联到表 Readerinfo 中的 Reader_ID 列。

```
USE Librarymanage
GO
ALTER TABLE Borrowreturninfo ADD CONSTRAINT FK_Borrowreturninfo_Readerinfo
FOREIGN KEY (Reader_ID) REFERENCES Readerinfo (Reader_ID)
GO
```

### 4.6.9 使用可视化界面和 T-SQL 命令实现规则约束

#### 1. 使用可视化界面实现规则约束

使用 SQL Server Management Studio 可视化界面为数据库设置规则约束的操作步骤如下。

（1）启动 SQL Server Management Studio，连接到数据库服务器。

（2）展开“数据库”节点中的目标数据库节点。

（3）展开“可编程性”节点，用鼠标右键单击“规则”命令，再选择“启动 PowerShell”命令，如图 4-16 所示。

（4）在弹出的窗口中进行规则设置，如图 4-17 所示。

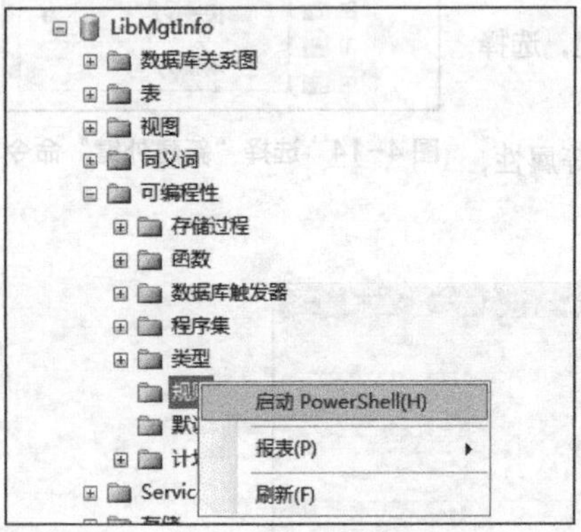


图 4-16 选择“启动 PowerShell”命令

图 4-17 PowerShell 窗口界面

#### 2. 使用命令行方式实现规则约束

在命令行方式下，可以使用 CREATE RULE 语句为数据库添加规则约束。如果要删除规则约束，可以通过 DROP RULE 语句实现。

```
CREATE RULE <架构名> <规则名> AS <规则表达式>
```

规则表达式中可以包含算术运算符、关系运算符和谓词（如 IN、LIKE、BETWEEN 等）。

【例 4-18】创建一个规则 SexRule，指定变量@sex 的取值只能为“男”或“女”。

```
CREATE RULE SexRule As @sex IN('男','女')
```

规则与 CHECK 约束不同，CHECK 约束可以在 CREATE TABLE 语句中定义，而规则作为独立的对象创建，创建完后需要绑定在指定的列上。绑定规则是指将已经存在的规则应用到列或用户自定义的数据类型中。使用存储过程 sp_bindrule 可以将规则应用到列或用户自定义的数据类型，语法格式如下。

```
CREATE sp_bindrule [@rulename=]规则名,
[@object name=]对象名
```

**【例 4-19】** 将规则 SexRule 绑定到 ReaderInfo 表的 Reader_Sex 列上。

```
USE Librarymanage
GO
EXEC sp_bindrule 'SexRule','ReaderInfo.Reader_Sex'
GO
```

## 4.7 本章小结

本章主要介绍各种数据类型的特点、基本用法以及表的创建和管理。表的创建与管理有两种方法，一种是使用 SQL Server Management Studio 可视化界面，图形化工具提供了图形化的操作界面，采用图形化工具创建、管理表，操作简单，容易掌握；另一种是在命令行方式下使用 T-SQL 语句来创建、管理表，这种方法要求用户掌握基本的 T-SQL 语法。

创建表使用 CREATE TABLE 语句，管理表包括查看表的属性、修改表的结构和删除表等。向表插入数据使用 INSERT 语句，更新表内容使用 UPDATE 语句，删除表中的数据使用 DELETE 语句。

数据完整性是指存储在数据库中的数据的一致性和准确性。数据完整性分为 4 类，分别是实体完整性（Entity Integrity）、域完整性（Domain Integrity）、参照完整性（Referential Integrity）和用户定义的完整性（User-definedIntegrity）。约束是实现数据完整性的主要方法，常用的约束有非空约束、主键约束、唯一约束、检查约束、默认约束、外键约束和规则约束等。SQL Server 中提供了可视化界面和 T-SQL 语句两种方法来设置和管理这些约束。其中检查约束是强制域完整性的一种方法，主键约束是强制实体完整性的主要方法，外键约束是强制参照完整性的主要方法。在实际的项目应用中，数据库的数据与更新操作必须满足数据完整性的规则，从而最大限度地保证数据的可靠性。

PART 05

# 第5章 数据信息查询操作

## 课堂学习目标

- 掌握 T-SQL 语句中查询语句的功能以及基本语法
- 可以使用 T-SQL 语句完成单一条件查询和多条件查询
- 可以使用 T-SQL 语句完成汇总查询以及分组查询
- 可以使用 T-SQL 语句完成连接查询和子查询

# 5.1 查询语句简介

SQL 是结构化查询语言。查询操作是 SQL 的核心操作，是数据库中使用最多的一种操作，也是最复杂的一种语句。

## 5.1.1 查询语句的功能

查询语句的功能是 SQL Server 数据库中提取所需的数据。数据库中数据的查询是通过 SELECT 查询命令实现的。使用 SELECT 语句可以完成以下数据信息的查询。

### 1. 数据信息的简单查询

简单查询包括查询单一数据表中的全部信息和指定列信息，可以在查询中去除重复数据项，计算查询数据项、重命名查询结果、在查询结果中添加说明列信息，以及完成单一条件和复合条件的查询。

### 2. 数据信息的汇总查询

在查询中可以使用聚合函数实现数据信息的汇总查询，可以通过 group by 子句完成分组汇总查询，可以通过 order by 子句对查询结果进行排序。

### 3. 数据信息的连接查询

可以对多张数据表进行多表连接查询，包括内连接查询、左外连接查询、右外连接查询和全外连接查询等。

### 4. 数据信息的嵌套查询

可以在查询中使用嵌套查询，即使用含有子查询的查询语句查询数据信息，包括无关子查询和相关子查询。

## 5.1.2 查询语句的语法格式

SELECT 查询命令的基本形式由 SELECT-FROM-WHERE 查询块组成，多个查询块可以嵌套执行。

SELECT 语句的语法格式如下。

```
SELECT [ ALL I DISTINCT I TOP ] <目标列表达式1>[,… <目标列表达式n>]
[INTO目标数据表]
FROM源数据表或视图[,...n]
[WHERE条件表达式]
[GROUP BY分组表达式[HAVING搜索表达式]]
[ORDER BY排序表达式[ASC]I[DESC]]
```

SELECT 查询语句中的各个子句的书写顺序很重要，在查询中可以根据需要省略以上语法格式中[]中的子句，即任选子句，但是一旦使用这些子句，就必须按照规定顺序书写。

SELECT 子句用于筛选需要输出的字段或计算表达式。SELECT 子句中可以使用参数：如果该参数为 ALL，则返回 SQL 语句中符合条件的全部记录；如果为 DISTINCT，则省略选择字段中包含重复数据的记录；如果为 TOP n(n 为一个整数)，则返回特定数目的记录。

FROM 子句用于指定 SELECT 语句中使用的表源，数据表源可以是一个或多个表，也可以是视图。

WHERE 子句用于指定行的搜索条件，从而限制 SELECT 语句返回的行数。搜索条件可以是 AND、OR 和 NOT 的一个或多个谓词的组合。可以使用括号来指定其组合的顺序。如果省略该子句，则查询将返回表中的所有行。

GROUP BY 子句用于将一个或多个列（或表达式）按照某一组选定行组合，然后针对每一组返回一行。执行任何分组操作之前，不满足 WHERE 子句中条件的行将被删除。执行分组之后，不满足 HAVING 子句中条件的行将被删除。如果组合列包含 Null 值，则所有的 Null 值都将被视为相等，并会置入一个组中。

HAVING 子句使用谓词对分组后的行进行过滤。在 GROUP BY 组合这些记录后，HAVING 将显示那些经 GROUP BY 子句分组并满足 HAVING 子句中条件的记录。

ORDER BY 子句用于指定在 SELECT 语句返回的列中使用的排序顺序。在处理 SELECT 语句时，ORDER BY 子句是被最后处理的子句，因此可以在 ORDER BY 子句中引用 SELECT 子句中的列别名。其中 ASC 表示升序排列（默认值），DESC 表示降序排列。

INTO 子句是将查询结果保存在指定的目标数据表中，常用于创建表的备份或对记录进行存档。

### 5.1.3　使用可视化界面实现数据表查询

可以使用对象资源管理器（SSMS）可视化界面实现数据表的查询。

**【例 5-1】** 利用可视化界面在图书管理系统（Librarymanage）数据库中查找所有科学出版社出版的图书信息，其操作步骤如下。

微课：使用可视化界面实现数据表查询

（1）打开 SQL Server Management Studio(SSMS)，连接到数据库服务器；展开“对象资源管理器”中所需的“数据库”节点；找到 Librarymanage 数据库，展开 Librarymanage 数据库节点；展开“表”节点，找到 Bookinfo 数据表；单击鼠标右键，在快捷菜单中选择“编辑前 200 行”命令，打开 Bookinfo 数据表，如图 5-1 所示。

对象资源管理器
连接
(SQL Server 11.0.2100 - RJ41001
数据库
系统数据库
ReportServer
ReportServerTempDB
Librarymanage
数据库关系图
表
系统表
FileTables
dbo.Bookinfo
dbo.Borrowreturnin
dbo.Clerkinfo
dbo.ClerkinfoMX
dbo.Punishinfo
dbo.PunishinfoMX
dbo.Readerinfo
视图
同义词
可编程性
Service Broker
存储
安全性
安全性
服务器对象
复制
RJ410010.Library...e - dbo.Bookinfo
Book_ID Book_ISBN Book_name Book_type Book_author Book_press Book_pressd... Book_price
00000001 9781111206677 数据库 数据库设计 李红 科学出版社 2009-09-02 0... 68.0000
13332245 9788836502341 VC程序设计实... 程序语言 吴华健 科学出版社 2009-10-01 0... 35.0000
10201001 9781349207867 FLASH程序设计 动画设计 吴刚 清华大学出版社 2008-02-04 0... 26.0000
10201005 9782894578444 操作系统 系统设计 吴玉华 科学出版社 2009-11-05 0... 35.0000
10201067 9787379543373 JAVA程序设计 程序语言 马文霞 机械出版社 2009-05-12 0... 35.2000
10301004 9784008324766 多媒体技术与... 动画设计 李红 电子工业出版社 2007-12-06 0... 38.0000
10301012 9787322209502 计算机应用基础 基础教程 马玉兰 机械出版社 2010-10-29 0... 38.5000
10301022 9781129848558 计算机组成原理 系统设计 吴进军 电子工业出版社 2004-10-01 0... 33.0000
10302001 9783773620649 计算机网络实... 网络设计 赵建军 中国水利出版社 2009-07-19 0... 39.0000
10303010 9782289885985 软件人机界面... 基础教程 陈康建 高等教育出版社 2008-06-21 0... 21.0000
10305010 9781000858595 UML及建模 程序语言 郭雯 清华大学出版社 2009-08-13 0... 45.0000
10305011 9789947967302 UML使用手册 程序语言 刘强 天津大学出版社 2008-04-07 0... 25.0000
10401022 9782947057205 SQL基础教程 数据库设计 曹煜 科学出版社 2010-01-25 0... 48.0000
10411001 9783758275966 计算机原理与... 系统设计 徐晓勇 科学出版社 2009-03-11 0... 52.0000
13020889 9781174777495 C语言程序设计 程序语言 李敏 清华大学出版社 2007-08-09 0... 36.0000
00000005 9784633678887 ASP.NET开发... 程序语言 焦文丽 高等教育出版社 2013-06-03 0... 56.0000
10201008 9784633120128 网络数据库高... 数据库设计 李文 人民邮电出版社 2010-01-02 0... 39.0000
10201009 9784633120129 数据库设计教程 数据库设计 NULL 人民出版社 2010-09-03 0... 50.0000
NULL NULL NULL NULL NULL NULL NULL NULL
1 /18
就绪


图 5-1　打开 Bookinfo 数据表

（2）选择“查询设计器”菜单中的“窗格”，在级联菜单中分别选择“关系图”“条件”“SQL”命令，或按 Ctrl+1、Ctrl+2、Ctrl+3 组合键，打开 Bookinfo 数据表可视化查询界面，如图 5-2 所示。

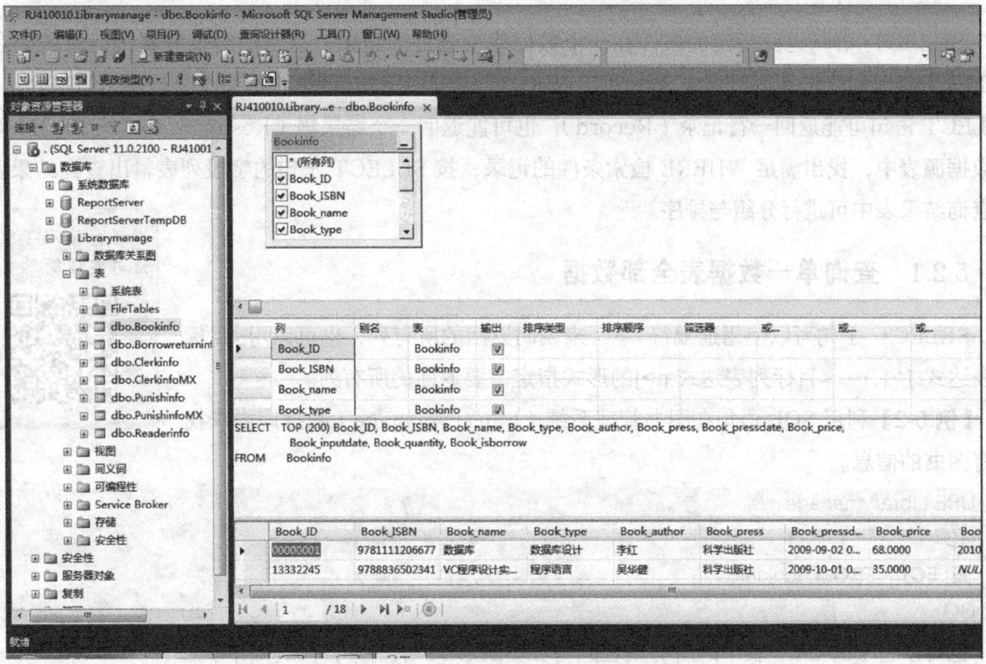


图 5-2　打开 Bookinfo 数据表的查询界面

（3）在“条件”窗格中找到 Book_press 字段，在该字段的“筛选器”中输入“='科学出版社'”。观察“SQL”窗格中 SQL 语句的变化，如图 5-3 所示。

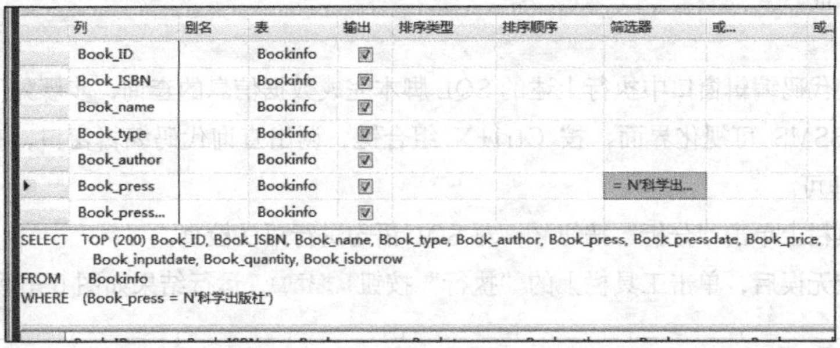


图 5-3　在筛选器中输入查询条件

（4）单击工具栏上的“执行”按钮 执行(X)，或按 Ctrl+R 组合键，在“结果”窗格中观察查询结果，如图 5-4 所示。

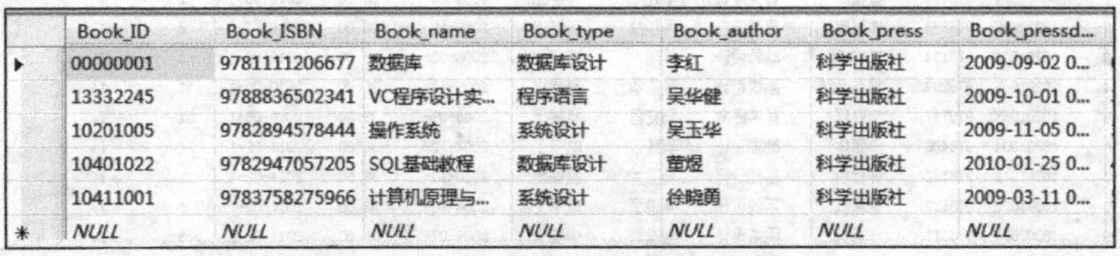
Book_ID　Book_ISBN　Book_name　Book_type　Book_author　Book_press　Book_pressd...
00000001　9781111206677　数据库　数据库设计　李红　科学出版社　2009-09-02 0...
13332245　9788836502341　VC程序设计实...　程序语言　吴华健　科学出版社　2009-10-01 0...
10201005　9782894578444　操作系统　系统设计　吴玉华　科学出版社　2009-11-05 0...
10401022　9782947057205　SQL基础教程　数据库设计　董煜　科学出版社　2010-01-25 0...
10411001　9783758275966　计算机原理与...　系统设计　徐晓勇　科学出版社　2009-03-11 0...
NULL　NULL　NULL　NULL　NULL　NULL　NULL

图 5-4　“结果”窗格中的运行结果

# 5.2 数据表信息的简单查询

SELECT 语句返回指定的条件在一个数据库中查询的结果，返回的结果被看作记录的集合。SELECT查询命令的基本形式由SELECT...FROM...WHERE查询块组成，多个查询块可以嵌套执行。SELECT 语句可能返回一行记录（Record），也可能返回一个结果集（Result Set）。从 FROM 列出的数据源表中，找出满足 WHERE 检索条件的记录，按 SELECT 子句的字段列表输出查询结果表，在查询结果表中可进行分组与排序。

微课：使用 T-SQL 语句实现简单查询

## 5.2.1 查询单一数据表全部数据

SELECT 子句可以使用通配符“*”来表明返回的所有列，也可以用<目标列表达式 1>[,… <目标列表达式 n>]的形式指定需要返回的所有列。

**【例 5-2】** 利用 SQL 语句在图书管理系统（Librarymanage）数据库中查找所有图书的信息。

```
USE Librarymanage
GO
SELECT * FROM Bookinfo
GO
```

也可以将 Bookinfo 表中的所有属性列写在 SELECT 子句中，代码如下。

```
USE Librarymanage
GO
SELECT Book_ID,Book_ISBN,Book_name,Book_type,Book_author,Book_press, Book_pressdate, Book_price, Book_inputdate, Book_quantity, Book_isborrow
FROM Bookinfo
GO
```

可以在查询代码编辑窗口中执行上述的 SQL 脚本完成数据信息的查询，步骤如下。

（1）启动 SSMS 可视化界面，按 Ctrl+N 组合键，调出查询代码编辑窗口，在该窗口中输入 SELECT 语句即可。

（2）在工具栏上单击“分析”按钮，对 SQL 语句进行语法检查。

（3）经检查无误后，单击工具栏上的“执行”按钮 执行(X)，运行结果如图 5-5 所示。

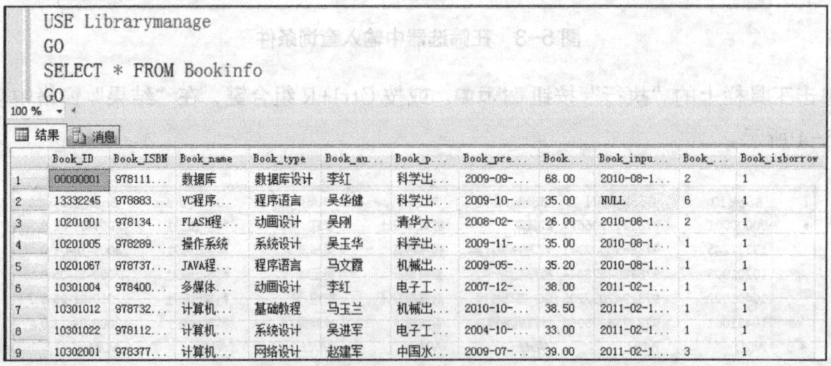


| | Book_ID | Book_ISBN | Book_name | Book_type | Book_au... | Book_p... | Book_pre... | Book... | Book_inpu... | Book_... | Book_isborrow |
|---|---|---|---|---|---|---|---|---|---|---|---|
| 1 | 00000001 | 978111... | 数据库 | 数据库设计 | 李红 | 科学出... | 2009-09-... | 68.00 | 2010-08-1... | 2 | 1 |
| 2 | 13332245 | 978883... | VC程序... | 程序语言 | 吴华健 | 科学出... | 2009-10-... | 35.00 | NULL | 6 | 1 |
| 3 | 10201001 | 978134... | FLASH程... | 动画设计 | 吴刚 | 清华大... | 2008-02-... | 26.00 | 2010-08-1... | 2 | 1 |
| 4 | 10201005 | 978289... | 操作系统 | 系统设计 | 吴玉华 | 科学出... | 2009-11-... | 35.00 | 2010-08-1... | 1 | 1 |
| 5 | 10201067 | 978737... | JAVA程... | 程序语言 | 马文霞 | 机械出... | 2009-05-... | 35.20 | 2010-08-1... | 1 | 1 |
| 6 | 10301004 | 978400... | 多媒体... | 动画设计 | 李红 | 电子工... | 2007-12-... | 38.00 | 2011-02-1... | 1 | 1 |
| 7 | 10301012 | 978732... | 计算机... | 基础教程 | 马玉兰 | 机械出... | 2010-10-... | 38.50 | 2011-02-1... | 1 | 1 |
| 8 | 10301022 | 978112... | 计算机... | 系统设计 | 吴进军 | 电子工... | 2004-10-... | 33.00 | 2011-02-1... | 1 | 1 |
| 9 | 10302001 | 978377... | 计算机... | 网络设计 | 赵建军 | 中国水... | 2009-07-... | 39.00 | 2011-02-1... | 3 | 1 |

图 5-5 在查询代码编辑窗口中执行 SQL 语句

## 5.2.2 查询指定列的数据

在 SELECT 子句中可以根据需要返回指定的数据列，可以使用<目标列表达式 1>[,… <目标列表达式 n>]的形式。

**【例 5-3】**利用 SQL 语句在图书管理系统（Librarymanage）数据库中查找所有图书的图书名、作者、出版社、出版时间以及定价信息。

```
USE Librarymanage
GO
SELECT Book_name,Book_author,Book_press,Book_pressdate,Book_price
FROM Bookinfo
GO
```

其执行结果如图 5-6 所示。

| | Book_name | Book_author | Book_press | Book_pressdate | Book_price |
|---|---|---|---|---|---|
| 1 | 数据库 | 李红 | 科学出版社 | 2009-09-02 00:00:00.000 | 68.00 |
| 2 | VC程序设计实训教程 | 吴华健 | 科学出版社 | 2009-10-01 00:00:00.000 | 35.00 |
| 3 | FLASH程序设计 | 吴刚 | 清华大学出版社 | 2008-02-04 00:00:00.000 | 26.00 |
| 4 | 操作系统 | 吴玉华 | 科学出版社 | 2009-11-05 00:00:00.000 | 35.00 |
| 5 | JAVA程序设计 | 马文霞 | 机械出版社 | 2009-05-12 00:00:00.000 | 35.20 |
| 6 | 多媒体技术与应用 | 李红 | 电子工业出版社 | 2007-12-06 00:00:00.000 | 38.00 |
| 7 | 计算机应用基础 | 马玉兰 | 机械出版社 | 2010-10-29 00:00:00.000 | 38.50 |
| 8 | 计算机组成原理 | 吴进军 | 电子工业出版社 | 2004-10-01 00:00:00.000 | 33.00 |
| 9 | 计算机网络实训教程 | 赵建军 | 中国水利出版社 | 2009-07-19 00:00:00.000 | 39.00 |
| 10 | 软件人机界面设计 | 陈康建 | 高等教育出版社 | 2008-06-21 00:00:00.000 | 21.00 |
| 11 | UML及建模 | 郭雯 | 清华大学出版社 | 2009-08-13 00:00:00.000 | 45.00 |
| 12 | UML使用手册 | 刘强 | 天津大学出版社 | 2008-04-07 00:00:00.000 | 25.00 |
| 13 | SQL基础教程 | 董煜 | 科学出版社 | 2010-01-25 00:00:00.000 | 48.00 |
| 14 | 计算机原理与实验 | 徐晓勇 | 科学出版社 | 2009-03-11 00:00:00.000 | 52.00 |
| 15 | C语言程序设计 | 李敏 | 清华大学出版社 | 2007-08-09 00:00:00.000 | 36.00 |
| 16 | ASP.NET开发教程 | 焦文丽 | 高等教育出版社 | 2013-06-03 00:00:00.000 | 56.00 |
| 17 | 网络数据库高级教程 | 李文 | 人民邮电出版社 | 2010-01-02 00:00:00.000 | 39.00 |
| 18 | 数据库设计教程 | NULL | 人民出版社 | 2010-09-03 00:00:00.000 | 50.00 |

图 5-6 查询指定列的数据信息

## 5.2.3 查找去掉重复数据项的数据

在 SELECT 子句中可以使用 ALL 关键字，ALL 用于指定在结果集中返回所有行，因此可以包含重复行，ALL 是默认值。

**【例 5-4】**利用 SQL 语句在图书管理系统（Librarymanage）数据库中查找所有图书的出版社信息。其执行结果如图 5-7 所示。

```
USE Librarymanage
GO
SELECT ALL Book_press
FROM Bookinfo
GO
```

在 SELECT 子句中可以使用 DISTINCT 关键字，DISTINCT 用于指定在结果集中删除重复的数据，对于重复的记录行，返回的结果只能包含唯一行。

**【例 5-5】**利用 SQL 语句在图书管理系统（Librarymanage）数据库中查找所有图书的出版社信息。其执行结果如图 5-8 所示。

```
USE Librarymanage
GO
SELECT DISTINCT Book_press
FROM Bookinfo
GO
```

| | Book_press |
|---|---|
| 1 | 电子工业出版社 |
| 2 | 电子工业出版社 |
| 3 | 高等教育出版社 |
| 4 | 高等教育出版社 |
| 5 | 机械出版社 |
| 6 | 机械出版社 |
| 7 | 科学出版社 |
| 8 | 科学出版社 |
| 9 | 科学出版社 |
| 10 | 科学出版社 |
| 11 | 科学出版社 |
| 12 | 清华大学出版社 |
| 13 | 清华大学出版社 |
| 14 | 清华大学出版社 |
| 15 | 人民出版社 |
| 16 | 人民邮电出版社 |
| 17 | 天津大学出版社 |
| 18 | 中国水利出版社 |

图 5-7 查询指定列的所有数据信息

| | Book_press |
|---|---|
| 1 | 电子工业出版社 |
| 2 | 高等教育出版社 |
| 3 | 机械出版社 |
| 4 | 科学出版社 |
| 5 | 清华大学出版社 |
| 6 | 人民出版社 |
| 7 | 人民邮电出版社 |
| 8 | 天津大学出版社 |
| 9 | 中国水利出版社 |

图 5-8 去掉指定列的重复项

### 5.2.4 计算并查询数据表信息

在 SELECT 子句中可以使用表达式，表达式为算术运算符对数字型数据进行加、减、乘、除或取模运算构造的列表达式，也可以是某些函数的调用。也就是说，可以使用 SELECT 子句计算数据表中的信息并将计算结果显示出来。

**【例 5-6】** 利用 SQL 语句在图书管理系统（Librarymanage）数据库中计算图书的已出版发行时间（多少年）。其运行结果如图 5-9 所示。

```
USE Librarymanage
GO
SELECT Book_ISBN,Book_name,Book_pressdate,DATEDIFF(YEAR,Book_pressdate,GETDATE())
FROM Bookinfo
GO
```

| | Book_ISBN | Book_name | Book_pressdate | (无列名) |
|---|---|---|---|---|
| 1 | 9781111206677 | 数据库 | 2009-09-02 00:00:00.000 | 8 |
| 2 | 9788836502341 | VC程序设计实训教程 | 2009-10-01 00:00:00.000 | 8 |
| 3 | 9781349207867 | FLASH程序设计 | 2008-02-04 00:00:00.000 | 9 |
| 4 | 9782894578444 | 操作系统 | 2009-11-05 00:00:00.000 | 8 |
| 5 | 9787379543373 | JAVA程序设计 | 2009-05-12 00:00:00.000 | 8 |
| 6 | 9784008324766 | 多媒体技术与应用 | 2007-12-06 00:00:00.000 | 10 |
| 7 | 9787322209502 | 计算机应用基础 | 2010-10-29 00:00:00.000 | 7 |
| 8 | 9781129848558 | 计算机组成原理 | 2004-10-01 00:00:00.000 | 13 |

图 5-9 计算图书出版时间

其中，DATEDIFF(datepart,startdate,enddate)函数用于返回两个日期之间相差的时间；GETDATE() 函数从 SQL Server 返回当前的时间和日期。

### 5.2.5 使用 AS 关键字重命名查询结果

在 SELECT 子句中可以使用 AS 关键字，AS 关键字用于重命名返回的列，即使用别名。尤其是对于一些计算得到的查询结果，可以重命名结果中的无列名。

**【例 5-7】**利用 SQL 语句在图书管理系统（Librarymanage）数据库中重命名图书的 ISBN 号、书名、出版日期以及出版时间。其运行结果如图 5-10 所示。

```
USE Librarymanage
GO
SELECT Book_ISBN AS ISBN号,Book_name AS书名,Book_pressdate AS出版日期,
        DATEDIFF(Year,Book_pressdate,GETDATE()) AS出版时间
FROM Bookinfo
GO
```

| | ISBN号 | 书名 | 出版日期 | 出版时间 |
|---|---|---|---|---|
| 1 | 9781111206677 | 数据库 | 2009-09-02 00:00:00.000 | 8 |
| 2 | 9788836502341 | VC程序设计实训教程 | 2009-10-01 00:00:00.000 | 8 |
| 3 | 9781349207867 | FLASH程序设计 | 2008-02-04 00:00:00.000 | 9 |
| 4 | 9782894578444 | 操作系统 | 2009-11-05 00:00:00.000 | 8 |
| 5 | 9787379543373 | JAVA程序设计 | 2009-05-12 00:00:00.000 | 8 |
| 6 | 9784008324766 | 多媒体技术与应用 | 2007-12-06 00:00:00.000 | 10 |
| 7 | 9787322209502 | 计算机应用基础 | 2010-10-29 00:00:00.000 | 7 |
| 8 | 9781129848558 | 计算机组成原理 | 2004-10-01 00:00:00.000 | 13 |
| 9 | 9783773620649 | 计算机网络实训教程 | 2009-07-19 00:00:00.000 | 8 |

图 5-10 重命名查询结果

重命名查询结果除了可以使用 AS 关键字外，还可以使用“=”或空格，代码如下。

```
USE Librarymanage
GO
SELECT Book_ISBN   ISBN号,Book_name   书名,Book_pressdate   出版日期,
        出版时间 = DATEDIFF(Year,Book_pressdate,GETDATE())
FROM Bookinfo
GO
```

### 5.2.6 查询结果中添加说明列

在查询中可以添加查询结果的说明列，也就是在 SELECT 子句中加入一个“常量”列，用于说明查询结果。

**【例 5-8】**利用 SQL 语句在图书管理系统（Librarymanage）数据库中查询图书的 ISBN 号、书名、出版日期以及出版时间，并在最后添加一个说明列，指出出版时间的单位为年。其运行结果如图 5-11 所示。

```
USE Librarymanage
GO
```

```
SELECT Book_ISBN AS ISBN号,Book_name AS书名,Book_pressdate AS出版日期,
        DATEDIFF(Year,Book_pressdate,GETDATE()) AS出版时间,'年' AS单位
FROM Bookinfo
GO
```

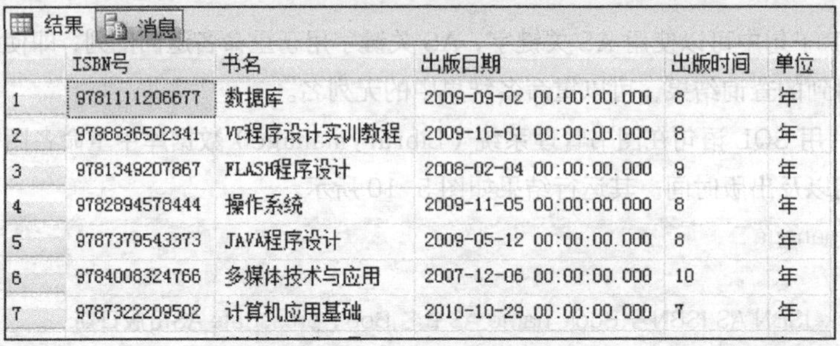

| | ISBN号 | 书名 | 出版日期 | 出版时间 | 单位 |
|---|---|---|---|---|---|
| 1 | 9781111206677 | 数据库 | 2009-09-02 00:00:00.000 | 8 | 年 |
| 2 | 9788836502341 | VC程序设计实训教程 | 2009-10-01 00:00:00.000 | 8 | 年 |
| 3 | 9781349207867 | FLASH程序设计 | 2008-02-04 00:00:00.000 | 9 | 年 |
| 4 | 9782894578444 | 操作系统 | 2009-11-05 00:00:00.000 | 8 | 年 |
| 5 | 9787379543373 | JAVA程序设计 | 2009-05-12 00:00:00.000 | 8 | 年 |
| 6 | 9784008324766 | 多媒体技术与应用 | 2007-12-06 00:00:00.000 | 10 | 年 |
| 7 | 9787322209502 | 计算机应用基础 | 2010-10-29 00:00:00.000 | 7 | 年 |

图 5-11　重命名查询结果

微课：使用 T-SQL 语句实现条件查询

### 5.2.7　查询符合单一条件的数据

如果需要有条件地从表中查询数据，可将 WHERE 子句添加到 SELECT 语句中。WHERE 子句用于提取那些满足指定条件的记录。在 WHERE 子句中使用条件表达式来描述指定的条件，格式如下。

```
SELECT 列名称 FROM 表名称 WHERE列 条件运算符 值或表达式
```

可以在表达式中使用的条件运算符如表 5-1 所示。

表 5-1　SQL 中的条件运算符

| 条件运算符 | 描述 |
|---|---|
| = | 等于 |
| <> | 不等于 |
| > | 大于 |
| < | 小于 |
| >= | 大于等于 |
| <= | 小于等于 |
| BETWEEN　AND | 范围谓词，表明数据在某个范围之内 |
| IN | 列表谓词，表明针对某个列的多个可能值 |
| IS NULL | 空判断谓词，表明数据为空 |
| LIKE | 搜索某种模式 |

**【例 5-9】**利用 SQL 语句在图书管理系统（Librarymanage）数据库中查找所有科学出版社出版图书的 ISBN 号、书名以及出版社。其运行结果如图 5-12 所示。

```
USE Librarymanage
GO
SELECT Book_ISBN   ISBN号,Book_name   书名,Book_press   出版社
FROM Bookinfo
WHERE Book_press='科学出版社'
GO
```

【例 5-10】利用 SQL 语句在图书管理系统（Librarymanage）数据库中查找所有 2010 年之后出版图书的 ISBN 号、书名以及出版日期。其运行结果如图 5-13 所示。

```
USE Librarymanage
GO
SELECT Book_ISBN   ISBN号,Book_name   书名,Book_pressdate   出版日期
FROM Bookinfo
WHERE Book_pressdate>='2010-1-1'
GO
```

结果 消息

| | ISBN号 | 书名 | 出版社 |
|---|---|---|---|
| 1 | 9781111206677 | 数据库 | 科学出版社 |
| 2 | 9788836502341 | VC程序设计实训教程 | 科学出版社 |
| 3 | 9782894578444 | 操作系统 | 科学出版社 |
| 4 | 9782947057205 | SQL基础教程 | 科学出版社 |
| 5 | 9783758275966 | 计算机原理与实验 | 科学出版社 |

图 5-12　科学出版社出版的图书信息

结果 消息

| | ISBN号 | 书名 | 出版日期 |
|---|---|---|---|
| 1 | 9787322209502 | 计算机应用基础 | 2010-10-29 00:00:00.000 |
| 2 | 9782947057205 | SQL基础教程 | 2010-01-25 00:00:00.000 |
| 3 | 9784633678887 | ASP.NET开发教程 | 2013-06-03 00:00:00.000 |
| 4 | 9784633120128 | 网络数据库高级教程 | 2010-01-02 00:00:00.000 |
| 5 | 9784633120129 | 数据库设计教程 | 2010-09-03 00:00:00.000 |

图 5-13　2010 年之后出版的图书信息

## 5.2.8　查找符合多个条件的数据

在 SELECT 中可以查找符合多个条件的数据，AND 和 OR 可以在 WHERE 子语句中把两个或多个条件结合起来。

【例 5-11】利用 SQL 语句在图书管理系统（Librarymanage）数据库中查找所有科学出版社 2010 年之后出版图书的 ISBN 号、书名、出版日期以及出版社。其运行结果如图 5-14 所示。

```
USE Librarymanage
GO
SELECT Book_ISBN ISBN号,Book_name书名,Book_pressdate出版日期, Book_press出版社
FROM Bookinfo
WHERE Book_pressdate>='2010-1-1' AND Book_press='科学出版社'
GO
```

结果 消息

| | ISBN号 | 书名 | 出版日期 | 出版社 |
|---|---|---|---|---|
| 1 | 9782947057205 | SQL基础教程 | 2010-01-25 00:00:00.000 | 科学出版社 |

图 5-14　科学出版社 2010 年之后出版的图书信息

【例 5-12】利用 SQL 语句在图书管理系统（Librarymanage）数据库中查找所有科学出版社或人民邮电出版社出版图书的 ISBN 号、书名、出版社。其运行结果如图 5-15 所示。

```
USE Librarymanage
GO
SELECT Book_ISBN ISBN号,Book_name书名,Book_press出版社
FROM Bookinfo
WHERE Book_press='人民邮电出版社' OR Book_press='科学出版社'
GO
```

| | ISBN号 | 书名 | 出版社 |
|---|---|---|---|
| 1 | 9781111206677 | 数据库 | 科学出版社 |
| 2 | 9788836502341 | VC程序设计实训教程 | 科学出版社 |
| 3 | 9782894578444 | 操作系统 | 科学出版社 |
| 4 | 9782947057205 | SQL基础教程 | 科学出版社 |
| 5 | 9783758275966 | 计算机原理与实验 | 科学出版社 |
| 6 | 9784633120128 | 网络数据库高级教程 | 人民邮电出版社 |

图 5-15　科学出版社或人民邮电出版社出版的图书信息

### 5.2.9　查询符合模糊条件的数据

SELECT 语句可以查询符合模糊条件的数据，LIKE 运算符用于在 WHERE 子句中搜索列中的指定模式。

SELECT 列名称 FROM 表名称 WHERE 列 LIKE '格式匹配字符串'

在格式匹配字符串中使用通配符可以替代一个或多个字符，SQL 中的通配符如表 5-2 所示。

表 5-2　SQL 中的通配符

| 通配符 | 描述 |
|---|---|
| % | 替代任意多个任意字符 |
| _ | 仅替代一个任意字符 |
| [charlist] | 使用字符列中的任何单一字符 |
| [^charlist] | 不在字符列中的任何单一字符 |

【例 5-13】利用 SQL 语句在图书管理系统（Librarymanage）数据库中查找所有作者姓名中含有“文”字的图书的 ISBN 号、书名、作者。其运行结果如图 5-16 所示。

```
USE Librarymanage
GO
SELECT Book_ISBN ISBN号,Book_name书名,Book_author作者
FROM Bookinfo
WHERE Book_author LIKE '%文%'
GO
```

【例 5-14】利用 SQL 语句在图书管理系统（Librarymanage）数据库中查找所有 ISBN 号第四个字符是 1、7、8 中的任意一个，而第五个字符不是 1 的图书的 ISBN 号、书名、出版社。其运行结果如图 5-17 所示。

```
USE Librarymanage
GO
SELECT Book_ISBN ISBN号,Book_name书名,Book_author作者
FROM Bookinfo
WHERE Book_ISBN LIKE '___[178][^1]%'
GO
```

| | ISBN号 | 书名 | 作者 |
|---|---|---|---|
| 1 | 9787379543373 | JAVA程序设计 | 马文霞 |
| 2 | 9784633678887 | ASP.NET开发教程 | 焦文丽 |
| 3 | 9784633120128 | 网络数据库高级教程 | 李文 |

图 5-16　作者姓名中含有“文”字的图书信息

| | ISBN号 | 书名 | 作者 |
|---|---|---|---|
| 1 | 9788836502341 | VC程序设计实训教程 | 吴华健 |
| 2 | 9781349207867 | FLASH程序设计 | 吴刚 |
| 3 | 9787379543373 | JAVA程序设计 | 马文霞 |
| 4 | 9787322209502 | 计算机应用基础 | 马玉兰 |
| 5 | 9781000858595 | UML及建模 | 郭雯 |

图 5-17　ISBN 号满足模糊查询条件的图书信息

## 5.3　数据表信息的高级查询

在查询中除了可以完成单一数据表数据记录的各种条件查询外，也可以通过聚合函数完成数据的汇总查询，可以借助 GROUP BY 子句完成分组检索；如果查询数据涉及多张数据表，还可以通过嵌套查询以及子查询完成各种复杂查询，也可以对查询结果进行排序、筛选等操作。

微课：利用聚合函数实现数据查询

### 5.3.1　利用聚合函数实现数据查询

如果在查询中需要知道图书馆中共有多少本图书，每个出版社出版图书的平均价格、最高价格、最低价格等，就可以通过聚合函数来实现数据的汇总查询。

聚合函数的功能就是对数据表中的数据进行汇总，求解指定字段的最大值、最小值、平均值、求和值以及计数值，在 SQL 中的聚合函数如表 5-3 所示。

表 5-3　SQL 中的聚合函数

| 聚合函数 | 功能 |
|---|---|
| sum([ distinct \| all ]列名) | 对数值型列或列表达式求总和 |
| avg([ distinct \| all ]列名) | 对数值型列或列表达式求平均值 |
| min([ distinct \| all ]列名) | 返回一个数值列或列表达式的最小值 |
| max([ distinct \| all ]列名) | 返回一个数值列或列表达式的最大值 |
| count([ distinct \| all ]列名) | 返回指定字段的记录个数，不含 NULL |
| count([ distinct \| all ] *) | 返回结果集中的行数 |

在上述的所有函数中，除了 count(*)函数外，其他函数均不包含取值为 NULL 行的数据统计，只对指定字段中的非空值进行统计计算。DISTINCT 关键字表示计算时去除掉字段中的重复值，ALL 关键字（默认值）表示计算字段中的所有值。

【例 5-15】利用 SQL 语句在图书管理系统（Librarymanage）数据库中查找图书总数、图书的平均价格、最高价格以及最低价格。其运行结果如图 5-18 所示。

```
USE Librarymanage
GO
SELECT   COUNT(*) AS图书总数,  AVG(Book_price) AS平均价格,
         MAX(Book_price) AS最高价格,  MIN(Book_price) AS最低价格
FROM Bookinfo
GO
```

【例 5-16】利用 SQL 语句在图书管理系统（Librarymanage）数据库中查找注明图书作者的图书有多少本。其运行结果如图 5-19 所示。

```
USE Librarymanage
GO
SELECT   COUNT(Book_author) AS图书数目
FROM Bookinfo
GO
```

| | 图书总数 | 平均价格 | 最高价格 | 最低价格 |
|---|---|---|---|---|
| 1 | 18 | 39.9833 | 68.00 | 21.00 |

图 5-18 统计所有图书的汇总信息

| | 图书数目 |
|---|---|
| 1 | 17 |

图 5-19 统计作者人数

【例 5-17】利用 SQL 语句在图书管理系统（Librarymanage）数据库中查找所有图书涉及的出版社有多少个。其运行结果如图 5-20 所示。

```
USE Librarymanage
GO
SELECT COUNT(DISTINCT Book_press)
FROM Bookinfo
GO
```

| | (无列名) |
|---|---|
| 1 | 9 |

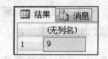

图 5-20 统计出版社数量

值得特别注意的是，在查询语句中，如果 SELECT 后使用了聚合函数，则 SELECT 后不能出现字段列表，除非这些字段是在 GROUP BY 子句中。如下代码执行中会出现错误，其错误代码为：选择列表中的列 'Bookinfo.Book_press' 无效，因为该列没有包含在聚合函数或 GROUP BY 子句中。

```
USE Librarymanage
GO
SELECT Book_press, AVG(Book_price) AS平均价格
FROM Bookinfo
GO
```

### 5.3.2 利用谓词实现数据查询

在查询中可以使用诸如 BETWEEN AND、IN、IS NULL 谓词来查询数据，也可以使用 NOT 谓词来表明不满足何种谓词条件。

【例 5-18】利用 SQL 语句在图书管理系统（Librarymanage）数据库中查找 2008 年出版的图书信息。其运行结果如图 5-21 所示。

```
USE Librarymanage
GO
SELECT *
FROM Bookinfo
WHERE Book_pressdate BETWEEN '2008-1-1' AND '2008-12-31'
GO
```

| | Book_ID | Book_ISBN | Book_name | Book_type | Book_au... | Book_press | Book_pressdate |
|---|---|---|---|---|---|---|---|
| 1 | 10201001 | 9781349207867 | FLASH程序... | 动画设计 | 吴刚 | 清华大... | 2008-02-04 0... |
| 2 | 10303010 | 9782289885985 | 软件人机... | 基础教程 | 陈康建 | 高等教... | 2008-06-21 0... |
| 3 | 10305011 | 9789947967302 | UML使用手册 | 程序语言 | 刘强 | 天津大... | 2008-04-07 0... |

图 5-21 2008 年出版的图书信息

【例 5-19】利用 SQL 语句在图书管理系统（Librarymanage）数据库中查找清华大学出版社或高等教育出版社出版的图书信息。其运行结果如图 5-22 所示。

```
USE Librarymanage
GO
SELECT *
FROM Bookinfo
WHERE Book_press IN('清华大学出版社','高等教育出版社')
GO
```

| | Book_ID | Book_ISBN | Book_name | Book_type | Book_au... | Book_press | Book |
|---|---|---|---|---|---|---|---|
| 1 | 10201001 | 9781349207867 | FLASH程序设计 | 动画设计 | 吴刚 | 清华大学出版社 | 2008 |
| 2 | 10303010 | 9782289885985 | 软件人机界面... | 基础教程 | 陈康建 | 高等教育出版社 | 2008 |
| 3 | 10305010 | 9781000858595 | UML及建模 | 程序语言 | 郭雯 | 清华大学出版社 | 2009 |
| 4 | 13020889 | 9781174777495 | C语言程序设计 | 程序语言 | 李敏 | 清华大学出版社 | 2007 |
| 5 | 00000005 | 9784633678887 | ASP.NET开发教程 | 程序语言 | 焦文丽 | 高等教育出版社 | 2013 |

图 5-22 清华大学出版社或高等教育出版社出版的图书信息

【例 5-20】利用 SQL 语句在图书管理系统（Librarymanage）数据库中查找作者信息为空的图书信息。其运行结果如图 5-23 所示。

```
USE Librarymanage
GO
SELECT *
FROM Bookinfo
WHERE Book_author IS NULL
GO
```

| | Book_ID | Book_ISBN | Book_name | Book_type | Book_author | Book_press |
|---|---|---|---|---|---|---|
| 1 | 10201009 | 9784633120129 | 数据库设计教程 | 数据库设计 | NULL | 人民出版社 |

图 5-23 作者信息为空的图书信息

在查询中可以使用 NOT 谓词来判断逻辑取反，如 NOT BETWEEN AND 或 NOT IN。如果查询出版社不是高等教育出版社和清华大学出版社的图书信息，查询代码可以修改如下。

```
USE Librarymanage
GO
SELECT *
FROM Bookinfo
WHERE Book_press NOT IN('清华大学出版社','高等教育出版社')
GO
```

如果查询作者姓名不为空的图书信息，查询代码可以修改如下。

```
USE Librarymanage
GO
SELECT *
FROM Bookinfo
WHERE Book_author IS NOT NULL
GO
```

### 5.3.3 对数据表进行查询排序

在查询中可以使用 ORDER BY 子句对查询结果进行排序，格式如下。

```
[ORDER BY排序表达式[ASC]|[DESC]]
```

其中 ASC 表示升序排列（默认值），DESC 表示降序排列。在处理 SELECT 语句时，ORDER BY 子句是处理的子句，因此可以在 ORDER BY 子句中引用 SELECT 子句中定义的列别名。

**【例 5-21】**利用 SQL 语句在图书管理系统（Librarymanage）数据库中查找科学出版社出版图书的 ISBN 号、书名、出版日期，并按照出版日期降序排列。其运行结果如图 5-24 所示。

```
USE Librarymanage
GO
SELECT Book_ISBN AS ISBN号,Book_name AS书名,Book_pressdate AS出版日期
FROM Bookinfo
WHERE Book_press='科学出版社'
ORDER BY Book_pressdate DESC
GO
```

**【例 5-22】**利用 SQL 语句在图书管理系统（Librarymanage）数据库中查找读者的 Reader_ID（读者编号）、Reader_name（读者姓名）、Reader_type（读者类别）、Reader_department（所在系部），并按照读者类别升序排列，按照所在系部降序排列。其运行结果如图 5-25 所示。

```
USE Librarymanage
GO
SELECT    Reader_ID, Reader_name, Reader_type, Reader_department
FROM        Readerinfo
ORDER BY Reader_type, Reader_department DESC
GO
```

结果 | 消息

| | ISBN号 | 书名 | 出版日期 |
|---|---|---|---|
| 1 | 9782947057205 | SQL基础教程 | 2010-01-25 00:00:00.000 |
| 2 | 9782894578444 | 操作系统 | 2009-11-05 00:00:00.000 |
| 3 | 9788836502341 | VC程序设计实训教程 | 2009-10-01 00:00:00.000 |
| 4 | 9781111206677 | 数据库 | 2009-09-02 00:00:00.000 |
| 5 | 9783758275966 | 计算机原理与实验 | 2009-03-11 00:00:00.000 |

图 5-24　查询结果按照日期排列

结果 | 消息

| | Reader_ID | Reader_name | Reader_type | Reader_department |
|---|---|---|---|---|
| 1 | 12010614 | 李大龙 | 教师 | 应用系 |
| 2 | 12110201 | 孙云 | 教师 | 网络系 |
| 3 | 12010423 | 刘晓英 | 教师 | 软件系 |
| 4 | 12010603 | 钱小燕 | 学生 | 应用系 |
| 5 | 12010702 | 赵薇 | 学生 | 艺术系 |
| 6 | 12010716 | 周强 | 学生 | 艺术系 |
| 7 | 12110203 | 李四 | 学生 | 网络系 |
| 8 | 12110204 | 王五 | 学生 | 网络系 |
| 9 | 12110205 | 郑辉 | 学生 | 网络系 |
| 10 | 12010101 | 张三 | 学生 | 软件系 |

图 5-25　查询结果按照类别和系部排序

### 5.3.4 对数据表进行分组汇总检索

在查询中可以使用 GROUT BY 子句对查询结果进行分组，格式如下。

```
[GROUP BY分组表达式[HAVING搜索表达式]]
```

分组是按某一列或列组合数据的值将查询出的行分成若干组，每组在指定列或列组合上有相同的值，分组后针对每一组返回一行。HAVING 子句用于将分组后的行进行再一次的筛选。

**【例 5-23】**利用 SQL 语句在图书管理系统（Librarymanage）数据库中统计每个出版社出版的图书的总数和平均价格。其运行结果如图 5-26 所示。

```
USE Librarymanage
GO
SELECT Book_press AS出版社,COUNT(*) AS图书总数,AVG(Book_price) AS平均价格
FROM Bookinfo
GROUP BY Book_press
GO
```

**【例 5-24】**利用 SQL 语句在图书管理系统（Librarymanage）数据库中统计每个系部教师和学生办理图书证的读者人数。其运行结果如图 5-27 所示。

```
USE Librarymanage
GO
SELECT Reader_department AS系部,Reader_type AS类别,COUNT(*) AS读者人数
FROM Readerinfo
GROUP BY Reader_type,Reader_department
GO
```

结果 | 消息

| | 出版社 | 图书总数 | 平均价格 |
|---|---|---|---|
| 1 | 电子工业出版社 | 2 | 35.50 |
| 2 | 高等教育出版社 | 2 | 38.50 |
| 3 | 机械出版社 | 2 | 36.85 |
| 4 | 科学出版社 | 5 | 47.60 |
| 5 | 清华大学出版社 | 3 | 35.6666 |
| 6 | 人民出版社 | 1 | 50.00 |
| 7 | 人民邮电出版社 | 1 | 39.00 |
| 8 | 天津大学出版社 | 1 | 25.00 |
| 9 | 中国水利出版社 | 1 | 39.00 |

图 5-26 按出版社分组统计查询

结果 | 消息

| | 系部 | 类别 | 读者人数 |
|---|---|---|---|
| 1 | 软件系 | 教师 | 1 |
| 2 | 软件系 | 学生 | 2 |
| 3 | 网络系 | 教师 | 1 |
| 4 | 网络系 | 学生 | 3 |
| 5 | 艺术系 | 学生 | 2 |
| 6 | 应用系 | 教师 | 1 |
| 7 | 应用系 | 学生 | 1 |

图 5-27 按照系部和类别分组统计查询

### 5.3.5 实现多表连接查询数据

连接查询是根据各个表之间的逻辑关系从两个或多个表中查询数据。例如，查询读者的姓名、读者所借图书的书名，以及读者的借、还时间，这个查询涉及的数据表有 Readerinfo、Bookinfo、Borrowreturninfo。

微课：实现多表连接查询数据

JOIN 用于根据两个或多个表中的列之间的关系，从这些表中查询数据。连接查询可以分为内连接和外连接两种，而外连接查询又分为左外连接、右外连接和全外连接。

### 1. 内连接

内连接（INNER JOIN）将两个表中满足连接条件的行组合起来作为结果集，并在此结果集中根据条件查询所需的数据信息。JOIN 表示如果表中有至少一个匹配，则返回行。

**【例 5-25】**利用 SQL 语句在图书管理系统（Librarymanage）数据库中查询读者的 ID 号、读者的姓名、所借图书的书名，以及借书时间。其运行结果如图 5-28 所示。

```
USE Librarymanage
GO
SELECT   Readerinfo.Reader_ID,Reader_name, Book_name, Borrow_date
FROM     Readerinfo INNER JOIN Borrowreturninfo
                         ON Readerinfo.Reader_ID = Borrowreturninfo.Reader_ID
               INNER JOIN Bookinfo   ON Bookinfo.Book_ID = Borrowreturninfo.Book_ID
GO
```

结果　消息

| | Reader_ID | Reader_name | Book_name | Borrow_date |
|---|---|---|---|---|
| 1 | 12110203 | 李四 | 操作系统 | 2014-07-18 00:00:00.000 |
| 2 | 12010702 | 赵薇 | 多媒体技术与应用 | 2010-10-10 00:00:00.000 |
| 3 | 12010423 | 刘晓英 | 计算机应用基础 | 2014-03-05 00:00:00.000 |
| 4 | 12010101 | 张三 | 计算机网络实训教程 | 2014-07-08 00:00:00.000 |
| 5 | 12010101 | 张三 | UML及建模 | 2014-07-17 00:00:00.000 |
| 6 | 12010101 | 张三 | 计算机原理与实验 | 2014-07-19 00:00:00.000 |
| 7 | 12010101 | 张三 | 计算机原理与实验 | 2014-07-19 00:00:00.000 |
| 8 | 12110203 | 李四 | ASP.NET开发教程 | 2014-07-19 00:00:00.000 |
| 9 | 12110203 | 李四 | ASP.NET开发教程 | 2016-11-06 09:22:49.103 |

图 5-28　内连接查询

在连接查询中筛选列名时，如果所选的字段名只存在于一个表中，则字段名前可以不用表名作限定，如例 5-25 中的 Reader_name、Book_name、Borrow_date 字段，如果所选的字段是多个表中的公共字段，则必须加表名指定，如例 5-25 中的 Reader info.Reader_ID。遇到公共字段时，一般选择主键表的字段，如 Readerinfo.Reader_ID。

在内连接中，也可以省略 INNER JOIN，使用 FROM 源数据表或视图[,...n]的形式，将多张表通过逗号分隔写在 FROM 后，ON 后的连接条件作为查询条件写在 WHERE 子句中。例如：

```
USE Librarymanage
GO
SELECT    Readerinfo.Reader_ID,Reader_name, Book_name, Borrow_date
FROM      Readerinfo, Borrowreturninfo, Bookinfo
WHERE   Readerinfo.Reader_ID = Borrowreturninfo.Reader_ID
      AND Bookinfo.Book_ID = Borrowreturninfo.Book_ID
GO
```

**【例 5-26】**利用 SQL 语句在图书管理系统（Librarymanage）数据库中查询读者李四的 ID、读者的姓名、所借图书的书名，以及借书时间。其运行结果如图 5-29 所示。

```
USE Librarymanage
GO
SELECT    Readerinfo.Reader_ID,Reader_name, Book_name, Borrow_date
FROM      Readerinfo INNER JOIN Borrowreturninfo
```

```
        ON Readerinfo.Reader_ID = Borrowreturninfo.Reader_ID
        INNER JOIN Bookinfo ON Bookinfo.Book_ID = Borrowreturninfo.Book_ID
WHERE Reader_name='李四'
GO
```

结果 | 消息

| | Reader_ID | Reader_name | Book_name | Borrow_date |
|---|---|---|---|---|
| 1 | 12110203 | 李四 | 操作系统 | 2014-07-18 00:00:00.000 |
| 2 | 12110203 | 李四 | ASP.NET开发教程 | 2014-07-19 00:00:00.000 |
| 3 | 12110203 | 李四 | ASP.NET开发教程 | 2016-11-06 09:22:49.103 |

图 5-29 含有条件的内连接查询

### 2. 左外连接

左外连接（LEFT OUTER JOIN）是指连接时，对连接中左边的表不加限制，即使右表中没有匹配，也从左表返回所有的行。

**【例 5-27】**利用 SQL 语句在图书管理系统（Librarymanage）数据库中查询读者的 ID、读者的姓名、所借图书的书名，以及借书时间，包含哪些没有借阅图书的读者。其运行结果如图 5-30 所示。

```
USE Librarymanage
GO
SELECT    Readerinfo.Reader_ID,Reader_name, Book_name, Borrow_date
FROM      Readerinfo LEFT JOIN Borrowreturninfo
ON Readerinfo.Reader_ID = Borrowreturninfo.Reader_ID
        LEFT JOIN Bookinfo ON Bookinfo.Book_ID = Borrowreturninfo.Book_ID
GO
```

结果 | 消息

| | Reader_ID | Reader_name | Book_name | Borrow_date |
|---|---|---|---|---|
| 1 | 12010101 | 张三 | 计算机网络实训教程 | 2014-07-08 00:00:00.000 |
| 2 | 12010101 | 张三 | UML及建模 | 2014-07-17 00:00:00.000 |
| 3 | 12010101 | 张三 | 计算机原理与实验 | 2014-07-19 00:00:00.000 |
| 4 | 12010101 | 张三 | 计算机原理与实验 | 2014-07-19 00:00:00.000 |
| 5 | 12010137 | 吴菲 | NULL | NULL |
| 6 | 12010423 | 刘晓英 | 计算机应用基础 | 2014-03-05 00:00:00.000 |
| 7 | 12010603 | 钱小燕 | NULL | NULL |
| 8 | 12010614 | 李大龙 | NULL | NULL |
| [illegible] | [illegible] | [illegible] | [illegible] | [illegible] |

图 5-30 左外连接查询

### 3. 右外连接

右外连接（RIGHT OUTER JOIN）是指连接时，对连接中右边的表不加限制，即使左表中没有匹配，也从右表返回所有的行。

**【例 5-28】**利用 SQL 语句在图书管理系统（Librarymanage）数据库中查询读者的 ID、读者的姓名、所借图书的书名，以及借书时间，包含哪些没有被借阅的图书。其运行结果如图 5-31 所示。

```
USE Librarymanage
GO
SELECT    Readerinfo.Reader_ID,Reader_name, Book_name, Borrow_date
FROM      Readerinfo RIGHT JOIN Borrowreturninfo
```

```
ON Readerinfo.Reader_ID = Borrowreturninfo.Reader_ID
                RIGHT JOIN Bookinfo ON Bookinfo.Book_ID = Borrowreturninfo.Book_ID
GO
```

结果 | 消息

| | Reader_ID | Reader_name | Book_name | Borrow_date |
|---|---|---|---|---|
| 1 | NULL | NULL | 数据库 | NULL |
| 2 | NULL | NULL | VC程序设计实训教程 | NULL |
| 3 | NULL | NULL | FLASH程序设计 | NULL |
| 4 | 12110203 | 李四 | 操作系统 | 2014-07-18 00:00:00.000 |
| 5 | NULL | NULL | JAVA程序设计 | NULL |
| 6 | 12010702 | 赵薇 | 多媒体技术与应用 | 2010-10-10 00:00:00.000 |
| 7 | 12010423 | 刘晓英 | 计算机应用基础 | 2014-03-05 00:00:00.000 |

图 5-31　右外连接查询

### 4. 全外连接

全外连接（FULL OUTER JOIN）是指连接时，对连接中两边的表都不加限制，即只要其中一个表中存在匹配，就返回行。

**【例 5-29】**利用 SQL 语句在图书管理系统（Librarymanage）数据库中查询读者的 ID、读者的姓名、所借图书的书名，以及借书时间，包含哪些没有借阅图书的读者以及没有被借阅的图书。其运行结果如图 5-32 所示。

```
USE Librarymanage
GO
SELECT    Readerinfo.Reader_ID,Reader_name, Book_name, Borrow_date
FROM      Readerinfo FULL JOIN Borrowreturninfo
ON Readerinfo.Reader_ID = Borrowreturninfo.Reader_ID
                FULL JOIN Bookinfo ON Bookinfo.Book_ID = Borrowreturninfo.Book_ID
GO
```

结果 | 消息

| | Reader_ID | Reader_name | Book_name | Borrow_date |
|---|---|---|---|---|
| 16 | NULL | NULL | C语言程序设计 | NULL |
| 17 | 12110203 | 李四 | ASP.NET开发教程 | 2014-07-19 00:00:00.000 |
| 18 | 12110203 | 李四 | ASP.NET开发教程 | 2016-11-06 09:22:49.103 |
| 19 | NULL | NULL | 网络数据库高级教程 | NULL |
| 20 | NULL | NULL | 数据库设计教程 | NULL |
| 21 | 12010137 | 吴菲 | NULL | NULL |
| 22 | 12010603 | 钱小燕 | NULL | NULL |
| 23 | 12010614 | 李大龙 | NULL | NULL |
| 24 | 12010716 | 周强 | NULL | NULL |

图 5-32　全外连接查询

## 5.3.6　利用子查询检索数据

在查询中可以利用子查询来完成数据信息的检索，即在 SELECT 语句的 WHERE 子句中嵌套另一条 SELECT 语句。

### 1. 使用比较运算符完成的子查询

使用比较运算符完成的子查询是一种无关子查询，子查询的执行不依赖于外部嵌套。查询的执行过程为：首先执行子查询，子查询得到的结果集不显示出来，而是传给外部查询，作为外部查询的条件使用，然后执行外部查询，并显示查询结果。通常用比较运算符或[ NOT ]IN 关键字来描述外部查询中的 WHERE 条件表达式。

**【例 5-30】**利用 SQL 语句在图书管理系统（Librarymanage）数据库中查询和张三所在一个系部的读者的 ID、姓名和系部。其运行结果如图 5-33 所示。

```
USE Librarymanage
GO
SELECT    Reader_ID,Reader_name,Reader_department
FROM      Readerinfo
WHERE Reader_department=
            (SELECT Reader_department FROM Readerinfo
                    WHERE Reader_name='张三')
GO
```

### 2. 使用 IN 或是 NOT IN 谓词完成的子查询

如果子查询的结果为多个记录集合，则使用 IN 或 NOT IN 谓词来完成子查询。

**【例 5-31】**利用 SQL 语句在图书管理系统（Librarymanage）数据库中查询 12010101 号读者所借图书的书名。其运行结果如图 5-34 所示。

```
USE Librarymanage
GO
SELECT    Book_name
FROM      Bookinfo
WHERE Book_ID IN
            (SELECT Book_ID FROM Borrowreturninfo
                    WHERE Reader_ID='12010101')
GO
```

结果 | 消息

| | Reader_ID | Reader_name | Reader_department |
|---|---|---|---|
| 1 | 12010101 | 张三 | 软件系 |
| 2 | 12010137 | 吴菲 | 软件系 |
| 3 | 12010423 | 刘晓英 | 软件系 |

图 5-33　与张三在一个系部的读者信息

结果 | 消息

| | Book_name |
|---|---|
| 1 | 计算机网络实训教程 |
| 2 | UML及建模 |
| 3 | 计算机原理与实验 |

图 5-34　12010101 号读者所借图书

### 3. 使用 EXISTS 或 NOT EXISTS 完成的子查询

相关子查询是指在子查询中，子查询的查询条件中引用了外层查询表中的属性值。执行时先执行外部查询，然后根据外部查询返回的记录行数重复执行内部查询。通常用[ NOT ] EXISTS 关键字来完成相关子查询。

**【例 5-32】**利用 SQL 语句在图书管理系统（Librarymanage）数据库中查询没有借阅图书的读者信息，包括读者的 ID 和姓名。其运行结果如图 5-35 所示。

```
USE Librarymanage
GO
SELECT    Reader_ID,Reader_name
FROM      Readerinfo
```

```
WHERE NOT EXISTS
(SELECT * FROM Borrowreturninfo
WHERE Readerinfo.Reader_ID=Borrowreturninfo.Reader_ID)
GO
```

结果 | 消息

| | Reader_ID | Reader_name |
|---|---|---|
| 1 | 12010137 | 吴菲 |
| 2 | 12010603 | 钱小燕 |
| 3 | 12010614 | 李大龙 |
| 4 | 12010716 | 周强 |
| 5 | 12110201 | 孙云 |
| 6 | 12110204 | 王五 |
| 7 | 12110205 | 郑辉 |

图 5-35　没有借阅图书的读者信息

## 5.4　本章小结

本章主要介绍 SQL Server 2014 数据库中数据的查询功能。查询操作是 T-SQL 语句的核心，本章对图书管理系统数据库中的各个数据表，使用 T-SQL 语句实现了单一数据表全部数据的查询，完成指定列数据的查询以及符合单一条件和多个条件的查询，同时在查询中可以添加结果说明列，可以使用 AS 重命名查询结果。在数据库高级查询中，使用聚合函数实现了数据的汇总查询以及分组汇总检索，完成了图书管理系统数据库中多个数据表的连接查询和子查询。

PART 06

# 第6章

# 索引与视图设计和应用

## 课堂学习目标

- 理解索引和视图的概念
- 能使用可视化界面创建和删除索引
- 能使用 T-SQL 语句创建和删除索引
- 能使用可视化界面创建、修改和删除视图
- 能使用 T-SQL 语句创建、修改和删除视图
- 能使用视图更新数据表

## 6.1 索引概述

在书籍中，目录使用户不必翻阅完整本书就能迅速找到需要的信息。数据库的索引类似于书籍的目录。在数据库中，索引也可以使数据库程序迅速找到表中的数据，而不必扫描整个数据库，提高数据的检索速度。

### 6.1.1 索引的概念与分类

索引提供指向存储在表的指定列中数据值的指针，是为了加速对表中数据行的检索而创建的一种分散的存储结构。索引是由用户创建，能够被修改和删除，实际存储在数据库中的物理存在，它是某一个表中一列或者多列值的集合和相应的指向表中物理标志这些值的数据页的逻辑指针清单。用户可以在建立索引时指定顺序，加速数据的检索速度。索引一旦创建，在保存索引附加到的表，或保存该表所在的关系图时，索引将保存在数据库中，由数据库系统自身进行维护。

索引可以从不同的角度进行分类。

#### 1. 普通索引和唯一性索引

普通索引：最基本的索引类型，没有唯一性之类的限制。

唯一性索引：唯一性索引不允许其中任何两行具有相同的索引值。保证在索引列中的全部数据是唯一的，对聚簇索引和非聚簇索引都可以使用。在创建主键约束和唯一性约束的列上会自动创建唯一性索引。

#### 2. 单个索引和复合索引

单个索引：对单个字段建立索引。

复合索引：又叫组合索引，是指在一个表中使用不止一个列对数据进行索引，它通过连接两个或多个列的值而创建。

组合索引可以是唯一性索引。如果是唯一性索引，这个字段组合的取值就不能重复，但此时单独的字段值可以重复。

#### 3. 聚簇索引和非聚簇索引

聚簇索引：也称为聚集索引或群集索引，是一种物理索引。在聚集索引中，表中行的物理顺序与键值的逻辑（索引）顺序相同。一个表只能包含一个聚集索引， 即如果存在聚集索引，就不能再指定 CLUSTERED 关键字。

非聚簇索引：也叫非聚集索引或群集索引。在非聚集索引中，数据库表中记录的物理顺序与索引顺序可以不相同。一个表中只能有一个聚集索引，但表中的每一列都可以有自己的非聚集索引。

如果在表中创建了主键约束，SQL Server 将自动为其产生唯一性约束。在创建主键约束时，指定了 CLUSTERED 关键字或干脆没有指定该关键字，SQL Sever 会自动为表生成唯一聚集索引。

### 6.1.2 索引的优缺点

#### 1. 索引的优点

（1）通过创建唯一性索引，可以保证数据库表中每一行数据的唯一性。

（2）可以大大加快数据的检索速度，这也是创建索引最主要的原因。

（3）可以加速表和表之间的连接，在实现数据的参考完整性方面特别有意义。

(4) 在使用分组和排序子句检索数据时，同样可以显著减少查询中分组和排序的时间。

(5) 通过使用索引，可以在查询的过程中，使用优化隐藏器，提高系统的性能。

**2. 索引的缺点**

(1) 创建索引和维护索引要耗费时间，这种时间随着数据量的增加而增加。

(2) 索引需要占用物理空间，除了数据表占用数据空间之外，每一个索引还要占一定的物理空间，如果要建立聚簇索引，需要的空间就会更大。

(3) 当对表中的数据进行增加、删除和修改时，索引也要动态维护，这样就降低了数据的维护速度。

### 6.1.3 创建与使用索引的原则

索引的优点有目共睹，但是数据库中索引的创建与管理也需要付出一定的成本。索引并非越多越好，一个表中如果有大量的索引，不仅占用大量的磁盘空间，而且会影响 INSERT、DELETE、UPDATE 等语句的性能。因为当表中数据更改的同时，索引也会进行调整和更新。因此在数据库中不能随意到处建立索引。在数据库中，哪些字段需要建立索引，要通过调研，充分比较建立索引的优缺点，要考虑如何取得一个均衡。

创建索引要遵循下列几个原则。

**1. 表中有主键或者外键，一定要为其建立索引**

定义有主键的索引列，一定要为其建立索引。因为主键可以加速定位到表中的某一行。结合索引的作用，可以使查询的速度加倍。若某张表中的数据列定义有外键，则最好也要为这个字段建立索引。因为外键主要用于表与表之间的连接查询。在外键上建立索引，可以加速表与表之间的连接查询。

**2. 对于按范围查询的列，最好建立索引**

因为索引已经排序，其保存时指定的范围是连续的，查询可以利用索引的排序，加快查询时间，减少用户等待时间，同时可以加快排序的时间。

**3. 索引可以与 Where 语句的集合融为一体**

用户在查询信息时，经常会用到一些限制语句。将索引建立在 WHERE 子句的集合过程中需要快速或频繁检索的数据列，可以让这些经常参与查询的数据列按照索引的排序进行查询，以缩短查询时间。

**4. 在频繁进行排序或分组的列上以及经常与其他表连接的字段上建立索引**

在这些列上建立索引可以加快排序速度，或者连接速度，以缩短查询时间。

**5. 对于查询中很少涉及的列或者重复值比较多的列，不要建立索引**

查询时，如果不按某个字段查询，则在这个字段上建立索引也是浪费，因为即使在这个字段上建立索引，也不能提高查询的速度。相反，增加了系统维护时间和占用了系统空间。此外，有些字段重复值比较多。例如，性别字段主要是男、女，在这些字段上添加索引也不会显著增加查询速度，减少用户响应时间。相反，因为需要占用空间，反而会降低数据库的整体性能。

**6. 对于一些特殊的数据类型，不要建立索引**

在表中，有些字段比较特殊，如文本字段（TXT）、图像类型字段（IMAGE）等。如果表中的字段属于这些数据类型，则最好不要为其建立索引。因为这些字段有一些共同的特点，如长度不确定，要么很长，几个字符要么就是空字符串。若在这种类型的字段上建立索引，根本起不了作用，相反，还增加了系统的负担。

# 6.2 创建索引

在 SQL Server 2014 数据库系统中，在创建数据表时可以创建索引，也可以在修改数据表结构时增加索引，如在为数据表设置唯一性约束或是主键、外键约束时，会同时创建唯一性索引或聚集性索引。当然也可以单独使用索引节点创建和管理索引。

## 6.2.1 使用可视化界面创建索引

使用可视化界面创建索引，可以使用表设计器中的“索引/键”命令，也可以使用索引节点中的“新建索引”命令。

微课：使用可视化界面创建索引

**【例 6-1】**利用表设计器在图书管理系统（Librarymanage）数据库中为图书的 ISBN 号（Book_ISBN）建立唯一性索引，其操作步骤如下。

（1）在 SQL Server Management Studio 中，选择并右击 Book_info 数据表，从弹出的菜单中选择“设计”，打开表设计器。用鼠标右键单击表设计器，从弹出的菜单中选择“索引/键”命令，打开“索引/键”对话框。对话框中列出了已经存在的索引，如图 6-1 所示。

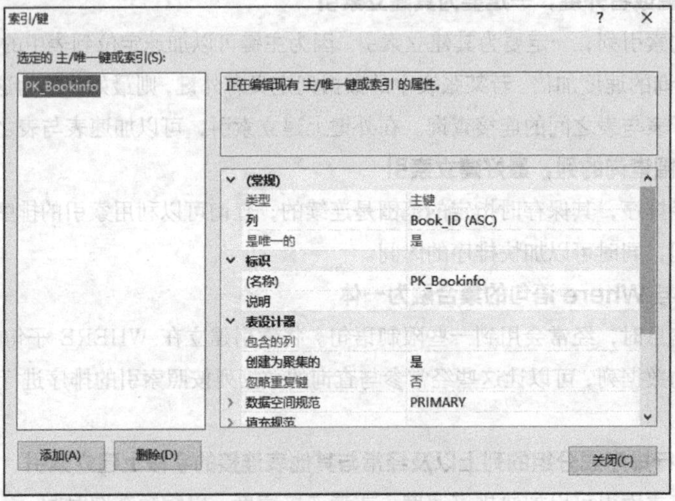


图 6-1 “索引/键”对话框

（2）单击“添加”按钮，在“选定的主/唯一键或索引”列表框中显示了系统分配给新索引的名称（默认名称为 IX_Bookinfo）。

（3）在“常规”属性中的“类型”中选择“唯一键”。如果建立的是普通索引，则“类型”选择“索引”即可。

（4）在“列”属性中单击“选择列”按钮 ...，打开“索引列”对话框，如图 6-2 所示。在此对话框中选择“Book_ISBN”列，选择排序方式为 ASC（升序）。在设置复合索引时，可以在此对话框中选择多列，并且对所选的每一列，都可指出索引是按升序还是降序（DESC）组织列值。

（5）设置完成后，单击“确定”按钮回到“索引/键”对话框，在“标识”属性的“名称”中修改索引的名称为“IX_Book_ISBN”。

（6）单击“关闭”按钮，回到表设计器。保存表时，索引即创建在数据库中。在数据库的键节点和索引节点中都可以找到该索引，如图 6-3 所示。

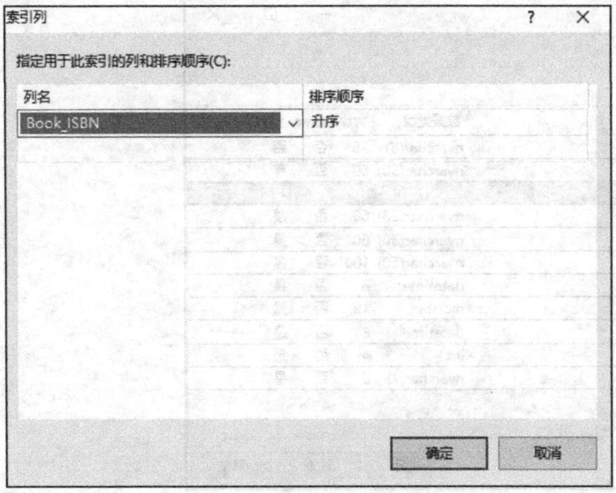


图 6-2　“索引列”对话框

图 6-3　Bookinfo 表中的索引

【例 6-2】利用索引节点在图书管理系统（Librarymanage）数据库中为图书的书名（Book_name）建立唯一性非聚集索引，其操作步骤如下。

（1）在 SQL Server Management Studio 中，选择并右击 Book_info 数据表中的“索引”节点，从弹出的菜单中选择“新建索引”→“非聚集索引”，打开“新建索引”窗口，如图 6-4 所示。在此数据表中已经有了聚集性索引（主键索引），“新建索引”级联菜单中的“聚集索引”命令为灰色，因为一个数据表中只能有一个聚集索引。

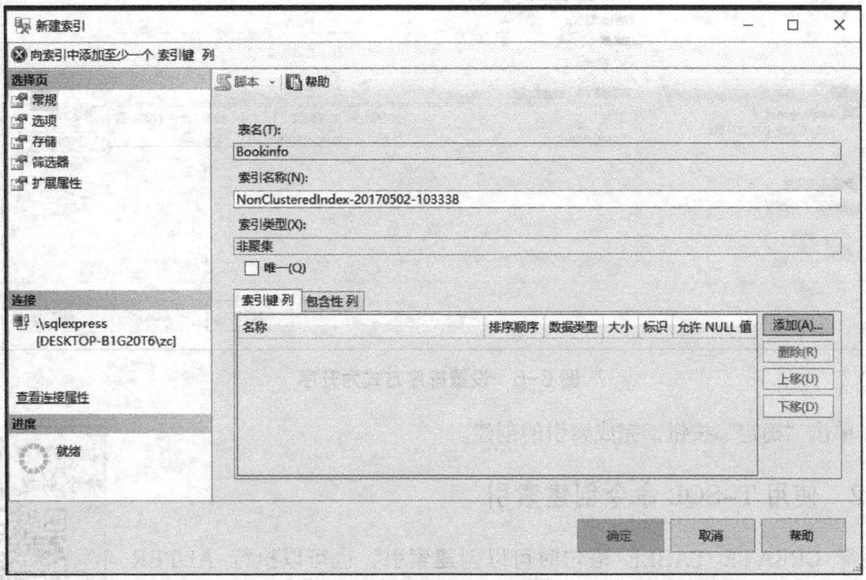


图 6-4　“新建索引”窗口

（2）在“索引名称”中修改索引名为 NonClusteredIndex_Book_name。

（3）在“索引类型”中勾选“唯一”。

（4）单击“添加”按钮 添加(A)... ，打开“从‘dbo.Bookinfo’中选择列”窗口，如图 6-5 所示。选择要添加的索引列“Book_name”。如果设置复合索引，在此窗口中勾选多列即可。

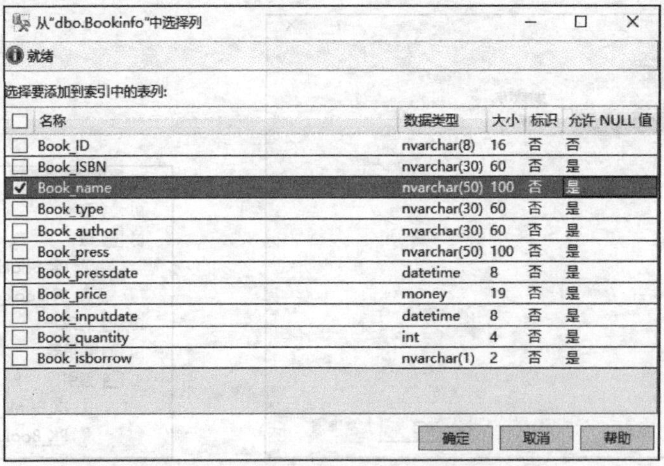


图 6-5 “从‘dbo.Bookinfo’中选择列”窗口

（5）单击“确定”按钮，回到“新建索引”窗口，在“索引键 列”中设置“排序顺序”为升序，如图 6-6 所示。如果设置复合索引，需要为每列设置其排序方式。

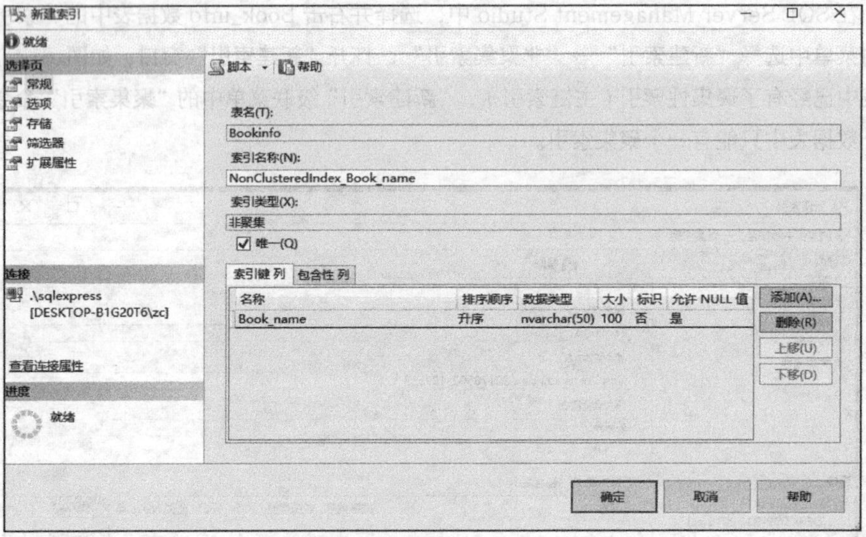


图 6-6 设置排序方式为升序

（6）单击“确定”按钮，完成索引的创建。

微课：使用 T-SQL 命令创建、删除索引

### 6.2.2 使用 T-SQL 命令创建索引

在执行 CREATE TABLE 语句时可以创建索引，也可以执行 ALTER TABLE 来为表增加索引。例如，例 6-1 是通过修改数据表结构完成索引的创建，这些操作对应的 SQL 代码如下。

```
USE Librarymanage
GO
```

```
ALTER TABLE Bookinfo ADD   CONSTRAINT IX_Book_ISBN UNIQUE NONCLUSTERED
( Book_ISBN   ASC     )
GO
```

在 SQL 语句中也可以单独使用 CREATE INDEX 语句来创建索引，其语法格式如下。

```
CREATE[ UNIQUE ] [ CLUSTERED | NONCLUSTERED ] INDEX索引名
    ON {表名|视图名} (列名[ ASC | DESC ] [ ,...n ] )
```

其中，UNIQUE 表示唯一性索引，CLUSTERED 表示聚集索引，NONCLUSTERED 表示非聚集索引。可以在数据表中创建索引，也可以在视图中创建索引。可以创建单个索引，也可以通过[ ,...n ] 创建复合索引。

例如，例 6-2 是使用新建索引命令为 Book_name 列创建唯一性非聚集索引，其 SQL 代码如下。

```
USE Librarymanage
GO
CREATE UNIQUE NONCLUSTERED INDEX NonClusteredIndex_Book_name
ON Bookinfo
( Book_name ASC   )
GO
```

**【例 6-3】**利用 SQL 语句在图书管理系统（Librarymanage）数据库中为 Borrowreturninfo 的 Book_ID 列和 Reader_ID 列建立非聚集复合索引，其代码如下。

```
USE Librarymanage
GO
CREATE NONCLUSTERED INDEX NonClusteredIndex_Borrowreturninfo
ON Borrowreturninfo
( Book_ID ASC,Reader_ID ASC   )
GO
```

**【例 6-4】**利用 SQL 语句在图书管理系统（Librarymanage）数据库中为 Borrowreturninfo 的 Borrow_ID 列建立唯一性聚集索引，其代码如下。

```
USE Librarymanage
GO
CREATE UNIQUE CLUSTERED INDEX ClusteredIndex_Borrowreturninfo
ON Borrowreturninfo
( Borrow_ID ASC )
GO
```

## 6.3 删除索引

在 SQL Server Management Studio 中，修改数据表结构时可以删除索引，也可以单独删除索引定义。

### 6.3.1 使用可视化界面删除索引

使用可视化界面删除索引，可以在表设计器中通过“索引/键”对话框删除索引，也可以在资源管理器的目录树中删除键或索引。

【例 6-5】利用表设计器在图书管理系统（Librarymanage）数据库中删除 IX_Book_ISBN 索引，其操作步骤如下。

（1）在 SQL Server Management Studio 中，选择并右击 Bookinfo 数据表，从弹出的菜单中选择“设计”命令。

（2）打开表设计器，右键单击表设计器，从弹出的菜单中选择“索引/键”命令，在打开的“索引/键”对话框中列出了已经存在的索引。

（3）单击“删除”按钮，即可删除索引信息。

此例也可以直接在资源管理器中，展开 Bookinfo 数据表的“键”节点，选择并右击 IX_Book_ISBN 索引，在弹出的菜单中选择“删除”命令删除此索引。

【例 6-6】利用索引节点在图书管理系统（Librarymanage）数据库中删除索引 NonClusteredIndex_Book_name，其操作步骤如下。

（1）在 SQL Server Management Studio 中，展开 Bookinfo 数据表的“索引”节点，可以看到此数据表中的所有索引。

（2）选择并右击 NonClusteredIndex_Book_name 索引，从弹出的菜单中选择“删除”命令即可。

### 6.3.2　使用 T-SQL 命令删除索引

执行 ALTER TABLE 命令可以删除索引与键。例如，例 6-5 通过修改数据表结构或键节点来删除索引，这些操作对应的 SQL 代码如下。

```
USE Librarymanage
GO
ALTER TABLE Bookinfo DROP CONSTRAINT IX_Book_ISBN
GO
```

在 SQL 语句中也可以单独使用 DROP INDEX 语句来删除索引，其语法格式如下。

```
DROP INDEX表名.索引名|视图名.索引名[ ,...n ]
```

也可以使用下列语法格式。

```
DROP INDEX索引名ON表明|视图名
```

例如，例 6-6 是通过索引节点来删除索引，其操作代码如下。

```
USE Librarymanage
GO
DROP INDEX NonClusteredIndex_Book_name ON Bookinfo
GO
```

DROP INDEX 语句也可以写为：

```
DROP INDEX Bookinfo.NonClusteredIndex_Book_name
```

【例 6-7】利用 SQL 语句在图书管理系统（Librarymanage）数据库中删除索引 NonClusteredIndex_Borrowreturninfo，其代码如下。

```
USE Librarymanage
GO
DROP INDEX NonClusteredIndex_Borrowreturninfo ON Borrowreturninfo
GO
```

# 6.4 视图概述

定义视图主要出于两种原因，一是安全原因，视图可以隐藏一些数据；另一原因是可使复杂的查询易于理解和使用。

## 6.4.1 视图的概念与特点

从用户角度来看，视图是从一个特定的角度来查看数据库中的数据。从数据库系统内部来看，视图是存储在数据库中的查询 SQL 语句，是一个虚拟表，其内容由查询定义，由一张或多张表中的数据组成。

视图的特点如下。

### 1. 视图是一个虚拟表

视图一经定义便存储在数据库中，与其相对应的数据并没有像物理表那样在数据库中再存储一份，通过视图看到的数据只是存放在基本表中的数据。由此可见，视图中存储的是视图的定义，而不是视图中看到的数据。

### 2. 视图的行和列源自不同的表

对其中引用的基本表来说，视图的作用类似于筛选。定义视图的筛选可以来自当前或其他数据库的一个或多个表，或者其他视图。

### 3. 视图的建立和删除不会影响基本表，但是对视图数据的修改会影响基本数据表

对视图的操作与对表的操作一样，可以对其进行查询、修改(有一定的限制)、删除。当修改通过视图看到的数据时，相应的基本表的数据也要发生变化；同时，若基本表的数据发生变化，则这种变化也可以自动反映到视图中。

## 6.4.2 使用视图的目的

使用视图的目的有以下几种。

### 1. 简化操作

看到的就是需要的。视图大大简化了用户对数据的操作。因为在定义视图时，若视图本身就是一个复杂查询的结果集，这样在每一次执行相同的查询时，不必重新写这些复杂的查询语句，只要一条简单的查询视图语句即可。可见视图向用户隐藏了表与表之间复杂的连接操作。

### 2. 安全性

视图可以作为一种安全机制。通过视图，用户只能查询和修改他们所能见到的数据。其他数据库或表既不可见，也不可以访问。如果某一用户想要访问视图的结果集，就必须授予其访问权限。通过视图，用户可以被限制在数据的不同子集上，使用权限可被限制在另一视图的一个子集上，或是一些视图和基表合并后的子集上。视图引用表的访问权限与视图权限的设置互不影响。

### 3. 逻辑数据独立性

视图可帮助用户屏蔽真实表结构变化带来的影响。在有些情况下，由于表中数据量太大，故在表的设计时常将表进行水平分割或垂直分割，但表结构的变化却会对应用程序产生不良的影响。如果使用视图就可以重新保持原有的结构关系，从而使外模式保持不变，原有的应用程序仍可以通过视图来重载数据。

微课：使用可视化界面和 T-SQL 语句创建视图

# 6.5 创建视图

在 SQL Server 2014 数据库系统中，可通过视图节点对数据库中的视图进行管理。选择并展开视图节点，可以看到当前数据库中的所有视图，包括系统视图和用户自定义视图。

## 6.5.1 使用可视化界面创建视图

**【例 6-8】**利用可视化界面在图书管理系统（Librarymanage）数据库中建立借阅视图 view_borrow，包括读者编号、读者姓名、图书编号、ISBN 号、书名，以及借出日期和归还日期，其操作步骤如下。

（1）打开对象资源管理器，展开“数据库→Librarymanage→视图”节点，用鼠标右键单击，在弹出的菜单中选择“新建视图”命令，弹出“添加表”对话框，如图 6-7 所示。

（2）选择需要的表：Readerinfo 表、Bookinfo 表和 Borrowreturninfo 表，单击“添加”按钮。

（3）单击“关闭”按钮，打开 view_1 编辑窗格，如图 6-8 所示。

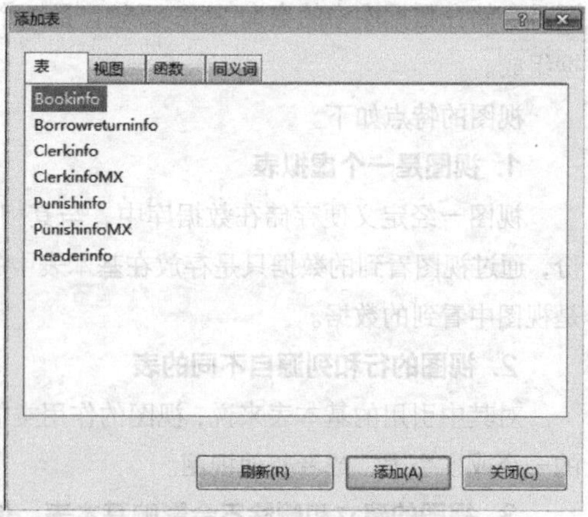


图 6-7 “添加表”对话框

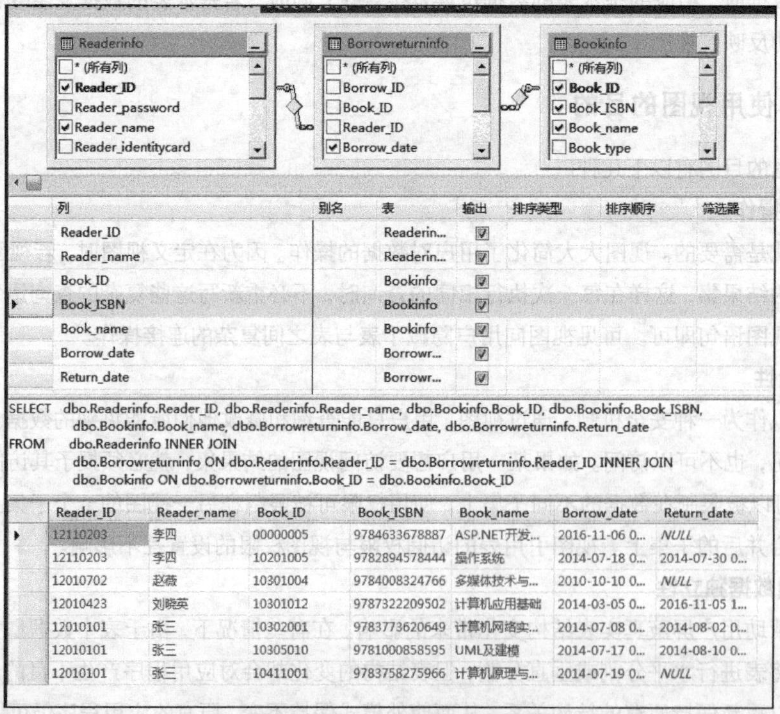


图 6-8 view_1 编辑窗格

（4）选择创建视图所需的字段：Readerinfo.Reader_ID、Readerinfo.Reader_name、Bookinfo.Book_ID、Bookinfo.Book_ISBN、Bookinfo.Book_name、Borrowreturninfo.Borrow_date 和 Borrowreturninfo.Return_date。

（5）选择快捷按钮栏中的“执行 SQL”命令，查看结果。

（6）选择快捷按钮栏中的“保存”命令，弹出“选择名称”对话框，输入新的视图名称 view_borrow，单击“确定”完成视图创建，如图 6-9 所示。

### 6.5.2 使用 T-SQL 命令创建视图

在 SQL Server 中，使用 SQL 语句创建视图的语法格式如下。

```
CREATE VIEW <视图名>[(列名组)]
AS <子查询>
```

其中[(列名组)]可以省略，那么视图中的各列列名与子查询 SELECT 子句后的列名一致。

**【例 6-9】**利用 SQL 语句在图书管理系统（Librarymanage）数据库中创建视图 VIEW_BOOKQHPRESS，视图中存储清华大学出版社出版的所有图书，其代码如下。

```
USE Librarymanage
GO
CREATE VIEW VIEW_BOOKQHPRESS
AS
SELECT * FROM Bookinfo   WHERE Book_press='清华大学出版社'
GO
```

**【例 6-10】**利用 SQL 语句在图书管理系统（Librarymanage）数据库中创建视图 VIEW_BORROWPRESS，统计视图中各个出版社出版图书的总数，其代码如下。

```
USE Librarymanage
GO
CREATE VIEW VIEW_BOOKPRESS(出版社,图书总数)
AS
SELECT Book_press,count(*)
FROM Bookinfo
GROUP BY Book_press
GO
```

对于例 6-10 中创建的视图 VIEW_BORROWPRESS，其列名分别为出版社和图书总数，在该视图的右键菜单中选择“编辑前 200 行”命令，可以打开视图，看到视图中的数据信息，如图 6-10 所示。

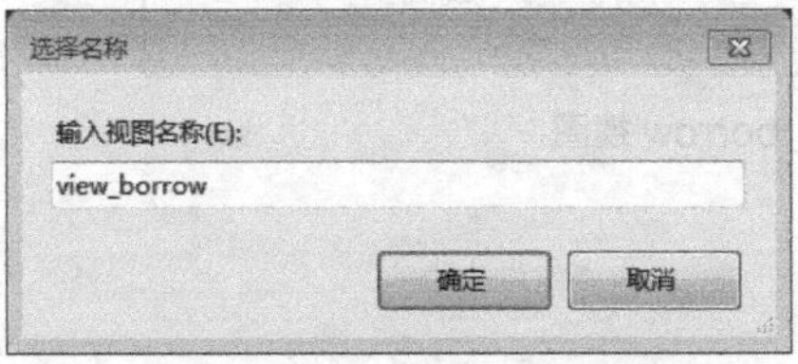


图 6-9 “选择名称”对话框

c412230.Library....VIEW_BOOKPRESS

| | 出版社 | 图书总数 |
|---|---|---|
| ▶ | 电子工业出版社 | 2 |
| | 高等教育出版社 | 2 |
| | 机械出版社 | 2 |
| | 科学出版社 | 5 |
| | 清华大学出版社 | 3 |
| | 人民出版社 | 1 |
| | 人民邮电出版社 | 1 |
| | 天津大学出版社 | 1 |
| | 中国水利出版社 | 1 |
| * | NULL | NULL |

图 6-10 视图 VIEW_BORROWPRESS

# 6.6 修改视图

视图和表一样，一旦创建完成，就可以在资源管理器的视图节点中找到，选择并单击鼠标右键，其快捷菜单与表节点的快捷菜单一致，可以打开视图查看视图中的数据，也可以修改视图的定义语句。

## 6.6.1 使用可视化界面修改视图

在 SQL Server 2014 数据库系统中，可以通过视图右键菜单中的“设计”命令，修改视图，也就是重新定义视图的查询语句。

**【例 6-11】**利用可视化界面在图书管理系统（Librarymanage）数据库中修改 view_borrow 视图，删除视图中的 ISBN 号，其操作步骤如下。

（1）打开对象资源管理器，展开“数据库→Librarymanage→视图”节点，选择并右击 view_borrow 视图，在弹出菜单中选择“设计”命令，打开 view_borrow 视图编辑窗格。

（2）在 view_borrow 视图编辑窗格的“条件”子窗格中找到 Book_ISBN 列，选择并单击鼠标右键，在快捷菜单中选择“删除”命令删除。

（3）在“条件”子窗格中找到 Return_date 列，在其“筛选器”中输入 IS NULL。

（4）选择快捷按钮栏中的“执行 SQL”命令，查看结果，如图 6-11 所示。

（5）选择快捷按钮栏中“保存”命令，保存所做的修改。

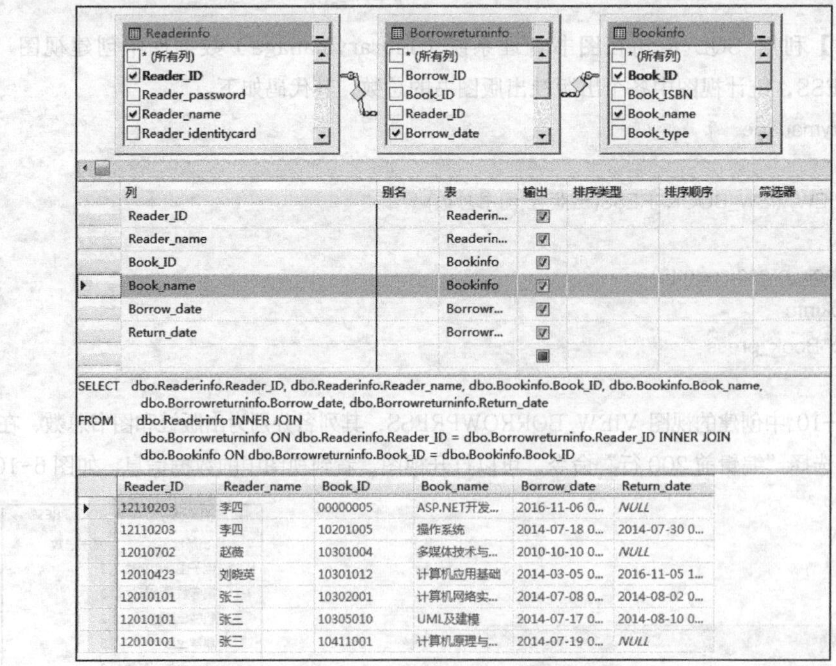


图 6-11 修改 view_ borrow 视图

## 6.6.2 使用 T-SQL 命令修改视图

在 SQL Server 中，使用 SQL 语句修改视图的语法格式如下。

```
ALTER VIEW <视图名>[(列名组)]
AS <子查询>
```

【例 6-12】利用 SQL 语句在图书管理系统（Librarymanage）数据库中创建视图 VIEW_BOOKQHPRESS，视图中存储清华大学出版社出版的所有图书的 ID、ISBN 号、书名、作者以及出版社，其代码如下。

```
USE Librarymanage
GO
ALTER VIEW   VIEW_BOOKQHPRESS
AS
SELECT Book_ID,Book_ISBN,Book_name,Book_author,Book_press
FROM Bookinfo
WHERE Book_press='清华大学出版社'
GO
```

# 6.7 删除视图

## 6.7.1 使用可视化界面删除视图

【例 6-13】利用可视化界面在图书管理系统（Librarymanage）数据库中删除 view_borrow 视图，其操作步骤如下。

（1）打开对象资源管理器，展开“数据库→Librarymanage→视图”节点，选择并右击 view_borrow 视图，在弹出菜单中选择“删除”命令，或者按 Delete 键，或者选择菜单栏中的“编辑”→“删除”命令。

（2）在弹出的“删除对象”窗口中，单击“确定”按钮即可删除视图，如图 6-12 所示。

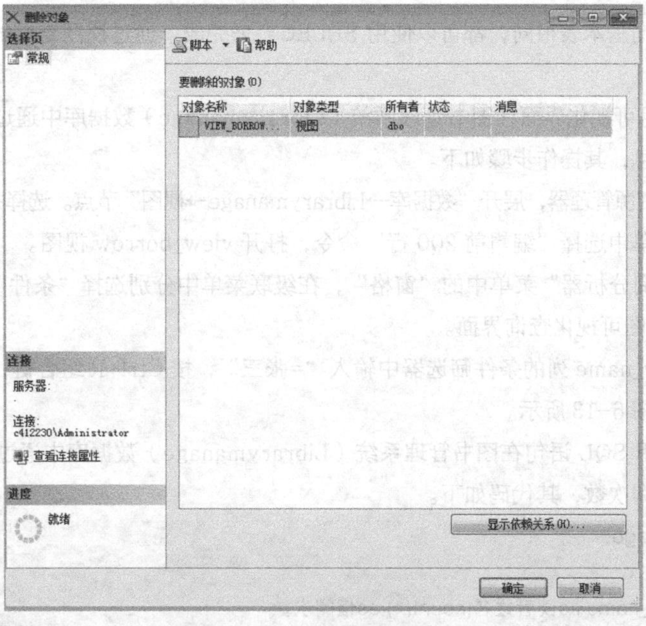


图 6-12 “删除对象”窗口

### 6.7.2 使用 T-SQL 命令删除视图

在 SQL Server 中，使用 SQL 语句删除视图的语法格式如下。

```
DROP VIEW <视图名>
```

【例 6-14】利用 SQL 语句在图书管理系统（Librarymanage）数据库中删除视图 VIEW_BOOKQHPRESS，其代码如下。

```
USE Librarymanage
GO
DROP VIEW   VIEW_BOOKQHPRESS
GO
```

值得注意的是，视图删除后，与该视图相关的基本表的数据不会受到任何影响，由该视图创建的其他视图也仍然存在，但是没有了任何意义，因此可以一并删除。

## 6.8 通过视图对数据表实施操作

从数据库系统外部来看，视图就如同一张表，对表能够进行的一般操作都可以应用于视图，如查询、插入、修改、删除等。而视图是一张虚表，视图中并没有数据的物理存储，因此对于视图的操作实际上是通过视图对基本表中数据实施的操作。

对一个视图进行更新操作必须符合以下条件：创建视图的 SELECT 语句中没有统计函数、计算列、TOP、GROUP BY、UNION（联合运算）子句和 DISTINCT 关键字，至少包含一个基本表。例如，对于视图 VIEW_BOOKPRESS，其定义语句中含有 COUNT 函数以及 GROUP BY 子句，那么无法对它进行任何更新操作。

### 6.8.1 通过视图查看数据表信息

查询视图与查询基本表相同，都可以使用 SELECT 来完成，通过视图查看的是基本表中的数据信息。

【例 6-15】利用可视化界面在图书管理系统（Librarymanage）数据库中通过视图 view_borrow 查询张三的借阅信息，其操作步骤如下。

（1）打开对象资源管理器，展开“数据库→Librarymanage→视图”节点。选择并右击 view_borrow 视图，在弹出的菜单中选择“编辑前 200 行”命令，打开 view_borrow 视图。

（2）选择“查询分析器”菜单中的“窗格”，在级联菜单中分别选择“条件”“SQL”命令，打开 view_borrow 视图可视化查询界面。

（3）在 Reader_name 列的条件筛选器中输入“=张三”，按 Ctrl+R 组合键，在“结果”窗格中观察查询结果，如图 6-13 所示。

【例 6-16】利用 SQL 语句在图书管理系统（Librarymanage）数据库中通过视图 view_borrow 统计每位读者的借阅次数，其代码如下。

```
USE Librarymanage
GO
SELECT Reader_name as读者姓名,count(*) as借阅次数
 FROM View_borrow
```

```
GROUP BY Reader_name
GO
```

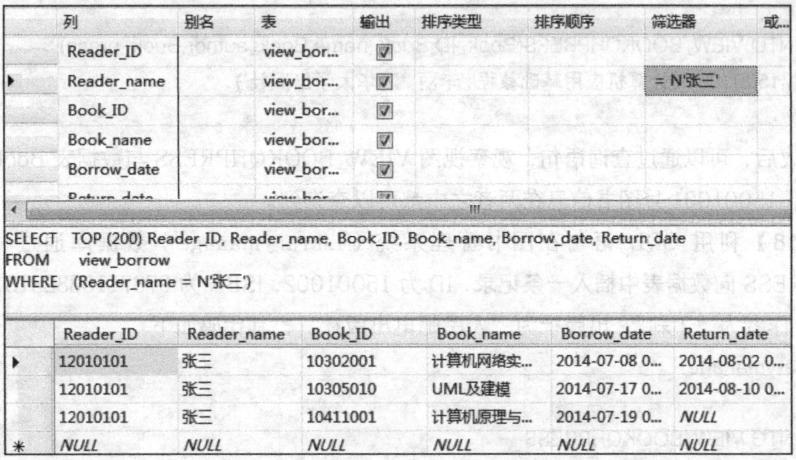
列 别名 表 输出 排序类型 排序顺序 筛选器 或...
Reader_ID view_bor...
Reader_name view_bor... = N'张三'
Book_ID view_bor...
Book_name view_bor...
Borrow_date view_bor...
SELECT TOP (200) Reader_ID, Reader_name, Book_ID, Book_name, Borrow_date, Return_date
FROM view_borrow
WHERE (Reader_name = N'张三')
Reader_ID Reader_name Book_ID Book_name Borrow_date Return_date
12010101 张三 10302001 计算机网络实... 2014-07-08 0... 2014-08-02 0...
12010101 张三 10305010 UML及建模 2014-07-17 0... 2014-08-10 0...
12010101 张三 10411001 计算机原理与... 2014-07-19 0... NULL
NULL NULL NULL NULL NULL NULL

图 6-13 view_borrow 视图查询界面

上述两个例题中，若通过基本表查询，需要使用 Bookinfo、Readerinfo 和 Borrowreturninfo 三张数据表的连接查询，而 view_borrow 视图的定义本身就是这三张数据表的连接查询，因此通过视图 view_borrow 不必重新写这些复杂的查询语句，只要一条简单的查询视图语句即可。可见视图向用户隐藏了表与表之间复杂的连接操作，进而简化了用户对数据的操作。

## 6.8.2 通过视图向数据表中添加数据

微课：通过视图向数据表添加数据

通过视图插入数据与直接在表中插入数据一样，都可以通过相同的 INSERT 语句来实现。但是通过视图查询数据，引用的是视图上定义的列，而不是基本表中的列。由于视图不同于基本表，所以，插入数据时有如下限制。

### 1. 用户有向数据表插入数据的权限

用户通过视图向数据表插入数据时，必须具有访问以及向基本表插入数据的权限，否则插入数据会失败。

### 2. 视图只引用基本表中的部分字段，对于没有引用的字段，数据库系统可以为其自动赋值

用户通过视图向数据表中插入数据时，未引用的字段应具备下列条件之一：允许空值、设有默认值或是标识字段，因此如果视图上没有包括基本表中所有属性为 NOT NULL 的行，而数据库又无法自动为其赋值的话，那么插入操作会由于那些列的 NULL 值而失败。

### 3. 通过视图向数据表中插入数据必须能够映射到基本表中的相应字段

也就是说，视图中不能包含多个字段的组合，不能包含使用统计函数的结果，也不能包含 DISTINCT 或 GROUP BY 子句，否则插入操作将因为对应不到基本表中的字段而失败。

### 4. 若视图引用多个表，一条 INSERT 语句只能插入一个基本表中的数据

一条 INSERT 语句只能对其中一个基本表中的字段进行插入操作，不能同时对多张数据表的字段进行插入操作。

**【例 6-17】**利用 SQL 语句在图书管理系统（Librarymanage）数据库通过视图 VIEW_BOOKQHPRESS 向数据表中插入一条记录，ID 为 15001001，书名为“计算机应用基础教程”，作

者为“李丽”，出版社为“清华大学出版社”，其代码如下。

```
USE Librarymanage
GO
INSERT INTO VIEW_BOOKQHPRESS(Book_ID,Book_name,Book_author,Book_press)
VALUES ('15001001','计算机应用基础教程','李丽','清华大学出版社')
GO
```

插入完成后，可以通过查询语句，观察视图 VIEW_BOOKQHPRESS 与数据表 Bookinfo 中数据信息的变化，15001001 号图书信息在两者之中都可以查询到。

【例 6-18】利用 SQL 语句在图书管理系统（Librarymanage）数据库通过视图 VIEW_BOOKQHPRESS 向数据表中插入一条记录，ID 为 15001002，ISBN 为 9787115382818，书名为“网络数据库”，作者为“丁莉”，出版社为“人民邮电出版社”，其代码如下。

```
USE Librarymanage
GO
INSERT INTO VIEW_BOOKQHPRESS
VALUES ('15001002','9787115382818','网络数据库','丁莉','人民邮电出版社')
GO
```

值得注意的是，执行插入数据操作后，观察视图 VIEW_BOOKQHPRESS 与数据表 Bookinfo 中数据信息的变化，可以发现 15001002 号图书信息在 Bookinfo 中可以查询到，但是在视图 VIEW_BOOKQHPRESS 中无法找到，这是为什么呢？

【例 6-19】利用 SQL 语句在图书管理系统（Librarymanage）数据库中通过视图 View_borrow 向数据表中插入一条记录，姓名为“张三”的读者借阅了“网络数据库”这本书，借阅日期为 2017-7-1，其代码如下。

```
USE Librarymanage
GO
INSERT INTO View_borrow(Reader_name,Book_name,Borrow_date)
VALUES ('张三','网络数据库','2017-7-1')
GO
```

执行上述代码时出错，错误结果如图 6-14 所示。

图 6-14　试图向多张表中插入数据

在例 6-19 中，Reader_name 字段涉及基本表 Readerinfo，Book_name 字段涉及基本表 Bookinfo，而 Borrow_date 字段涉及基本表 Borrowreturninfo，这条 INSERT 语句试图向三张数据表中插入元素，因此插入失败。

【例 6-20】利用 SQL 语句在图书管理系统（Librarymanage）数据库中通过视图 View_borrow 向数据表中插入一条记录，读者 ID 为 12210101，姓名为“田晓”，其代码如下。

```
USE Librarymanage
GO
INSERT INTO View_borrow(Reader_ID,Reader_name)
VALUES ('12210101','田晓')
GO
```

在上述代码中，通过 View_borrow 视图向 Readerinfo 数据表中插入了一条读者记录，因此观察 Readerinfo 数据表信息可以找到田晓的记录，但是由于其没有借书信息，在 View_borrow 视图中没有其借阅记录，因此对于引用了多张数据表的视图，一次插入操作只能针对一张数据表。

### 6.8.3 通过视图修改数据表中的数据

更新视图中的数据与更新表中数据的方式一样，可以通过 UPDATE 语句完成。使用 UPDATE 语句可以更改由视图引用的一个或多个列和行的值。但是当视图是基于多个基本表中的数据时，每次更新操作只能更新来自一个基本表中的数据列的值。

此外，适用于 INSERT 语句的许多限制同样适用于 UPDATE 语句，因此视图 VIEW_BOOKPRESS 是无法完成修改操作的。

**【例 6-21】** 利用 SQL 语句在图书管理系统（Librarymanage）数据库中通过视图 VIEW_BOOKQHPRESS 将“计算机应用基础教程”的作者改为“张东”，其代码如下。

```
USE Librarymanage
GO
UPDATE VIEW_BOOKQHPRESS
SET Book_author='张东'
WHERE Book_name='计算机应用基础教程'
GO
```

使用 UPDATE 语句可以更改由视图引用的一个或多个列和行的值。

**【例 6-22】** 利用 SQL 语句在图书管理系统（Librarymanage）数据库中通过视图 View_borrow 将“张三”借阅的“计算机原理与实验”一书的借阅日期改为 2014-9-1，归还日期改为 2014-11-1，其代码如下。

```
USE Librarymanage
GO
UPDATE view_borrow
SET Borrow_date='2014-9-1',Return_date='2014-11-1'
WHERE Reader_name='张三' AND Book_name='计算机原理与实验'
GO
```

当视图是基于多个基本表中的数据时，每次更新操作只能更新来自一个基本表中的数据列的值。

**【例 6-23】** 利用 SQL 语句在图书管理系统（Librarymanage）数据库中通过视图 View_borrow 将“赵薇”2010-10-10 借阅的图书信息改为 15001002 号“网络数据库”，归还日期为 2010-12-1，其代码如下。

```
USE Librarymanage
GO
UPDATE view_borrow
SET Book_ID='15001002',Book_name='网络数据库',Return_date='2010-12-1'
```

```
WHERE Reader_name='赵薇' AND Borrow_date='2010-10-10'
GO
```

执行上述代码出错，错误结果如图 6-15 所示。

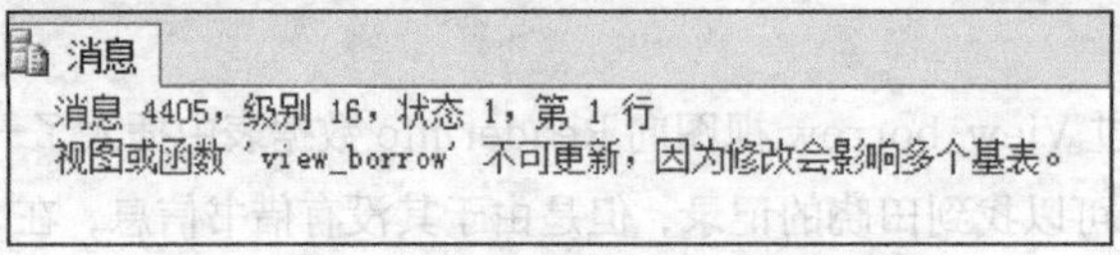
消息
消息 4405，级别 16，状态 1，第 1 行
视图或函数 'view_borrow' 不可更新，因为修改会影响多个基表。

图 6-15　试图修改多张数据表中的数据

### 6.8.4　通过视图删除数据表中的数据

通过视图删除数据的方法与通过基本表删除数据的方法一样。通过视图删除数据最终还是体现为从基本表中删除数据。

当一个视图基于两个或两个以上的基本表时，不允许删除视图中的数据。例如，试图删除 view_borrow 视图中的数据是不允许的。

许多适用于 INSERT 语句或 UPDATE 语句的限制也适用于 DELETE 语句，同样 VIEW_BOOKPRESS 视图的删除操作也是不允许的。

**【例 6-24】**利用 SQL 语句在图书管理系统（Librarymanage）数据库中通过视图 VIEW_BOOKQHPRESS 删除计算机应用基础教程这本书，其代码如下。

```
USE Librarymanage
GO
DELETE FROM VIEW_BOOKQHPRESS
WHERE Book_name='计算机应用基础教程'
GO
```

删除操作执行完成后，观察视图 VIEW_BOOKQHPRESS 与数据表 Bookinfo 中数据信息的变化，可以看到，使用视图删除记录可以删除任何基本表中的记录。同时值得注意的是，必须指定在视图中定义过的字段来删除记录。

## 6.9　本章小结

本章主要介绍 SQL Server 2014 数据库中索引的概念以及分类，比较了索引优缺点的同时，介绍了创建与使用索引的原则，并介绍通过可视化界面和 T-SQL 命令两种方式创建与删除索引。此外，还介绍了 SQL Server 2014 数据库中视图的概念以及使用视图的目的，可视化界面和 T-SQL 命令两种方式创建、修改和删除视图，以及通过视图对数据表实施的增、删、改、查 4 种操作，比较了单表视图、多表视图以及汇总查询视图三种视图在更新操作上的各种限制。

PART07

# 第7章

# Transact-SQL语法基础与流程控制操作

## 课堂学习目标

- 了解 Transact-SQL 的功能和语句结构
- 掌握 Transact-SQL 中的表达式
- 掌握 Transact-SQL 中的流程控制语句
- 能使用 Transact-SQL 编写程序

# 7.1 Transact-SQL 简介

结构化查询语言（SQL）是一个非过程化的语言，它一次处理一个记录，对数据提供自动导航。SQL 允许用户在高层的数据结构上工作，而不对单个记录进行操作，可操作记录集。所有 SQL 语句接受集合作为输入，返回集合作为输出。

Transact-SQL（简称 T-SQL）是 Microsoft 公司在关系型数据库管理系统 SQL Server 中实现的一种计算机高级语言，是微软对标准 SQL Server 的扩展，是标准的 SQL 程序设计语言的增强版，是用于程序与 SQL Server 沟通的主要语言。Transact-SQL 是 SQL Server 系统产品独有的，其他的关系数据库不支持 T-SQL。

在 Transact-SQL 中，标准的 SQL 语句畅通无阻。Transact-SQL 也有类似于 SQL 的分类，不过做了许多扩充。

## 7.1.1 Transact-SQL 的功能

Transact-SQL 对 SQL Server 十分重要，SQL Server 中使用图形界面能够完成的所有功能，都可以利用 Transact-SQL 来实现。Transact-SQL 具有 SQL 的主要特点，同时增加了变量、运算符、函数、流程控制和注释等语言元素，使得其功能更加强大。使用 Transact-SQL 操作时，与 SQL Server 通信的所有应用程序都通过向服务器发送 Transact-SQL 语句来进行，而与应用程序的界面无关。

Transact-SQL 主要完成下面三种功能。

### 1. 数据定义功能

数据定义语言(DLL)用于在数据库系统中创建和管理数据库、表、视图、索引等数据库对象，大部分是以 CREATE 开头的命令，实现数据库中的数据定义功能。

### 2. 数据控制功能

数据控制语言(DCL)用于控制数据库中数据的完整性、安全性等，是用来控制数据库组件的存取许可、存取权限等命令，如 GRANT、REVOKE 等，实现了数据库中的数据控制功能。

### 3. 数据操纵功能

数据操纵语言(DML) 是用来操纵数据库中数据的命令，用于插入、修改、删除和查询数据库中的数据，如 SELECT、INSERT、UPDATE，DELETE 等，实现了数据库中的数据操纵功能。

## 7.1.2 Transact-SQL 语句结构

Transact-SQL 中的每条 SQL 语句均由一个谓词开始，该谓词描述这条语句要产生的动作，如 SELECT 或 UPDATE 关键字。谓词后紧跟一个或多个子句，子句中给出了被谓词作用的数据或提供谓词动作的详细信息，每一条子句都由一个关键字开始。

例如，SELECT 语句的语法结构如下。

```
SELECT [ ALL | DISTINCT | TOP ] <目标列表达式1>[,… <目标列表达式n>]
[INTO目标数据表]
FROM源数据表或视图[,...n]
[WHERE条件表达式]
```

```
[GROUP BY分组表达式[HAVING搜索表达式]]
[ORDER BY排序表达式[ASC]|[DESC]]
```

查询语句以 SELECT 谓词开始，在查询中，每一个子句均有一个关键字开始，如 FROM、WHERE 等，子句中给出了谓词动作的详细信息，如 FROM 子句用于指定 SELECT 语句中使用的表源，数据表源可以是一个或多个表，也可以是视图。

每一条 Transact-SQL 语句都包含一系列元素，这些元素可以划分为以下几种情况。

**1. 标识符**

标识符是诸如表、视图、列、数据库和服务器等对象的名称。对象标识符是在定义对象时创建的，标识符随后用于引用该对象。SQL Server 的标识符有两类：常规标识符和分隔标识符。

常规标识符符合标识符的格式规则。在 Transact-SQL 语句中使用常规标识符时不用将其分隔。例如，在下面的代码中，标识符 Bookinfo 和 Book_name 都是常规标识符。

```
SELECT*FROM Bookinfo WHERE Book_name ='网络数据库'
```

分隔标识符包含在双引号或者方括号内。符合标识符格式规则的标识符可以分隔，也可以不分隔。例如，上面的例子也可以写成如下形式，其中[Bookinfo]和[Book_name]都是分隔标识符。

```
SELECT*FROM [Bookinfo] WHERE [Book_name]='网络数据库'
```

在 Transact-SOL 语句中，不符合所有标识符规则的标识符必须分隔。例如：

```
SELECT *FROM [ My Table] WHERE [order]=10
```

[My Table]必须使用分隔标识符，因为 My 和 Table 之间有一个空格，如果不进行分隔，SQL Server 会把它们看作是两个标识符，从而出现错误。[order]也必须使用分隔标识符，因为 order 是 SQL Server 的保留字，用于 ORDER BY 子句。

**2. 数据类型**

数据类型是定义数据对象（如列、变量和参数）性质的关键字。大多数 Transact-SQL 语句并不显式引用数据类型，但是其结果由于语句中引用的对象数据类型间的互相作用而受到影响。

**3. 表达式**

表达式是 SQL Server 可解析为单个值的语法单元，如常量、返回单值的函数、列或变量的引用。

**4. 运算符**

运算符是表达式的组成部分之一，它可以与一个或多个简单表达式一起使用构造一个更为复杂的表达式。Transact-SQL 中使用运算符实现数值计算、字符串处理以及条件判定等。

**5. 注释**

优秀的程序设计人员，不仅代码写得好，而且会在代码中适当插入注释。SQL Server 将不执行注释的内容。在 Transact-SQL 中使用注释符来完成对程序的注释说明。

**6. 保留关键字**

保留关键字是保留下来由 SQL Server 使用的谓词。建议数据库中的对象名不要使用这些词。如果必须使用保留关键字，则使用分隔标识符。

**7. 通配符**

在 Transact-SQL 中使用通配符完成一些格式字符串的匹配查询等。

**8. 函数**

与其他程序设计语言中的函数相似，SQL Server 函数可以有零个、一个或多个参数，并返回一个标量值或表格形式的值的集合。

# 7.2 Transact-SQL 表达式

Transact-SQL 中的表达式由变量、常量以及各种运算符组成，SQL Server 可以对其求值以获取结果。访问或更改数据时，可在多个不同的位置使用数据。例如，可以将表达式用作要在查询中检索的数据的一部分，也可以用作查找满足一组条件的数据时的搜索条件。

## 7.2.1 常量

常量也称为文字值或标量值，是表示一个特定数据值的符号，是指存储在内容中始终不变的量。常量的格式取决于它表示的值的数据类型。SQL Server 中的常量主要有下面几种类型。

### 1. 字符串常量

字符串常量括在单引号内，其字符可以是字母、数字或特殊字符。如果单引号中的字符串包含一个嵌入的引号，则可以使用两个单引号表示嵌入的单引号。其中空字符串用中间没有任何字符的两个单引号表示。以下是字符串的示例。

```
'I am Felix'        --单引号内的内容为一个字符串常量，此字符串内有10个字符
'Xi''an'            --此字符串中是Xi'an
''                  --此字符串中为空
```

### 2. Unicode 字符串

Unicode 字符串的格式与普通字符串相似，但它前面有一个 N 标识符（N 代表 SQL-92 标准中的区域语言）。N 前缀必须是大写字母。例如，'Tianjin' 是字符串常量而 N'Tianjin'是 Unicode 常量。对于字符数据，存储 Unicode 数据时，每个字符使用 2 字节，而不是每个字符 1 字节。

### 3. 二进制常量

二进制常量具有前缀 0x 并且是十六进制数字字符串。这些常量不使用引号括起。下面是二进制字符串的示例。

```
0xAB                --十进制174
0x1B2f              --十进制6959
```

例如，下面这段代码的运行结果为 35。

```
DECLARE @num int    --定义变量@num
SET @num= 0x23      --为变量赋值
PRINT @num          --输出变量
```

### 4. bit 常量

bit 常量使用数字 0 或 1 表示，并且不括在引号中。如果使用一个大于 1 的数字，则该数字将转换为 1。

例如，下面这段代码的运行结果为 1。

```
DECLARE @num bit
SET @num= 2
PRINT @num
```

### 5. 日期时间常量

日期时间常量也就是 DATETIME 常量，使用特定格式的字符日期值来表示，并被单引号括起来。

下面是日期常量的示例。

```
'20171207'      --其中的0不能省略，表示2017年12月7日
''12.7.2017'
'12-7-2017'
'12/7/17'
```

下面是时间常量的示例。

```
'13:28:52'
'01:28 PM'
```

**6. 整型常量**

整型常量也就是 INTEGER（INT）常量，以没有用引号括起来并且不包含小数点的数字字符串表示。整型常量必须全部为数字，不能包含小数。下面是整型常量的示例。

```
256
7569
```

**7. 定点小数常量**

定点小数常量由没有用引号括起来并且包含小数点的数字字符串表示。下面是定点小数常量的示例。

```
256.65
35.87
```

**8. 浮点小数常量**

浮点小数常量使用科学记数法表示。下面是浮点小数常量的示例。

```
256.05E3
0.75E-1
```

**9. 货币常量**

货币常量以前缀为可选的小数点和可选的货币符号的数字字符串表示。货币常量不使用引号括起来。下面是货币常量的示例。

```
¥25
¥5874.69
```

### 7.2.2 变量

变量对于一种语言来说是必不可少的组成部分，是指在内存中存储可以变化的量。为了在内存中存储数据信息，必须为变量指定名称，即变量名。Transact-SQL 允许使用两种变量：一种是用户自己定义的局部变量(Local Variable)，另一种是系统提供的全局变量(Global Variable)。

**1. 局部变量**

局部变量是用户自己定义的变量，它的作用范围在程序内部。通常只能在一个批处理中或存储过程中使用，用来存储从表中查询到的数据，或当作程序执行过程中的暂存变量使用。定义局部变量的批处理语句执行完毕，这个局部变量的生命周期也就结束了。

（1）局部变量声明

局部变量使用 DECLARE 语句定义，并且指定变量的数据类型，然后可以使用 SET 或 SELECT 语句初始化变量；局部变量必须以“@”开头，而且必须先声明后使用。其声明格式如下。

```
DECLARE   @变量名  变量类型[,@变量名  变量类型…]
```

其中变量类型可以是 SQL Server 支持的所有数据类型，但是对于局部变量，text、ntext 和 image 数据类型无效，也可以是用户自定义的数据类型。如果声明字符型的局部变量，则一定要在变量类型中指明其最大长度，否则系统认为其长度为 1。

若要声明多个局部变量，则在定义的第一个局部变量后使用一个逗号，然后指定下一个局部变量名称和数据类型。

例如，可以声明字符型局部变量@Book_name、日期型局部变量@Book_pressdate 和货币型局部变量@Book_price，其声明语句如下。

```
DECLARE @Book_name char(50),@Book_pressdate datetime,@Book_price Money
```

也可以如下声明。

```
DECLARE @Book_name char(50)
DECLARE @Book_pressdate datetime
DECLARE @Book_price money
```

（2）局部变量初始化

值得注意的是，第一次声明变量时，其值设置为 NULL。局部变量不能使用“变量=变量值”的格式进行初始化，必须使用 SELECT 或 SET 语句来设置其初始值。初始化格式如下。

```
SELECT  @局部变量=变量值
SET  @局部变量=变量值
```

其中 SELECT 在这里是给变量赋值，而不是从表中查询数据。使用 SELECT 可以为一个变量赋值，也可以同时为多个变量赋值，使用 SET 一次只能给一个变量赋值。例如：

```
DECLARE @Book_name char(50),@Book_pressdate datetime,@Book_price Money
SELECT @Book_name='网络数据库',@Book_pressdate='2017-5-1',@Book_price='23.5'
```

或如下所示。

```
DECLARE @Book_name char(50),@Book_pressdate datetime,@Book_price Money
SET @Book_name='网络数据库'
SET @Book_pressdate='2017-5-1'
SET @Book_price='23.5'
```

（3）局部变量输出

可以使用 SELECT 或 PRINT 语句来输出显示变量的值。输出格式如下。

```
PRINT  @局部变量
SELECT  @局部变量[,@局部变量……]
```

同时，SELECT 语句具有查询作用，也可以使用 SELECT 语句从数据表中查找数据并赋值给指定变量。

**【例 7-1】**从图书管理系统（Librarymanage）数据库中查找 ISBN 为 9781111206677 的图书的图书名、出版日期以及图书定价，分别赋值给@Book_name、@Book_pressdate、@Book_price 三个变量，并输出三个变量的值。

```
USE Librarymanage
GO
DECLARE @Book_name char(50),@Book_pressdate datetime,@Book_price Money
SELECT @Book_name=Book_name,
       @Book_pressdate=Book_pressdate,
       @Book_price=Book_price
```

```
FROM Bookinfo
WHERE Book_ISBN='9781111206677'
PRINT @Book_name
PRINT @Book_pressdate
PRINT @Book_price
GO
```

上述代码中的变量输出也可以使用下列方式。

```
SELECT @Book_name,@Book_pressdate,@Book_price
```

如果 SELECT 语句返回多行，则变量被设置为结果集最后一行中表达式的返回值。如上述代码中如果没有 WHERE 子句，则将 Bookinfo 表中最后一行记录的相应字段的值赋值给指定变量。

如果 SELECT 语句没有返回值，变量保留当前值。例如，在下面这段代码中，由于 Bookinfo 数据表中没有 ISBN 为 978 的图书，那么输出的结果依然为初始化结果，程序运行结果如图 7-1 所示。

```
USE Librarymanage
GO
DECLARE @Book_name char(50),@Book_pressdate datetime,@Book_price Money
SET @Book_name='网络数据库'
SET @Book_pressdate='2017-5-1'
SET @Book_price='23.5'
SELECT @Book_name=Book_name,
        @Book_pressdate=Book_pressdate,
        @Book_price=Book_price
FROM Bookinfo
WHERE Book_ISBN='978'
SELECT @Book_name,@Book_pressdate,@Book_price
GO
```

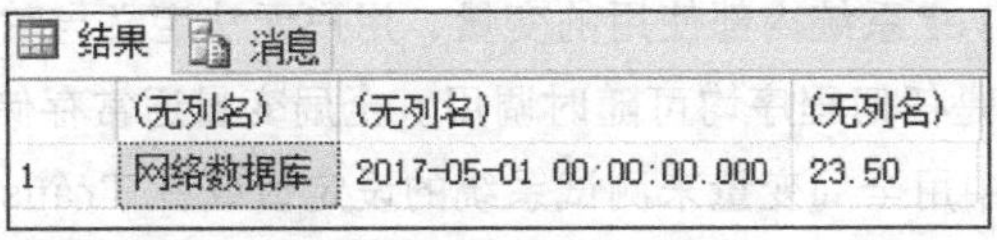


**图 7-1　变量保留初始化状态**

如果变量赋值语句中的变量值是没有返回值的子查询，则将变量设置为 NULL。例如，在下面这段代码中查找 ISBN 为 978 的图书名称，使用子查询的方式赋值，代码如下。

```
USE Librarymanage
GO
DECLARE @Book_name char(50)
SET @Book_name='网络数据库'
SET @Book_name=(SELECT Book_name FROM Bookinfo WHERE Book_ISBN='978')
PRINT @Book_name
GO
```

由于数据表中没有这本图书，子查询结果没有返回值，则@Book_name 变量的值变为 NULL。程序无任何输出。

（4）局部变量作用域

变量的作用域就是可以引用该变量的 Transact-SQL 语句的范围。变量的作用域从声明变量的地方开始到声明变量的批处理或存储过程的结尾。例如，在下面这段代码中，想要在一个批处理中引用另一个批处理中声明的变量，代码运行出错。

```
USE Librarymanage
GO
DECLARE @Book_name char(50)
SET @Book_name='网络数据库'
GO                    --批处理结果，在其声明的变量@Book_name的作用域结束
SELECT @Book_name=Book_name
FROM Bookinfo
GO
```

变量也可以作用于查询条件来完成对数据表的查询、修改和删除操作。

在下面的例 7-2 中，变量@Book_name 作用于查询条件来完成对数据的查询、修改和删除操作，其作用是整个批处理语句。

【例 7-2】定义变量@Book_name，初始化变量，从图书管理系统（Librarymanage）数据库中查找@Book_name 图书的信息。

```
USE Librarymanage
GO
DECLARE @Book_name char(50)
SET @Book_name='网络数据库高级教程'
SELECT *
FROM Bookinfo
WHERE Book_name=@Book_name
GO
```

**2. 全局变量**

全局变量是 SQL Server 系统内部使用的变量，用户无法定义与赋值。全局变量的作用范围并不局限于某一程序，而是任何程序均可随时调用。全局变量通常存储一些 SQL Serve 的配置设置值。用户可以在程序中用全局变量来测试系统的设定值或者 Transact_SQL 命令执行后的状态值。

引用全局变量时，全局变量的名字前面要有两个标记符“@@”。不能定义与全局变量同名的局部变量。全局变量以系统函数的形式使用。全局变量的符号及其功能如表 7-1 所示。

表 7-1 全局变量的符号及其功能

| 全局变量 | 功　能 |
|---|---|
| @@CONNECTIONS | 最近一次启动以来登录或试图登录的次数 |
| @@CPU_BUSY | 最近一次启动以来 CPU Server 的工作时间 |
| @@CURRSOR_ROWS | 返回在本次连接最新打开的游标中的行数 |
| @@DATEFIRST | 返回 SET DATEFIRST 参数的当前值 |
| @@DBTS | 当前数据库中 Timestamp 数据类型的当前值 |
| @@ERROR | 系统生成的最后一个错误，若为 0 则成功 |

续表

| 全局变量 | 功　能 |
|---|---|
| @@FETCH_STATUS | 最近一条 FETCH 语句的标志 |
| @@IDENTITY | 保存最近一次的插入行的标识列的列值 |
| @@IDLE | 自 CPU 服务器最近一次启动以来的累计空闲时间 |
| @@IO_BUSY | 自 CPU 服务器最近一次启动以来服务器输入/输出操作的累计时间 |
| @@LANGID | 当前使用的语言的 ID |
| @@LANGUAGE | 当前使用语言的名称 |
| @@LOCK_TIMEOUT | 返回当前锁的超时设置 |
| @@MAX_CONNECTIONS | 同时与 SQL Server 相连的最大连接数量 |
| @@MAX_PRECISION | 十进制与数据类型的精度级别 |
| @@NESTLEVEL | 当前调用存储过程的嵌套级，范围为 0～16 |
| @@OPTIONS | 返回当前 SET 选项的信息 |
| @@PACK_RECEIVED | 所读的输入包数量 |
| @@PACKET_SENT | 所写的输出包数量 |
| @@PACKET_ERRORS | 读与写数据包的错误数 |
| @@RPOCID | 当前存储过程的 ID |
| @@REMSERVER | 返回远程数据库的名称 |
| @@ROWCOUNT | 最近一次查询涉及的行数 |
| @@SERVERNAME | 本地服务器名称 |
| @@SERVICENAME | 当前运行的服务器名称 |
| @@SPID | 当前进程的 ID |
| @@TEXTSIZE | 当前最大的文本或图像数据大小 |
| @@TIMETICKS | 每一个独立的计算机报时信号的间隔(ms)数 |
| @@TOTAL_ERRORS | 读写过程中的错误数量 |
| @@TOTAL_READ | 读磁盘次数 |
| @@TOTAL_WRITE | 写磁盘次数 |
| @@TRANCOUNT | 当前用户的活动事务处理总数 |
| @@VERSION | 当前 SQL Server 的版本号 |

### 7.2.3 注释符

注释是程序代码中不执行的文本字符串（也称为备注），是程序员给代码添加的说明性文字，便于维护程序代码。注释可用于说明代码或暂时禁用正在诊断的部分 Transact-SQL 语句。注释通常用于记录程序名、作者姓名和主要代码更改的日期或变量、算法的解释说明，还可用于描述复杂的计算或解释编程方法。

SQL Server 支持两种类型的注释字符。

**1. 双连字符（--）**

此注释字符用于行注释，可与要执行的代码处在同一行，也可另起一行。从双连字符开始到行尾的内容均为注释。对于多行注释，必须在每个注释行的前面使用双连字符。例如：

```
--下面这段程序是从数据表中读取“网络数据库高级教程”的图书信息
--使用变量作为查询条件，显示图书的所有信息
--修改日期2017年5月11日
USE Librarymanage                          --打开Librarymanage数据库
GO
DECLARE @Book_name char(50)                --定义@Book_name变量
SET @Book_name='网络数据库高级教程'        --为变量初始化赋值
SELECT * FROM Bookinfo
WHERE Book_name=@Book_name
GO
```

**2. 正斜杠-星号字符（/*…*/）**

此注释字符用于多行注释，可与要执行的代码处在同一行，也可另起一行，甚至可以在可执行代码内部。开始注释对（/*）与结束注释对（*/）之间的所有内容均视为注释。对于多行注释，必须使用开始注释字符对（/*）来开始注释，并使用结束注释字符对（*/）来结束注释。例如：

```
/*下面这段程序是从数据表中读取“网络数据库高级教程”的图书信息
  使用变量作为查询条件，显示图书的所有信息
  修改日期2017年5月11日*/
USE Librarymanage                          /*打开Librarymanage数据库*/
GO
DECLARE @Book_name char(50)                /*定义@Book_name变量*/
SET @Book_name='网络数据库高级教程'        /*为变量初始化赋值*/
SELECT * FROM Bookinfo
WHERE Book_name=@Book_name
GO
```

多行/*…*/注释不能跨越批处理。整个注释必须包含在一个批处理内。例如，GO 命令标志批处理的结束，当在一行的前两字节中读到字符 GO 时，把从上一 GO 命令开始的所有代码作为一个批处理发送到服务器。如果 GO 出现在/*和*/分隔符之间的一行行首，则在每个批处理中都发送不匹配的注释分隔符，从而导致语法错误。

## 7.2.4 运算符

运算符是一种符号，用来指定要在一个或多个表达式中执行的操作。可以使用运算符进行常量与变量或者列之间的算术计算、赋值或比较操作，也可以进行字符串的连接操作等。根据操作数个数的不同，运算符可以分为二元运算符和一元运算符，其中二元运算符又包括算术运算符、赋值运算符、位运算符、比较运算符、逻辑运算符和字符串连接运算符。

**1. 算术运算符**

算术运算符主要用于数值的算术运算，是二元运算符，其操作数有两个。算术运算符包括：+

（加）、-（减）、*（乘）、/（除）、%（求余）。使用算术运算符需要注意以下几点。

（1）加减运算除了可以用于数值型数据之外，还可以用于日期时间型数据。

（2）算术运算计算结果的数据类型与操作数数据类型一致，例如，两个整数相除的结果是整数。

（3）取余运算只能用于整型数据类型。

例如：

```
DECLARE @x int,@y int,@z float,@d1 datetime,@d2 datetime,@n int
SELECT @x=2,@y=3,@d1='2017-5-1'
SET @z=@y/@x                --@z变量的值为1
SET @d2=@d1+2               --@d2变量的值为2017年5月3日
SET @n=@x%@y                --@n变量的值为2
```

**2. 赋值运算符**

Transact-SQL 中唯一的赋值运算符就是等号（=），用于给指定对象赋值，包括变量或列名。例如：

```
DECLARE @x int
SELECT @x=2
```

**3. 位运算符**

位运算符用于对整型数据或二进制数据进行按位操作，包括&（按位与）、|（按位或）、^（按位异或）。

例如：

```
DECLARE @x int,@y int,@m bit,@n bit
SELECT @x=2,@y=3,@m=0,@n=1
PRINT @x|@y                 --输入3
PRINT @m&@n                 --输出0
PRINT @n^@x                 --输出3
```

**4. 比较运算符**

比较运算符测试两个表达式是否相同。除了 text、ntext 和 image 数据类型的表达式外，比较运算符可以用于所有的表达式。比较运算符返回布尔值，要么是 TRUR，要么是 FALSE。与其他 SQL Server 数据类型不同，布尔数据类型不能被指定为表列或变量的数据类型，也不能在结果集中返回。Transact-SQL 的比较运算符如表 7-2 所示。

表 7-2 比较运算符

| 比较运算符 | 含 义 |
| --- | --- |
| = | 等于 |
| > | 大于 |
| < | 小于 |
| >= | 大于等于 |
| <= | 小于等于 |
| <> | 不等于 |
| != | 不等于（非 ISO 标准） |
| !< | 不小于（非 ISO 标准） |
| !> | 不大于（非 ISO 标准） |

### 5. 逻辑运算符

Transact-SQL 中的逻辑运算符用于对表达式进行逻辑运算。逻辑运算符和比较运算符一样，返回带有 TRUE 或 FALSE 值的布尔类型数据。表 7-3 列出了 Transact-SQL 的逻辑运算符。

表 7-3 逻辑运算符

| 逻辑运算符 | 描述 |
| --- | --- |
| ALL | 如果一系列的比较都为 TRUE，就为 TRUE |
| AND | 如果两个布尔表达式都为 TRUE，就为 TRUE |
| ANY | 如果一系列的比较中任何一个为 TRUE，就为 TRUE |
| BETWEEN…AND | 如果操作数在某个范围之内，就为 TRUE |
| EXISTS | 如果子查询包含一些行，就为 TRUE |
| IN | 如果操作数等于表达式列表中的一个，就为 TRUE |
| LIKE | 如果操作数与一种模式相匹配，就为 TRUE |
| NOT | 对任何其他布尔运算符的值取反 |
| OR | 如果两个布尔表达式中的一个为 TRUE，就为 TRUE |
| SOME | 如果在一系列比较中，有些为 TRUE，就为 TRUE。SOME 与 ANY 的功能相同 |

逻辑运算和条件运算实例如下。

```
SELECT Book_ISBN   ISBN号,Book_name   书名,Book_press   出版社
FROM Bookinfo
WHERE Book_press='人民邮电出版社' OR Book_press='科学出版社'
```

### 6. 字符串连接运算符

字符串连接运算符加号(+)用于将字符串连接起来，即将一个字符串连接到另一个字符串的末尾。例如：

```
DECLARE @x varchar(10),@y varchar(10),@z varchar(20)
SELECT @x='I am',@y='Felix'
SET @z=@x+' '+@y+'!'
PRINT @z          --输出I am Felix!
```

### 7. 一元运算符

一元运算符的操作数只有一个，Transact-SQL 中的一元运算包括：+（正号）、-（负号）、~（按位非）。其中按位非运算只能用于整型数据和二进制数据，而正负号运算可以用于任意类型数据。例如：

```
DECLARE @x float,@y float,@m int,@n int
SELECT @x=2.5,@n=-5
SET @y=-@x
SET @m=¯@n
PRINT @y          --输出-2.5
PRINT @m          --输出4
```

## 7.2.5 通配符

Transact-SQL 中使用通配符可以替代一个或多个字符，一般用于指定匹配的格式字符串。

Transact-SQL 中的通配符如表 7-4 所示。

表 7-4 SQL 中的通配符

| 通配符 | 描　述 |
|---|---|
| % | 替代任意多个任意字符 |
| _ | 仅替代一个任意字符 |
| [charlist] | 使用字符列中的任何单一字符 |
| [^charlist] | 不在字符列中的任何单一字符 |

如下代码中的格式匹配字符串用于描述作者姓名中含有“文”字。

```
SELECT Book_ISBN ISBN号,Book_name书名,Book_author作者
FROM Bookinfo
WHERE Book_author LIKE '%文%'
```

### 7.2.6 系统函数

函数对于任何程序设计语言都是非常关键的组成部分，Transact-SQL 提供了非常丰富的系统函数，包括聚合函数、配置函数、游标函数、日期和时间函数、数学函数、元数据函数、行集函数、安全函数、字符串函数、系统函数、系统统计函数、文本和图像函数。下面介绍一些比较常见的函数。

#### 1. 聚合函数

聚合函数对一组值执行计算并返回单一的值。聚合函数经常与 SELECT 语句的 GROUPBY 子句一同使用。

常用聚合函数及其功能如表 7-5 所示。

表 7-5 聚合函数及其功能

| 聚合函数 | 功　能 |
|---|---|
| AVG | 返回组中非空数值的平均值，用于数值型数据 |
| MAX | 返回表达式中的最大值，可以用于大多数数据类型 |
| MIN | 返回表达式中的最小值，可以用于大多数数据类型 |
| SUM | 返回表达式中所有非空数值的和，用于数值型数据 |
| COUNT | 返回组中非空项目的数量，返回一个整型值 |

#### 2. 日期和时间函数

日期和时间函数对日期和时间输入值执行操作，并返回一个字符串、数字值或日期和时间值。常用的日期和时间函数及其功能如表 7-6 所示。

表 7-6 日期和时间函数及其功能

| 日期和时间函数 | 功　能 |
|---|---|
| DATEADD | 在向指定日期加上一段时间的基础上，返回新的 datetime 值 |
| DATEDIFF | 返回跨两个指定日期的日期和时间边界数 |
| DATENAME | 返回代表指定日期的指定日期部分的字符串 |
| DATEPART | 返回代表指定日期的指定日期部分的整数 |

续表

| 日期和时间函数 | 功　能 |
| --- | --- |
| DAY | 返回代表指定日期的天的日期部分的整数 |
| GETDATE | 按 datetime 值的 SQL Server 标准内部格式返回当前系统日期和时间 |
| GETUTCDATE | 返回表示当前 UTC 时间（世界时间坐标或格林尼治标准时间）的 datetime 值 |
| MONTH | 返回代表指定日期月份的整数 |
| YEAR | 返回表示指定日期中的年份的整数 |

### 3. 数学函数

数学函数通常对作为参数提供的输入值执行计算，并返回一个数字值。常用的数学函数及其功能如表 7-7 所示。

表 7-7　常用的数学函数及其功能

| 数学函数 | 功　能 |
| --- | --- |
| ABS | 返回给定数字表达式的绝对值 |
| ACOS | 反余弦函数，返回以弧度表示的角度值，该角度值的余弦为给定的 float 表达式 |
| ASIN | 反正弦函数，返回以弧度表示的角度值，该角度值的正弦为给定的 float 表达式 |
| ATAN | 反正切函数，返回以弧度表示的角度值，该角度值的正切为给定的 float 表达式 |
| ATN2 | 反正切函数，返回以弧度表示的角度值，该角度值的正切介于两个给定的 float 表达式之间 |
| CEILING | 返回大于或等于所给数字表达式的最小整数 |
| COS | 返回给定表达式中给定角度（以弧度为单位）的三角余弦值 |
| COT | 返回给定 float 表达式中指定角度（以弧度为单位）的三角余切值 |
| DEGREES | 当给出以弧度为单位的角度时，返回相应的以度数为单位的角度 |
| EXP | 返回所给的 float 表达式的指数值 |
| FLOOR | 返回小于或等于所给数字表达式的最大整数 |
| LOG | 返回给定 float 表达式的自然对数 |
| LOG10 | 返回给定 float 表达式的以 10 为底的对数 |
| PI | 返回圆周率（π）的常量值 |
| POWER | 返回给定表达式乘指定次方的值 |
| RADIANS | 对于在数字表达式中输入的度数值返回弧度值 |
| RAND | 返回 0~1 的随机 float 值 |
| ROUND | 返回数字表达式并四舍五入为指定的长度或精度 |
| SIGN | 返回给定表达式的正(+1)、零(0)或负(-1)号 |
| SIN | 以近似数字(float)表达式返回给定角度（以弧度为单位）的三角正弦值 |
| SQUARE | 返回给定表达式的平方 |
| SQRT | 返回给定表达式的平方根 |
| TAN | 返回输入表达式的正切值 |

### 4. 字符串函数

字符串函数对字符串输入值执行操作，返回字符串或数字值。常用的字符串函数及其功能如表 7-8 所示。

表 7-8　常用的字符串函数及其功能

| 字符串函数 | 功　能 |
|---|---|
| ASCII | 返回字符表达式最左端字符的 ASCII 代码值 |
| CHAR | 将 int ASCII 代码转换为字符的字符串函数 |
| CHARINDEX | 返回字符串中指定表达式的起始位置 |
| LEFT | 返回从字符串左边开始指定个数的字符 |
| LEN | 返回给定字符串表达式的字符（而不是字节）个数，其中不包含尾随空格 |
| LOWER | 将大写字符数据转换为小写字符数据后返回字符表达式 |
| LTRIM | 删除起始空格后返回字符表达式 |
| NCHAR | 根据 Unicode 标准进行的定义，用给定整数代码返回 Unicode 字符 |
| REPLACE | 用第三个表达式替换第一个字符串表达式中出现的所有第二个给定字符串表达式 |
| REPLICATE | 以指定的次数重复字符表达式 |
| REVERSE | 返回字符表达式的反转 |
| RIGHT | 返回字符串中从右边开始指定个数的字符 |
| RTRIM | 截断所有尾随空格后返回一个字符串 |
| SPACE | 返回由重复的空格组成的字符串 |
| STR | 由数字数据转换来的字符数据 |
| STUFF | 删除指定长度的字符并在指定的起始点插入另一组字符 |
| SUESTRING | 返回字符、binary、text 或 image 表达式的一部分 |
| UPPER | 返回将小写字符数据转换为大写的字符表达式 |

# 7.3　流程控制

Transact-SQL 提供了一些可以用于改变语句执行顺序的命令，称为流程控制语句。流程控制语句允许用户更好地组织存储过程中的语句，方便地实现程序的功能。Transact-SQL 中的流程控制语句与常见的程序设计语言类似，主要包含顺序结构语句、选择结构语句和循环结构语句。

微课：顺序结构语句的使用

## 7.3.1　顺序结构

### 1. PRINT 语句

PRINT 语句用于向客户端返回用户定义消息。使用 PRINT 可以帮助用户排除 Transact-SQL 代码中的故障、检查数据值或生成报告。

### 2. 语句块——BEGIN…END

语句块是由多条 Transact-SQL 语句组成的代码段，从而可以执行一组 Transact-SQL 语句。BEGIN 和 END 是控制流语言的关键字，可以直接理解成 C 语言中的花括号。BEGIN…END 语句块通常包含在其他控制流程中，用来完成不同流程中有差异的代码功能。语法格式如下。

```
BEGIN
     {
     sql_statement | statement_block      --SQL语句或SQL语句块
     }
END
```

### 3. WAITFOR 延迟语句

在达到指定时间或时间间隔之前，或者指定语句至少修改或返回一行之前，阻止执行批处理、存储过程或事务。WAITFOR 语句可以悬挂批处理、存储过程或事物的执行，直到设定的等待时间已过或到达指定的时间。语法格式如下。

```
WAITFOR {DELAY <'时间'>|TIME <'时间'>}
```

参数描述：

DELAY：用来指定等待的时间间隔，最长可以为 24 小时。

TIME：用来指定等待的结束时间。

其中时间的格式为 DATETIME 类型数据可接受的格式之一。例如：

```
WAITFOR TIME '9:01'              --当系统时间到达9点01分时输出信息
PRINT '9:01到'
WAITFOR DELAY '00:00:20'         --间隔20秒后输出信息
PRINT '已等待20秒'
```

### 4. GOTO 语句

GOTO 语句的使用非常简单，定义一个跳转标签，只要 GOTO 标签名就可以。GOTO 语句因为能打乱程序的整个流程，一般在程序设计中很少使用，如果一定要使用 GOTO 关键字，最好只使用在错误处理上。语法格式如下。

```
GOTO标识符
```

其中标识符在声明时，必须在其后添加一个冒号“：”。例如，使用下面的代码实现程序循环。

```
DECLARE @sum int, @i int
SET @sum=0
SET @i=0
T:  BEGIN
            SET @sum=@sum+@i
            SET @i=@i+1
    END
IF @i<=100    GOTO T
PRINT @sum
```

## 7.3.2 选择结构

微课：选择结构语句的使用

### 1. 条件语句——IF…ELSE

IF…ELSE 语句用于在执行一组代码之前进行条件判断，根据判断的结果执行不同的代码。IF…ELSE 语句对布尔表达式进行判断，如果布尔表达式返回 TRUE，则执行 IF 关键字后面的语句块；如果布尔表达式返回 FALSE，则执行 ELSE 关键字后面的语句块。

IF…ELSE 语句的语法如下。

```
IF Boolean_expression
     { sql_statement | statement_block }
[ ELSE
     { sql_statement | statement_block } ]
```

参数描述：

Boolean_expression：返回 TRUE 或 FALSE 的表达式。如果布尔表达式中含有 SELECT 语句，

则必须用括号将 SELECT 语句括起来。

{ sql_statement | statement_block }：是任何 Transact-SQL 语句或用语句块定义的语句分组。除非使用语句块，否则 IF 或 ELSE 条件只能执行其后的一条 Transact-SQL 语句。要定义语句块，就必须使用控制流关键字 BEGIN 和 END。

**【例 7-3】**判定变量@x 是否为百分制成绩，代码如下。

```
DECLARE @x int
SET @x=65
IF @x>=0 AND @x<=100
   PRINT CONVERT(char(3),@x)+'是百分制成绩'
ELSE
   PRINT CONVERT(char(3),@x)+'不是百分制成绩'
```

**【例 7-4】**从图书管理系统（Librarymanage）数据库中根据 ISBN 查找图书，如果找到了，就显示图书信息，如果没有找到，则输出该图书不存在。

```
USE Librarymanage
GO
DECLARE @Book_ISBN varchar(30)
SET @Book_ISBN='9781111206677'
IF @Book_ISBN   IN(SELECT Book_ISBN FROM Bookinfo)
  BEGIN
    SELECT * FROM Bookinfo WHERE Book_ISBN=@Book_ISBN
  END
ELSE
  BEGIN
    PRINT 'ISBN号为'+@Book_ISBN+'的图书不存在'
  END
GO
```

在上述代码中如果@Book_ISBN 的初始值设置为'9781111206789'，则运行结果会如何呢?

### 2. CASE 语句

CASE 语句是多条件分支语句，相比 IF…ELSE 语句，CASE 语句进行多分支流程控制，使代码更加清晰，易于理解。CASE 语句根据表达式逻辑值的真假来决定执行的代码流程。

CASE 语句语法如下。

（1）格式一：

```
CASE input_expression
    WHEN when_expression THEN result_expression
    [ ...n ]
    [
      ELSE else_result_expression
    ]
END
```

参数描述：

input_expression：可以是任何有效的表达式。

when_expression：用来和 input_expression 进行比较的值，必须和 input_expression 的类型相

同或是可以隐式转化。

result_expression：当 input_expression 和此组 when_expression 相同时，计算 result_expression 并将其结果返回。

else_result_expression：所有的 when_expression 与 input_expression 都不相同时，计算 else_result_expression 并将其结果返回。

【例 7-5】判定百分制成绩@x 的等级，90 分数段为优秀，80 分数段为良好，70 分数段为中等，60 分数段为及格，60 分以下为不及格。代码如下。

```
DECLARE @x int,@grade char(6)
SET @x=65
SET @grade=CASE @x/10
    WHEN 10 THEN '优秀'
    WHEN 9 THEN '优秀'
    WHEN 8 THEN '良好'
    WHEN 7 THEN '中等'
    WHEN 6 THEN '及格'
ELSE '不及格'
END
 PRINT @grade
```

【例 7-6】在图书管理系统（Librarymanage）数据库中修改读者的最大借阅数量，教师的最大借阅数量为 15，职工的最大借阅数量为 12，学生的最大借阅数量为 8，其他人员最大借阅数量为 5。

```
USE Librarymanage
GO
UPDATE Readerinfo
SET Reader_maxborrownum=CASE Reader_type
                         WHEN '教师' THEN 15
                         WHEN '职工' THEN 12
                         WHEN '学生' THEN 8
                         ELSE 5
                       END
GO
```

（2）格式二：

```
CASE
     WHEN Boolean_expression THEN result_expression
    [ ...n ]
     [
    ELSE else_result_expression
     ]
END
```

此格式 CASE 语句的执行过程为：按照顺序逐个测试 Boolean_expression，得到某个 Boolean_expression 的值为 TRUE，计算其对应的 result_expression，并将其结果返回，CASE 语句运行结束；如果所有的 Boolean_expression 均为 FALSE，则计算 else_result_expression 并将其结果返回，如果没有 ELSE，则返回 NULL。

使用格式二，例 7-6 的代码可以描述如下。

```
USE Librarymanage
GO
UPDATE Readerinfo
SET Reader_maxborrownum=CASE
                          WHEN   Reader_type='教师' THEN 15
                          WHEN   Reader_type='职工' THEN 12
                          WHEN   Reader_type='学生' THEN 8
                          ELSE 5
                        END
GO
```

### 7.3.3 循环结构

微课：循环结构的使用

#### 1. 循环语句——WHILE

WHILE 语句根据条件重复执行一条或多条 T-SQL 代码，只要条件表达式为真，就循环执行语句。可以使用 BREAK 和 CONTINUE 关键字在循环内部控制 WHILE 循环中语句的执行。

WHILE 语句语法如下。

```
WHILE Boolean_expression
     { sql_statement | statement_block }
     [ BREAK ]
     { sql_statement | statement_block }
     [ CONTINUE ]
     { sql_statement | statement_block }
```

参数描述：

Boolean_expression：返回 TRUE 或 FALSE 的表达式。如果布尔表达式中含有 SELECT 语句，则必须用括号将 SELECT 语句括起来。

{sql_statement | statement_block}：Transact-SQL 语句或用语句块定义的语句分组。若要定义语句块，则使用控制流关键字 BEGIN 和 END。

【例 7-7】计算 1～100 的累加和，代码如下。

```
DECLARE @i int,@sum int
SELECT @i=0,@sum=0
WHILE @i<=100
  BEGIN
       SELECT @sum=@sum+@i
    SELECT @i=@i+1
   END
PRINT  '1~100累加之和是：'+CONVERT(VARCHAR(8),@sum)
PRINT
```

#### 2. BREAK 语句

BREAK 语句使程序从最内层的 WHILE 循环中退出，将执行出现在 END 关键字（循环结束的标记）后面的任何语句。

### 3. CONTINUE 语句

CONTINUE 语句使 WHILE 循环重新开始执行，忽略 CONTINUE 关键字后面的任何语句。

【例 7-8】输出 100 以内的所有素数，代码如下。

```
DECLARE @i int,@n int
SELECT @n=0
PRINT '100以内的素数有：'
WHILE @n<100
BEGIN
  SET @n=@n+1
  SET @i=2
  WHILE @i<@n
  BEGIN
    --如果为@n找到一个因子，则@n不是素数，循环WHILE @i<@n可以退出
    IF @n%@i=0 BREAK
    SET @i=@i+1
  END
  --如果为@n找到一个因子，则@n不是素数，不需要打印@n
  --即使用CONTINUE忽略PRINT @n的执行，继续下一轮循环
  IF @i<>@n CONTINUE
  PRINT @n
END
```

## 7.4 本章小结

本章主要介绍 Transact-SQL 语句，Transact-SQL 是标准的 SQL 程序设计语言的增强版，是用于程序与 SQL Server 沟通的主要语言；还介绍了 Transact-SQL 的功能以及 Transact-SQL 语句的语法结构；Transact-SQL 的编程基础，包括常量、变量的类型以及注释符、运算符、通配符等各种符号的使用方法；聚合函数、数学函数、字符函数、日期时间函数以及系统函数的使用；顺序结构、选择结构、循环结构下的不同流程控制语句，以及对三大流程控制语句的举例说明，演示了通过变量与数据表中数据交互的方式。

PART08

# 第8章 存储过程与触发器建立和使用

## 课堂学习目标

- 了解存储过程与触发器的概念
- 掌握存储过程与触发器的创建、调用和管理方法
- 能够使用存储过程与触发器解决实际问题

# 8.1 存储过程概述

前面的章节介绍了 T-SQL 语句的基础知识，通过学习可以完成数据库对象的一些基本处理，但是当面对较为复杂的数据库处理时，单一的 T-SQL 语句就不能很好地完成了。本章内容包括如何利用一系列命令和流程控制的集合："存储过程和触发器" 完成数据库处理。通过本章的学习，可以了解存储过程和触发器的基本概念，熟悉如何创建、调用、管理存储过程及触发器，为今后实际操作数据库打下良好的基础。

## 8.1.1 存储过程的概念与优点

### 1. 存储过程的概念

存储过程（Stored Procedure）类似于 C 语言中的函数，它是一组为了完成特定功能的 T-SQL 语句集合。存储过程存储在数据库内，可以有用户的应用程序，通过指定存储过程名称及相关参数来执行。

### 2. 存储过程的优点

（1）模块化的程序设计，实现代码多次调用。存储过程只需创建一次，并存储在数据库中，在以后的使用中，便可重复调用，不需要每次都重新编写。

（2）加快执行速度。如果某一操作包含大量的或者需多次执行的代码，存储过程要比 T-SQL 代码执行速度快。因为创建存储过程时，已经被分析和优化，但是对于 T-SQL 代码，每次执行时都要进行编译和优化。

（3）减少网络流量。使用存储过程，可以调用需要若干行 T-SQL 代码的操作，而不需要通过网络传送这些代码。

（4）可以作为安全机制。对用户只授予执行存储过程的权限，而不授予用户直接访问相应表的权限，这样既保证了用户操作数据库中的数据，又限制用户访问相应的表，保证了数据的安全。

## 8.1.2 存储过程的分类

### 1. 系统存储过程

系统存储过程是一组预编的 T-SQL 语句，提供了管理数据库和更新表的功能，系统存储过程位于 master 数据库和 msdb 数据库，并且所有的存储过程的名称均为 sp_*形式。

### 2. 用户定义的存储过程

用户定义的存储过程由用户创建并能完成某种特定功能，其中又分为以下几种。

（1）T-SQL 存储过程：是指保存的 T-SQL 语句集合，可以接受和返回用户提出的参数。

（2）CLR 存储过程：是指对 Microsoft.NET Framework 公共语言运行时方法的引用，可以接受和返回用户提供的参数。在.NET Framework 程序集中作为类的公共静态方法实现。

注意

本章主要介绍用户定义的存储过程。

### 3. 扩展存储过程

扩展存储过程是 SQL Server 实例可以动态加载和运行的 DLL。扩展存储过程是使用 SQL Server 扩展存储过程 API 编写的，可直接在 SQL Server 实例的地址空间中运行。

微课：创建和执行存储过程

# 8.2 创建与执行存储过程

SQL Server 2014 数据库系统为存储过程的使用提供了大量的服务，在这里创建和执行存储过程都有其固定的步骤和语法。

## 8.2.1 使用可视化界面创建存储过程

**【例 8-1】**为数据库 Librarymanage 创建一个存储过程，存储过程名称为 Booksearch，该存储过程在 Bookinfo 中查询书籍“数据库”的具体情况。

（1）打开“对象资源管理器”，单击展开“数据库→Librarymanage→可编程性”节点，选择“存储过程”节点，单击右键，在弹出的菜单中选择“新建存储过程”命令，如图 8-1 所示。

（2）在“查询编辑器”中出现存储过程的编程模板，在模板上编写 T-SQL 代码，创建存储过程，如图 8-2 所示。

（3）单击“执行”按钮，运行成功后，在“对象资源管理器”窗口，用鼠标右键单击“存储过程”节点，再单击“刷新”按钮，然后展开“存储过程”节点，可以看到新建的存储过程 Booksearch。

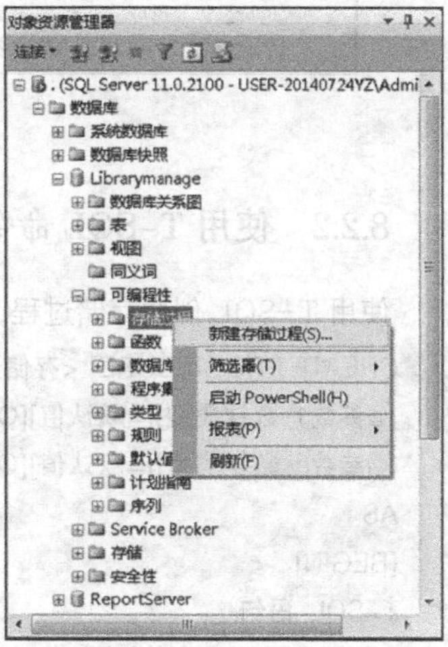


图 8-1 新建存储过程

```
-- =============================================
-- Author:        <Author,,Name>
-- Create date: <Create Date,,>
-- Description: <Description,,>
-- =============================================
CREATE PROCEDURE Booksearch
    -- Add the parameters for the stored procedure here

AS
BEGIN
    -- SET NOCOUNT ON added to prevent extra result sets from
    -- interfering with SELECT statements.
    SET NOCOUNT ON;

    -- Insert statements for procedure here
    select *
    from Bookinfo
    where Book_name='数据库'
END
GO
```

图 8-2 使用模板创建存储过程

（4）创建完新的存储过程，在“对象资源管理器”窗口，用鼠标右键单击已创建的存储过程

dbo.Booksearch，在弹出的菜单中单击“执行存储过程”命令，如图 8-3 所示。

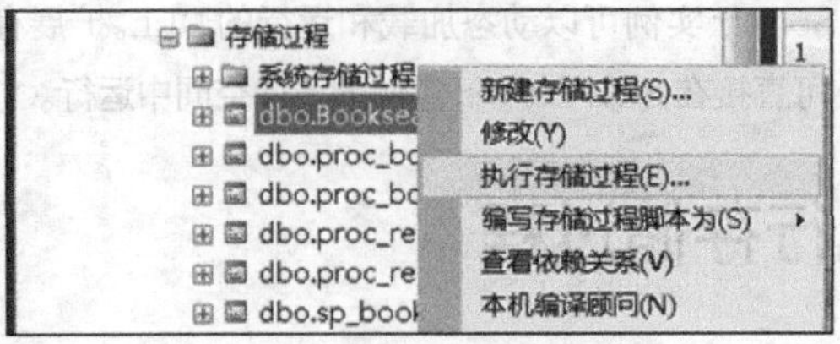


图 8-3　执行存储过程

（5）弹出“执行过程”对话框，单击“确定”按钮，如图 8-4 所示。

结果　消息

| | Book_ID | Book_ISBN | Book_name | Book_type | Book_author | Book_press | Book_pressdate | Book_pric |
|---|---|---|---|---|---|---|---|---|
| 1 | 00000001 | 9781111206677 | 数据库 | 数据库设计 | 李红 | 科学出版社 | 2009-09-02 00:00:00.000 | 68.00 |

图 8-4　调用存储过程结果

### 8.2.2　使用 T-SQL 命令创建与执行存储过程

使用 T-SQL 创建存储过程，其语法如下。

```
CREATE PROC[EDURE] <存储过程名>
{@参数1 数据类型}[=默认值][OUTPUT], …
{@参数n 数据类型}[=默认值][OUTPUT]
AS
[BEGIN]
T-SQL 语句
[END]
```

使用 T-SQL 语句调用存储过程，语法如下。

```
EXEC <存储过程名称>
[参数表]
```

### 8.2.3　使用 T-SQL 命令创建与执行无参数存储过程

【例 8-2】为数据库 Librarymanage 创建一个存储过程 sp_bookquantity，该存储过程在 Bookinfo 表中查询剩余数量少于 5 的书籍的编号、书名、作者、出版社、价格和剩余数量。

单击“新建查询”按钮，在“查询编辑器”中输入以下代码。

```
USE Librarymanage
GO
CREATE PROCEDURE sp_bookquantity
AS
BEGIN
  SELECT Book_ID,Book_name,Book_author,Book_press,Book_price,Book_quantity
  FROM Bookinfo
  WHERE Book_quantity<5
END
```

单击“执行”按钮，即创建了存储过程 sp_bookquantity。

如需调用此存储过程，则执行以下代码。

```
EXEC sp_bookquantity
```

执行结果如图 8-5 所示。

| | Book_ID | Book_name | Book_author | Book_press | Book_price | Book_quantity |
|---|---|---|---|---|---|---|
| 1 | 00000001 | 数据库 | 李红 | 科学出版社 | 68.00 | 2 |
| 2 | 10201001 | FLASH程序设计 | 吴刚 | 清华大学出版社 | 26.00 | 2 |
| 3 | 10201005 | 操作系统 | 吴玉华 | 科学出版社 | 35.00 | 1 |
| 4 | 10201067 | JAVA程序设计 | 马文霞 | 机械出版社 | 35.20 | 1 |
| 5 | 10301004 | 多媒体技术与应用 | 李红 | 电子工业出版社 | 38.00 | 1 |
| 6 | 10301012 | 计算机应用基础 | 马玉兰 | 机械出版社 | 38.50 | 1 |
| 7 | 10301022 | 计算机组成原理 | 吴进军 | 电子工业出版社 | 33.00 | 1 |
| 8 | 10302001 | 计算机网络实训教程 | 赵建军 | 中国水利出版社 | 39.00 | 3 |
| 9 | 10303010 | 软件人机界面设计 | 陈康建 | 高等教育出版社 | 21.00 | 2 |
| 10 | 10305010 | UML及建模 | 郭雯 | 清华大学出版社 | 45.00 | 1 |
| 11 | 10305011 | UML使用手册 | 刘强 | 天津大学出版社 | 25.00 | 3 |
| 12 | 10401022 | SQL基础教程 | 董煜 | 科学出版社 | 48.00 | 3 |
| 13 | 10411001 | 计算机原理与实验 | 徐晓勇 | 科学出版社 | 52.00 | 3 |

图 8-5　例 8-2 执行结果

### 8.2.4　使用 T-SQL 命令创建与执行带有输入参数的存储过程

通常在存储过程中设置输入参数，通过参数的传递，查询需要的信息。

**【例 8-3】**为数据库 Librarymanage 创建一个存储过程 proc_bookname，该存储过程根据使用者输入的书名在 Bookinfo 表中查询书籍的书名、作者、出版社和价格。

单击“新建查询”按钮，在“查询编辑器”中输入以下代码。

```
USE Librarymanage
GO
CREATE PROCEDURE   proc_bookname   @bookname   NVARCHAR(50)
AS
BEGIN
SELECT Book_name, Book_author,Book_press,Book_price
FROM Bookinfo
WHERE Book_name = @bookname
END
```

单击“执行”按钮，即创建了存储过程 proc_bookname，调用存储过程，执行以下代码，查询书名为“数据库”的书籍的情况。

```
EXEC proc_bookname   '数据库'
```

执行完毕后，显示的结果如图 8-6 所示。

| | Book_name | Book_author | Book_press | Book_price |
|---|---|---|---|---|
| 1 | 数据库 | 李红 | 科学出版社 | 68.00 |

图 8-6　例 8-3 执行结果

还可以使用含有默认参数的存储过程。在存储过程中设置参数并赋予初值，在调用参数时如果对

参数赋值，则显示结果为赋值后的存储过程，如果在调用时没有对参数赋值，则显示结果为设置参数为初值的存储过程。

【例 8-4】为数据库 Librarymanage 创建一个存储过程 proc_bookpress，该存储过程根据使用者输入的出版社名在 Bookinfo 表中查询书籍的编号、书名、类型、作者、出版社和价格等信息，不输入书名时，查询“清华大学出版社”出版书籍的信息。

单击“新建查询”按钮，在“查询编辑器”中输入以下代码。

```
USE Librarymanage
GO
CREATE PROCEDURE    proc_bookpress
@PRESS NVARCHAR(50)='清华大学出版社'
AS
BEGIN
SELECT    Book_ID,Book_name,Book_type,Book_author,Book_press,Book_price
FROM    Bookinfo
WHERE    Book_press=@PRESS
END
```

单击“执行”按钮，即创建了存储过程 proc_bookpress。

调用存储过程，在不输入书名时，执行以下代码。

```
EXEC proc_bookpress
```

执行完毕后，显示的结果如图 8-7 所示。

结果 | 消息

| | Book_ID | Book_name | Book_type | Book_author | Book_press | Book_price |
|---|---|---|---|---|---|---|
| 1 | 10201001 | FLASH程序设计 | 动画设计 | 吴刚 | 清华大学出版社 | 26.00 |
| 2 | 10305010 | UML及建模 | 程序语言 | 郭雯 | 清华大学出版社 | 45.00 |
| 3 | 13020889 | C语言程序设计 | 程序语言 | 李敏 | 清华大学出版社 | 36.00 |

图 8-7　例 8-4 执行结果

调用存储过程，查询科学出版社出版的书籍，执行以下代码。

```
EXEC proc_bookpress    '科学出版社'
```

执行完毕后，显示的结果如图 8-8 所示。

结果 | 消息

| | Book_ID | Book_name | Book_type | Book_author | Book_press | Book_price |
|---|---|---|---|---|---|---|
| 1 | 00000001 | 数据库 | 数据库设计 | 李红 | 科学出版社 | 68.00 |
| 2 | 13332245 | VC程序设计实训教程 | 程序语言 | 吴华健 | 科学出版社 | 35.00 |
| 3 | 10201005 | 操作系统 | 系统设计 | 吴玉华 | 科学出版社 | 35.00 |
| 4 | 10401022 | SQL基础教程 | 数据库设计 | 董煜 | 科学出版社 | 48.00 |
| 5 | 10411001 | 计算机原理与实验 | 系统设计 | 徐晓勇 | 科学出版社 | 52.00 |

图 8-8　执行结果

### 8.2.5　使用 T-SQL 命令创建与执行带有输出参数的存储过程

在调用存储过程后，需要返回值时，可以使用带输出参数的存储过程。

【例 8-5】为数据库 Librarymanage 创建一个存储过程 proc_readerdepartment，该存储过程根据用户输入的读者号，显示读者单位和姓名。

单击“新建查询”按钮，在“查询编辑器”中输入以下代码。

```
USE Librarymanage
GO
CREATE   PROCEDURE   proc_readerdepartment
@ReaderID NVARCHAR(8),
@Readername NVARCHAR(30)   OUTPUT,
@Readerdepartment NVARCHAR(50)   OUTPUT
AS
SELECT @Readername=Reader_name, @Readerdepartment=Reader_department
FROM Readerinfo
WHERE Reader_ID=@ReaderID
```

单击“执行”按钮，即创建了存储过程 proc_readerdepartment，调用存储过程，执行以下代码，查询书名为“数据库”的书籍的情况。

```
declare @RID NVARCHAR(8),@Readername NVARCHAR(30) ,@Readerdepartment NVARCHAR(50)
set @RID=12010101
exec proc_readerdepartment @RID,@Readername=@Readername output,
     @Readerdepartment=@Readerdepartment output
print '借书证号为'+@RID+'的员工为'+@Readerdepartment+@Readername
```

执行完毕后，显示的结果如图 8-9 所示。

| 消息 |
| --- |
| 借书证号为12010101的员工为软件系张三 |

图 8-9　例 8-5 执行结果

# 8.3　维护存储过程

微课：存储过程的管理

维护 SQL Server 2014 数据库系统的存储过程包括查看、修改和删除存储过程。维护存储过程又有使用 SSMS 和使用 T-SQL 命令两种方式。

## 8.3.1　使用 T-SQL 命令查看存储过程

创建存储过程后，可以通过 SQL Server 2014 提供的系统存储过程 sp_helptext 来查看创建的存储过程信息，代码的格式如下。

```
sp_helptext   存储过程的名称
```

【例 8-6】查看数据库 Librarymanage 中存储过程 Booksearch 的信息。

在“查询编辑器”中输入以下代码。

```
sp_helptext Booksearch
```

单击“执行”按钮，执行结果如图 8-10 所示。

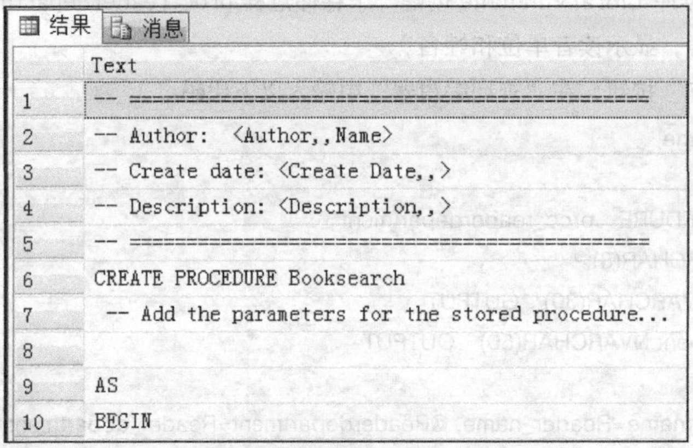


图 8-10 查看存储过程 Booksearch

### 8.3.2 使用 T-SQL 命令修改存储过程

需要更改存储过程的代码时，可以删除该存储过程，然后继续重新创建存储过程，但是删除后重新创建的存储过程的相关权限丢失。如果选择直接修改该存储过程，该存储过程代码将被修改，但是权限依然保留。修改存储过程使用 ALTER PROCEDURE 命令，代码格式如下。

```
ALTER   PROC[EDURE] <存储过程名>
{@参数1 数据类型}[=默认值][OUTPUT], …
{@参数n 数据类型}[=默认值][OUTPUT]
AS
[BEGIN]
    T-SQL 语句
[END]
```

可以看出修改存储过程与创建存储过程基本一样，只是关键字变为 ALTER。

**【例 8-7】**修改数据库 Librarymanage 的存储过程 sp_bookquantity，使该存储过程在 Bookinfo 表中查询剩余数量少于 2 的书籍的编号、书名、作者、出版社、价格和剩余数量。

在“查询编辑器”中输入以下代码。

```
USE StuInfo
GO
ALTER PROCEDURE [dbo].[sp_bookquantity]
AS
BEGIN
  SELECT Book_ID,Book_name,Book_author,Book_press,Book_price,Book_quantity
  FROM Bookinfo
  WHERE Book_quantity<2
END
```

修改完毕，单击“执行”按钮，执行以下代码查看修改结果。

```
EXEC sp_bookquantity
```

执行结果如图 8-11 所示。

| | Book_ID | Book_name | Book_author | Book_press | Book_price | Book_quantity |
|---|---|---|---|---|---|---|
| 1 | 10201005 | 操作系统 | 吴玉华 | 科学出版社 | 35.00 | 1 |
| 2 | 10201067 | JAVA程序设计 | 马文霞 | 机械出版社 | 35.20 | 1 |
| 3 | 10301004 | 多媒体技术与应用 | 李红 | 电子工业出版社 | 38.00 | 1 |
| 4 | 10301012 | 计算机应用基础 | 马玉兰 | 机械出版社 | 38.50 | 1 |
| 5 | 10301022 | 计算机组成原理 | 吴进军 | 电子工业出版社 | 33.00 | 1 |
| 6 | 10305010 | UML及建模 | 郭雯 | 清华大学出版社 | 45.00 | 1 |
| 7 | 13020889 | C语言程序设计 | 李敏 | 清华大学出版社 | 36.00 | 1 |

图 8-11　修改后存储过程的执行结果

### 8.3.3　使用 T-SQL 命令删除存储过程

删除存储过程使用 DROP PROCEDURE 完成，代码格式如下。

```
DROP PROC[EDURE] <存储过程名>
```

【例 8-8】删除数据库 Librarymanage 的存储过程 sp_bookquantity。

```
DROP PROC sp_bookquantity
```

### 8.3.4　使用可视化界面查看、修改和删除存储过程

使用 SSMS 查看/修改/删除存储过程的方法基本类似。打开“对象资源管理器”，展开“数据库→Librarymanage→可编程性→存储过程”节点，选择需要管理的存储过程，单击鼠标右键，在弹出的菜单中选择相应的命令，对存储器进行管理，如图 8-12 所示。

图 8-12　使用可视化界面删除存储过程

## 8.4　触发器概述

触发器是特殊的存储过程，是 SQL Server 2014 数据库系统的重要组成部分，是提供给程序员

和数据分析员来保证数据完整性的一种方法。

### 8.4.1 触发器的概念与作用

触发器是一种特殊的存储过程，其中可以包含复杂的 T-SQL 语句。触发器与存储过程的不同之处在于，触发器的执行不是用 EXEC 主动调用，而是在满足一定条件下自动执行，并且不含参数。

SQL Server 提供约束和触发器两种主要机制来强制使用业务规则和数据完整性。

前面已经介绍了约束，对于触发器来说，通常在触发器内编写自动执行的程序，当所保护的数据经过操作出现变化或者发生数据定义时，系统将自动运行触发器中的程序来保证数据库的完整性。

### 8.4.2 触发器的优点与分类

**1. 触发器的优点**

触发器有以下优点。

（1）触发器是自动执行。

（2）触发器比约束更能实现复杂的完整性要求，因为触发器可以引用其他表中的列，同时触发器可以完成逻辑判断功能。

（3）触发器可以防止 INSERT、DELETE、UPDATE 的错误操作。

**2. 触发器的分类**

（1）DML 触发器

DML 触发器在服务器或数据库发生数据操作语言(DML)事件时启用，DML 事件在用户对表进行插入（INSERT）、修改（UPDATE）和删除（DELETE）操作时会自动运行。根据触发器执行的时机可分为 AFTER 触发器和 INSTEAD OF 触发器。AFTER 触发器是在对数据表执行了 INSERT、UPDATE 或 DELETE 命令之后，才被激活的触发器。如对某张数据表中的数据完成了更新操作，此时，定义在该表上的 AFTER 触发器要被执行。可见，AFTER 触发器是在定义该触发器的数据表的所有约束都被成功处理之后才被触发。而 INSTEAD OF 触发器可以代替触发动作进行激发，当对数据表进行 INSERT、UPDATE 或 DELETE 操作时，系统不是直接对表执行这些操作，而是触发 INSTEAD OF 触发器，让触发器检查所进行的操作是否正确，如果正确才进行相应的操作。

注意

AFTER 触发器只能在表上定义，不能在视图上定义。INSTEAD OF 触发器可以在表上和视图上定义。

（2）DDL 触发器

DDL 触发器在服务器或数据库发生数据定义语言（DDL）事件时启用。DDL 触发器不会针对视图或表中的 INSERT、UPDATE 或 DELETE 语句而执行。它们会为了响应各种数据定义语言（DDL）事件而激活，这些事件是以关键字 CREATE、ALTER 和 DROP 开头的 T-SQL 语句。

（3）登录触发器

登录触发器是由登录（LOGON）事件激发的触发器，与 SQL Server 实例建立用户会话时将引发该事件。登录触发器将在登录的身份验证阶段完成之后，用户会话实际建立之前激发，用于控制数据库服务器的安全性。

微课：创建和执行触发器

# 8.5 创建触发器

SQL Server 2014 数据库系统为触发器的使用提供了大量的服务，在这里创建和执行触发器都有其固定的步骤和语法。

## 8.5.1 使用 SSMS 创建 DML 触发器

【例 8-9】为数据库 Librarymanage 中的 Bookinfo 表创建触发器“tri_Bookdeleted”。执行 DELETE 操作时，触发器会显示“被删除图书总本数”和“被删除图书价格”。

（1）打开“对象资源管理器”，展开“数据库→Librarymanage→表→Bookinfo”节点，选择“触发器”节点，单击鼠标右键，在弹出菜单中选择“新建触发器”命令，如图 8-13 所示。

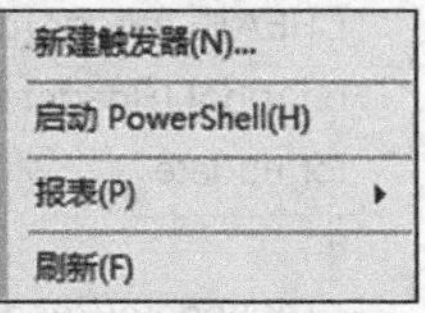


图 8-13　新建触发器

根据模板编写代码如下。

```
Create trigger [dbo].[tri_Bookdeleted]
on [dbo].[Bookinfo]
for delete
as
select sum(deleted.Book_quantity) as '被删除图书总本数',
        sum(deleted.Book_price) as '被删除图书价格'
from deleted
```

（2）单击“执行”按钮，即创建了触发器 tri_Bookdeleted，如图 8-14 所示。

测试触发器，执行以下代码。

```
delete Bookinfo
where Book_ID=00000005
```

执行的结果如图 8-15 所示。

图 8-14　创建触发器 tri_Bookdeleted

图 8-15　例 8-9 执行结果

## 8.5.2 使用 T-SQL 创建 DML 触发器

使用 T-SQL 创建触发器的语法如下。

```
CREATE TRIGGER<触发器名称>
ON<表名称|视图名称>
```

```
AFTER|INSTEAD OF
[UPDATE][,][INSERT][,][DELETE]
AS
[BEGIN]
T_SQL语言
[END]
```

【例 8-10】为数据库 Librarymanage 中的 readerinfo 表，执行 UPDATE 操作的触发器，触发器名称为 tri_readerupdate，当更新一名读者电话信息时，显示读者姓名、原电话号码和新电话号码。

在“查询编辑器”中输入以下代码。

```
CREATE trigger [dbo].[tri_readerupdate]
on [dbo].[Readerinfo]
for update
as
   if update(Reader_telephone)
   begin
   select inserted.Reader_name,inserted.Reader_telephone as new_Readertelephone,
      deleted.Reader_telephone as old_Readertelephone
      from inserted,deleted
      where inserted.Reader_ID=deleted.Reader_ID
   end
```

单击“执行”按钮，即创建了触发器“tri_readerupdate”，测试触发器，执行以下代码：

```
update Readerinfo
set Reader_telephone=11111111
where Reader_ID=12010101
```

执行的结果如图 8-16 所示。

结果 | 消息

| | Reader_name | new_Readertelep... | old_Readertelep... |
|---|---|---|---|
| 1 | 张三 | 11111111 | 84536785 |

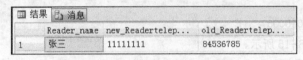

图 8-16 例 8-10 执行结果

## 8.5.3 使用 T-SQL 创建 DDL 触发器

【例 8-11】为数据库 Librarymanage 中的 Bookinfo 表创建 DDL 触发器 Protect1 来防止服务器中的任何一个数据库被删除，同时提示“禁止删除表!”。

在查询编辑器中输入以下代码。

```
CREATE TRIGGER Protect1
ON ALL SERVER
FOR DROP_TABLE
AS
BEGIN
PRINT'禁止删除表！'
ROLLBACK
--回滚操作
END
```

单击“执行”按钮，即创建了触发器 Protect1，测试触发器，执行以下代码。

```
DROP  TABLE  Bookinfo
```

执行的结果如图 8-17 所示。

```
消息
禁止删除表！
消息 3609，级别 16，状态 2，第 19 行
事务在触发器中结束。批处理已中止。
```

图 8-17　例 8-11 执行结果

微课：触发器的管理

# 8.6 维护触发器

维护 SQL Server 2014 数据库系统的触发器包括查看、修改和删除存储过程。在维护的过程中可以使用 SSMS 和 T-SQL 命令两种方式。

## 8.6.1 使用可视化界面修改触发器

打开“对象资源管理器”，展开“数据库→Librarymanage→表→Bookinfo”节点，选择“触发器”节点，用鼠标右键单击要修改的触发器，弹出菜单如图 8-18 所示。

选择“修改”命令，在弹出的“查询编辑器”中可以修改触发器，如图 8-19 所示。

图 8-18　利用 SSMS 管理触发器

```
USE [Librarymanage]
GO
/****** Object:  Trigger [dbo].[tri_Bookdeleted]    Scrip
SET ANSI_NULLS ON
GO
SET QUOTED_IDENTIFIER ON
GO
ALTER trigger [dbo].[tri_Bookdeleted]
on [dbo].[Bookinfo]
for delete
as
select sum(deleted.Book_quantity) as '被删除图书总本数',
       sum(deleted.Book_price) as '被删除图书价格'
from deleted
```

图 8-19　修改触发器

通过菜单栏可以选择查看、修改、删除触发器和禁止与启动触发器等命令，进行相应的操作。

## 8.6.2 使用 T-SQL 命令修改触发器

利用 ALTER TRIGGER 语句修改 DML 触发器，其语法如下。

```
ALTER TRIGGER<触发器名称>
ON<表名称|视图名称>
AFTER|INSTEAD OF
[UPDATE][,][INSERT][,][DELETE]
AS
[BEGIN]
T_SQL语言
[END]
```

利用 ALTER TRIGGER 语句修改 DDL 触发器，其语法如下。

```
ALTER TRIGGER<触发器的名称>
ON<ALL SERVER|DATABASE>
[WITH ENCRYPTION]
<FOR|AFTER><事件类型或事件组>
AS
[BEGIN]
T_SQL语言
[END]
```

可见，利用 ALTER TRIGGER 语句修改 DML 触发器、DDL 触发器的语法与创建触发器的语法类似，可以参见创建触发器的方法。

### 8.6.3 使用 T-SQL 命令查看触发器

查看触发器的定义文本，语法如下。

```
EXEC    SP_helptext    <触发器名称>
```

【例 8-12】查看触发器“tri_Bookdeleted”定义文本。

在“查询编辑器”中输入以下代码。

```
EXEC    SP_helptext    tri_Bookdeleted
```

执行后，显示结果如图 8-20 所示。

| | Text |
|---|---|
| 1 | CREATE trigger [dbo].[tri_Bookdeleted] |
| 2 | on [dbo].[Bookinfo] |
| 3 | for delete |
| 4 | as |
| 5 | select sum(deleted.Book_quantity) as '被删除图书总本数', |
| 6 | sum(deleted.Book_price) as '被删除图书价格' |
| 7 | from deleted |

图 8-20 触发器的定义文本

### 8.6.4 使用 T-SQL 命令删除触发器

**1. 删除触发器**

删除触发器的语法如下。

```
DROP TRIGGER<触发器的名称>
```

**2. 禁用与启用触发器**

当暂时不需要某个触发器时，可以将其禁用。禁用触发器的语法如下。

```
DISABLE    TRIGGER 触发器名称 ON 对象名|DATABASE|ALL SERVER
```

启用触发器的语法如下。

```
ENABLE    TRIGGER 触发器名称 ON 对象名|DATABASE|ALL SERVER
```

## 8.7 本章小结

本章主要讲解存储过程及触发器的基本概念和具体使用方法。通过本章学习，应该了解和掌握如下知识。

（1）了解存储过程的基本概念、优点及分类。

（2）掌握存储过程的创建及管理方法，能够熟练使用 SSMS 和 T-SQL 语句，其中包括：无参存储过程，输入参数存储过程（常量传值的调用方法、变量传值的调用方法）、使用默认参数存储过程，输出（OUTPUT）参数的存储过程，查看、修改、删除存储过程。

（3）了解触发器的基本概念、优点及分类。了解 DML、DDL 和登录触发器的原理。

（4）掌握触发器的创建及管理方法，能够熟练使用 SSMS 和 T-SQL 语句，创建 DML 触发器（AFTER 或 INSTEAD OF 的 INSERT、UPDATE 或 DELETE 触发器）和 DDL 触发器（服务器作用域和数据库作用域触发器），查看、修改、删除、启用、禁用触发器等操作。

PART 09

# 第9章 SQL Server 2014深度开发

## 课堂学习目标

- 掌握创建与使用自定义数据类型
- 理解用户自定义函数的优点和类型
- 掌握创建与使用用户自定义函数
- 理解事务的概念、特点及类型
- 掌握创建并执行事务的操作
- 了解游标的定义、分类与执行顺序
- 理解创建并使用游标的操作
- 掌握锁的概念、分类及死锁形成的条件

# 9.1 用户自定义数据类型

用户自定义数据类型并不能视为是 SQL Server 2014 数据库系统中真正的数据类型，它只是为了满足用户在某一操作过程中对某种数据类型的需求，但基本数据类型又不能满足其需要，而以基本数据类型为基础，用户定义对应数据类型的一种操作。

## 9.1.1 使用自定义数据类型的缘由

使用用户自定义数据类型最重要的原因就是，满足用户在实践操作中对某一数据类型的使用需要。由于自定义的数据类型不是数据库系统中真正的数据类型，所以，它的本质是提供一种对数据库内部元素与基本数据类型之间保持一致性的加强机制。使用用户自定义数据类型，可以极大简化管理默认值及各种规则的操作。

微课：利用 SSMS 创建与使用自定义数据类型

通常，在 SQL Server 2014 数据库系统中可以通过可视化界面和 T-SQL 语句两种方式创建并使用用户自定义数据类型。

## 9.1.2 使用可视化界面创建与使用自定义数据类型

在图书管理系统数据库 Librarymanage 中，创建一个用户自定义的数据类型 youbian，用于存储邮政编码的信息。具体的数据类型为 char，其长度为 6。利用可视化界面创建 youbian 用户自定义数据类型，并且修改职员信息表 Clerkinfo 的表结构，为职员信息增添一个邮政编码的字段。

（1）单击“开始”菜单，选择“所有程序”→Microsoft SQL Server 2014→SQL Server 2014 Management Studio 命令，启动 SQL Server 2014 集成开发环境，如图 9-1 所示。

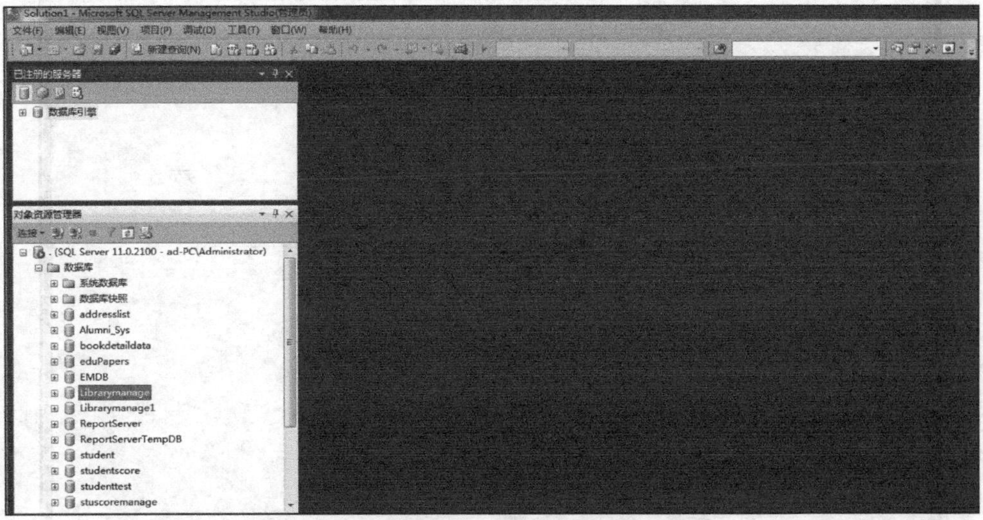


图 9-1　启动 SQL Server 2014 集成开发环境

（2）打开 SQL Server 2014 对象资源管理器，依次展开“数据库”→Librarymanage→可编程性→“类型”节点。

（3）将“类型”节点展开，选择“用户自定义数据类型”，单击鼠标右键，在弹出的快捷菜单中选择“新建用户定义数据类型”，如图 9-2 所示。

图 9-2　选择“新建用户定义数据类型”命令

（4）打开“新建用户定义数据类型”窗口，在“名称”文本框中输入新建数据类型的名称 youbian，在“数据类型”中选择 char，在“长度”文本框中输入 6，选中“允许 NULL 值”复选框，如图 9-3 所示。

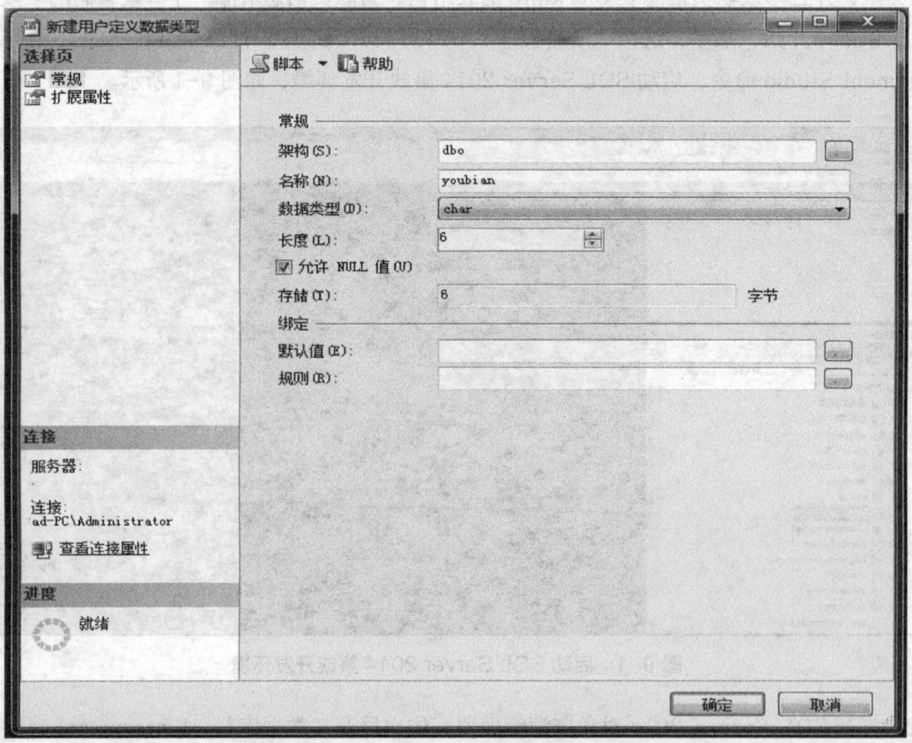


图 9-3　“新建用户定义数据类型”窗口

（5）单击“确定”按钮，即可完成用户自定义数据类型的创建。

（6）在 SQL Server 2014 对象资源管理器中，找到“表”节点下一级的 Clerkinfo 数据表节点，并将其选中，单击鼠标右键，在弹出的快捷菜单中选择“设计”命令，打开 Clerkinfo 职员信息表结构。在该数据表最后一行内容的下面单击，输入“列名”的具体内容为 Clerk_postcode，“数据类型”选择新创建的 youbian:char(6)，选中“允许 Null 值”复选框，如图 9-4 所示。

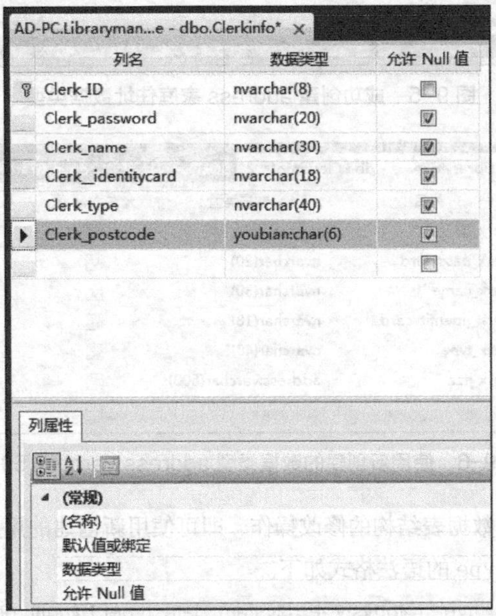


图 9-4　使用新创建的数据类型 youbian:char(6)

（7）保存对 Clerkinfo 数据表结构的修改操作，即可使用新创建的用户自定义数据类型。

微课：利用 T-SQL 创建与使用自定义数据类型

### 9.1.3　使用 T-SQL 命令创建与使用自定义数据类型

在图书管理系统数据库 Librarymanage 中，创建一个用户自定义数据类型 address，用于存储家庭住址的信息。具体的数据类型为 varchar，其长度为 500。借助系统提供的存储过程 sp_addtype，创建用户自定义数据类型，并且为职员信息表 Clerkinfo 添加一个家庭住址的字段。

（1）启动 SQL Server 2014 集成开发环境，单击常用工具栏上的“新建查询”按钮，打开 T-SQL 语句的编辑窗口，输入如下 T-SQL 代码。

```
use Librarymanage
EXEC sp_addtype address,'varchar(500)','not null'
```

（2）单击常用工具栏上的“分析”按钮，检查输入的 T-SQL 语句是否具有语法错误，如果没有错误，单击常用工具栏上的“执行”按钮 ! 执行(X)，执行输入的 T-SQL 语句，添加用户自定义数据类型 address，如图 9-5 所示。

（3）在 SQL Server 2014 对象资源管理器中，找到“表”节点下一级的 Clerkinfo 数据表节点，并将其选中，单击鼠标右键，在弹出的快捷菜单中选择“设计”命令，打开 Clerkinfo 职员信息表结构。在该数据表的最后一行内容的下面单击，输入“列名”的具体内容为 Clerk_jtzz，“数据类型”选择新创建的 address:varchar(500)；不要选择“允许 Null 值”复选框，如图 9-6 所示。

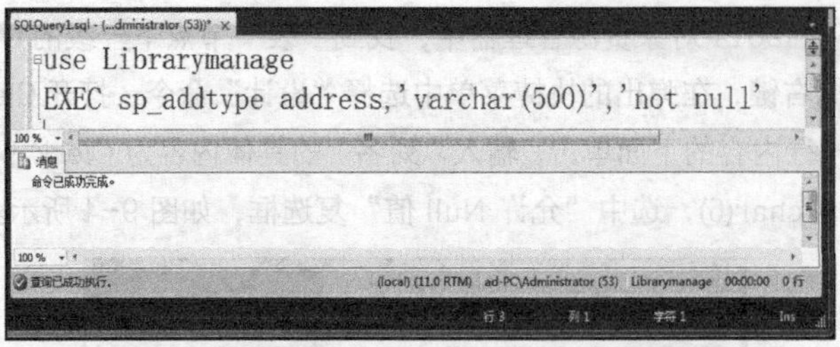


图 9-5　成功创建 address 家庭住址数据类型

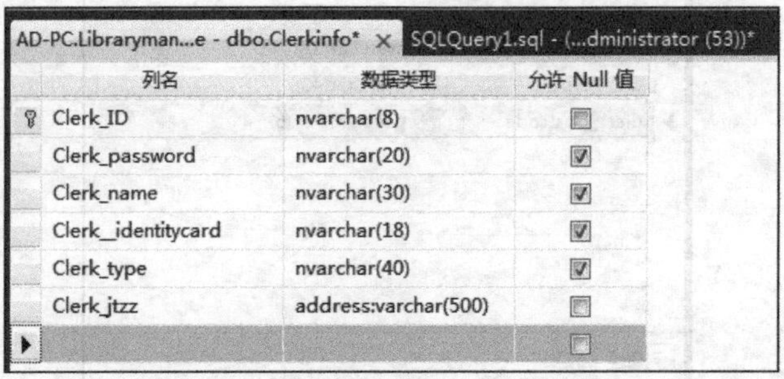


图 9-6　使用新创建的数据类型 address:varchar(500)

（4）保存对 Clerkinfo 数据表结构的修改操作，即可使用新创建的用户自定义数据类型。

系统存储过程 sp_addtype 的语法格式如下。

```
sp_addtype [@typename=]type,[@phystype=]system_data_type[,[@nulltype=]
'null_type'][,[@owner=]'owner_name']
```

相关参数的说明如下。

[@typename=]type：用于指定用户自定义数据类型的名称，该名称的格式要遵循标识符的命名规则，并且在数据库系统中不能存在重名的数据类型。

[@phystype=]system_data_type：用于指定用户自定义数据类型依赖的系统基本数据类型。

[@nulltype=]'null_type'：用于指定用户自定义数据类型可否为空值的属性设置。

值得注意的是，对于已经创建的用户自定义的数据类型还可以进行修改与删除等操作，选择即将删除的用户自定义数据类型，单击鼠标右键，在弹出的快捷菜单中选择“删除”命令，即可删除不需要的用户自定义数据类型。或者在“新建查询”对话框中，直接输入“sp_droptype”系统存储过程，即可删除选中的用户自定义数据类型。

## 9.2　用户自定义函数

自定义函数是指在数据库系统中，为了提高开发与应用的效率，将完成某一指定任务的一条或多条 T-SQL 语句集成为一个程序段，并将该程序段命名为某一函数，用户自定义函数和系统函数一样，既可以在查询和存储过程中被调用，又可以使用 EXECUTE 命令执行。

### 9.2.1　自定义函数的概述

在数据库系统或软件开发系统中，经常会调用一些系统函数实现指定的任务，因而极大地方便了用户对系统的设计与使用，但是在实际的开发与应用过程中，系统函数不可能完全满足用户的各种需求，有时用户为了操作的便捷和提升效率，经常将多条 SQL 语句按照一定的业务逻辑进行封装，一次定义多次使用，在实际使用时就像调用系统函数一样，实现指定的任务。

**1. 自定义函数的优点**

（1）可以进行模块化程序设计

用户自定义函数只需一次创建就可以永久地存储到数据库中，人为有意删除除外，根据实际任务需要可以任意多次调用，此外，用户自定义函数的修改完全独立于程序源代码。

（2）可以加快执行速度

与存储过程的执行相似，通过 T-SQL 语句，用户定义的函数利用缓存计划，可以在重复调用执行该函数时，通过重用方式来降低 T-SQL 代码的编译开销。这样每次使用用户自定义函数时，不用重新解析和重新优化，从而缩短执行时间，加快执行速度。

（3）可以减少网络流量

基于某种无法用单一标量的表达式表示的复杂约束来过滤数据的操作，可以定义为函数，然后在 WHERE 子句中调用此函数，最大限度地减少发送至客户端的数字或行数。

**2. 自定义函数的类型**

依据自定义函数返回值类型的不同，可以细分为标量值函数、内联表值函数和多语句表值函数三种类型。

（1）标量值函数

标量值函数返回一个在 RETURNS 子句中定义的确定类型的标量值，对于多语句标量值函数，定义在 BEGIN…END 块中的函数体包含一系列返回单个值的 T-SQL 语句，具体的返回类型是除 text、ntext、image、cursor 和 timestamp 之外的任何数据类型。

（2）内联表值函数

内联表值函数返回的数据类型应当是由选择结果构成记录集的 table 的函数，该函数不用 BEGIN…END 括起来，只有 RETURN 子句中含有一条单独的 SELECT 语句，该语句的查询结果就构成了内联表值函数返回的表值。内联表值函数功能强大，相当于一个参数化的视图，利用 T-SQL 语句查询时，凡是在允许使用表或视图的情况下，都可以使用表值函数替代，此外，视图在 WHERE 子句中，限制使用用户自己提供的参数；而内联表值函数通过附件语句的逻辑功能超越了视图的局限性，凸显了该函数的强大功能。

（3）多语句表值函数

多语句表值函数可以理解为标量函数和内联表值函数相联系而成的结合体，与内联表值函数一样，返回值也是一张表。但是多语句表值函数是用 BEGIN…END 界定函数体的，利用函数体中的语句填充返回值中数据表里的信息，并且 RETURNS 子句指定的表，明确规定了数据列及其数据类型。可见，多语句表值函数可以对数据进行多次检索与联合，增强了自定义函数的功能。

微课：利用 SSMS 创建自定义函数

### 9.2.2 使用 SSMS 创建自定义函数

为了随时了解现有图书库存的分布情况，并且可以在图书信息表中随时查询前 10 本图书的书名、库存数量，以及根据书的库存数量进行评价，标识出该本图书是库存充足还是需要购置，根据规定，凡是库存数量低于 5 的图书都需要购置，否则属于库存充足。对此，需要建立一个评价图书库存数量充足与否的函数。

（1）单击“开始”菜单，选择“所有程序”→Microsoft SQL Server 2014→SQL Server 2014 Management Studio 命令，启动 SQL Server 2014 集成开发环境。

（2）打开 SQL Server 2014 对象资源管理器，依次展开“数据库”→Librarymanage→“可编程性”→“函数”节点，选择“函数”节点，单击鼠标右键，在弹出的快捷菜单中单击“新建”命令，弹出如图 9-7 所示的级联菜单，根据函数返回值的不同，选择需要建立的对应函数，这里选择“标量值函数”。

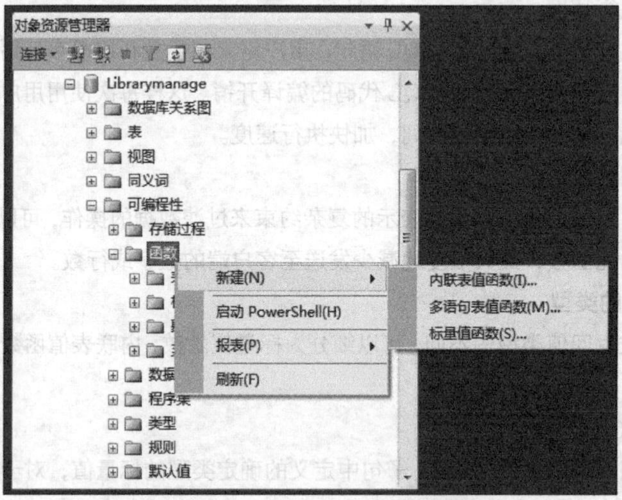


图 9-7　利用可视化界面创建自定义函数

（3）选择好对应的用户自定义函数类型后，打开创建自定义函数的数据库引擎模板，在模板中修改相应的参数，然后单击常用工具栏中的“执行”按钮 执行(X)，完成对自定义函数的创建。

微课：利用 T-SQL 创建与调用自定义函数

### 9.2.3　使用 T-SQL 创建自定义函数

（1）启动 SQL Server Management Studio 窗口，单击工具栏上的“新建查询”按钮 新建查询(N)，打开 T-SQL 语句的编辑器。

（2）在语句编辑窗口中输入如下 T-SQL 代码。

```
USE Librarymanage
IF EXISTS(SELECT name FROM sysobjects
          WHERE name= 'bookquantity_lowhigh ' AND xtype = 'FN')
   DROP FUNCTION bookquantity_lowhigh
GO
 CREATE FUNCTION bookquantity_lowhigh (@quantity int)
RETURNS nvarchar(30)
BEGIN
   DECLARE @loworhigh nvarchar(30)
   IF @quantity > 5
SET @loworhigh = '库存充足'   ELSE   SET @loworhigh = '需要购置'
   RETURN @loworhigh
END
```

（3）单击工具栏上的“分析”按钮，检查SQL语句的语法。

（4）经检查无误后，单击工具栏上的“执行”按钮 执行(X)，完成自定义标量值函数的创建。

（5）在“对象资源管理器”中依次展开“数据库”→Librarymanage→“可编程性”→“函数”→“标量值函数”节点，找到上述自定义函数 bookquantity_lowhigh，如图 9-8 所示。

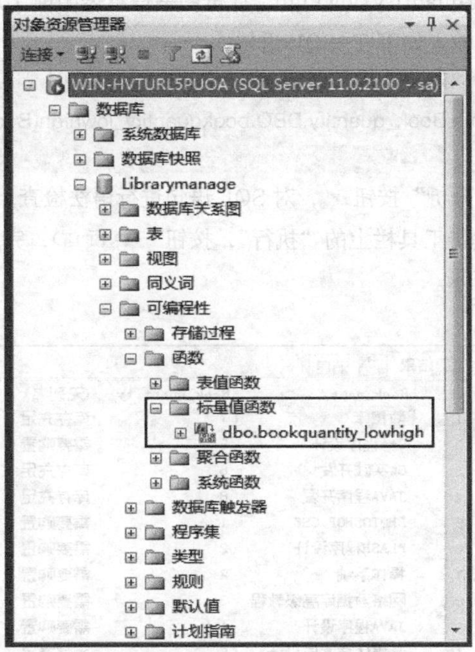


图 9-8 显示自定义函数 bookquantity_lowhigh

利用 T-SQL 语句创建用户自定义函数的语法格式如下。

```
CREATE FUNCTION函数名([@参数名 参数数据类型[=默认值]][,...N])
RETURNS返回值数据类型
[WITH选项]
AS
[BEGIN]
函数体
RETURN返回表达式
[END]
```

参数说明如下。

函数名：用户自定义的函数名称。

@参数名 参数数据类型：在定义函数中用到的参数，可以是一个参数，也可以是多个参数，函数在执行时，若没有指明参数默认值，则必须提供已声明的参数的明确值，此外还要为每一个参数规定它的数据类型。[=默认值]：用于规定参数的默认值。

RETURNS 返回值数据类型：用于表明用户自定义函数的返回值。

WITH 选项：该选项可以是 ENCRYPTION 或 SCHEMABINDING，ENCRYPTION 表示对用户自定义函数进行加密，SCHEMABINDING 表示将自定义函数绑定到该函数引用的数据库对象上。

函数体：由一系列定义函数的 T-SQL 语句组成，仅在标量值函数和多语句表值函数中有效。

RETURN 返回表达式：用于规定标量值函数的返回值。

### 9.2.4 调用自定义函数

已经创建的用户自定义函数，在业务需要时可以被多次调用，以便完成某些业务需求。例如，要调用创建的自定义函数 bookquantity_lowhigh，评价图书信息表中前 10 本图书库存数量是否充足。

（1）在新建查询窗口中输入如下 T-SQL 语句。

```
USE Librarymanage
SELECT TOP10 Book_name,Book_quantity,DBO.bookquantity_lowhigh(Book_quantity)
from Bookinfo
```

（2）单击工具栏上的“分析”按钮，对 SQL 语句进行语法检查。

（3）经检查无误后，单击工具栏上的“执行”，按钮 执行(X)，完成调用自定义标量值函数的操作，运行结果如图 9-9 所示。

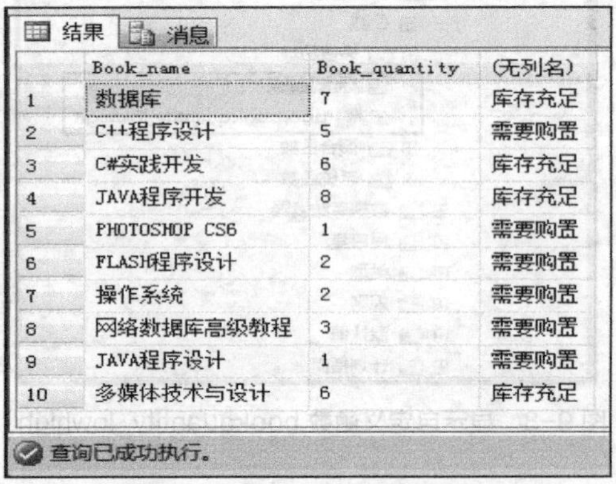

结果 消息

| | Book_name | Book_quantity | (无列名) |
|---|---|---|---|
| 1 | 数据库 | 7 | 库存充足 |
| 2 | C++程序设计 | 5 | 需要购置 |
| 3 | C#实践开发 | 6 | 库存充足 |
| 4 | JAVA程序开发 | 8 | 库存充足 |
| 5 | PHOTOSHOP CS6 | 1 | 需要购置 |
| 6 | FLASH程序设计 | 2 | 需要购置 |
| 7 | 操作系统 | 2 | 需要购置 |
| 8 | 网络数据库高级教程 | 3 | 需要购置 |
| 9 | JAVA程序设计 | 1 | 需要购置 |
| 10 | 多媒体技术与设计 | 6 | 库存充足 |

查询已成功执行。

图 9-9　调用自定义函数的结果

### 9.2.5 修改自定义函数

修改自定义函数的语法格式如下。

```
ALTER FUNCTION函数名（[@参数名 参数数据类型[= 默认值]][,...N]）
RETURNS返回值数据类型
WITH选项
AS
BEGIN
  函数体
  RETURN返回表达式
END
```

由此可见，修改用户自定义函数与创建用户自定义函数的操作基本相同，只是将关键字 CREATE 改成 ALTER 而已。

在可视化界面中也可以修改自定义函数，具体操作为：在对象资源管理器中找到需要修改的用户自定义函数，将其选中，单击鼠标右键，在弹出的快捷菜单中选择“修改”命令，如图 9-10 所示，进入自定义函数的修改界面，直接键入需要修改的内容即可。

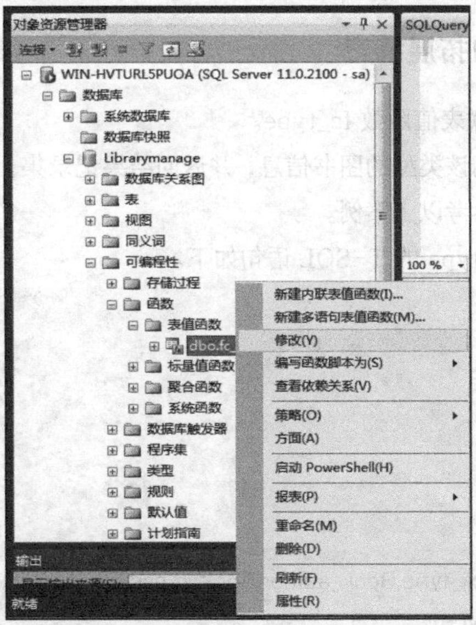


图 9-10 选择“修改”命令

## 9.2.6 删除自定义函数

对于不再需要的用户自定义函数，应当将其及时删除。删除自定义函数的语法格式如下。

```
DROP FUNCTION函数名
```

例如，将创建的用户自定义函数 bookquantity_lowhigh 删除，在新建查询窗口中输入如下 T-SQL 语句。

```
DROP FUNCTION bookquantity_lowhigh
```

检查 SQL 语句的语法无误后，单击工具栏上的“执行”按钮 ! 执行(X)，即可删除自定义函数。

同样，删除自定义函数也可以在可视化界面中进行，具体操作为：在对象资源管理器中找到需要删除的用户自定义函数，将其选中，单击鼠标右键，在弹出的快捷菜单中选择“删除”命令，如图 9-11 所示，即可删除用户自定义函数。

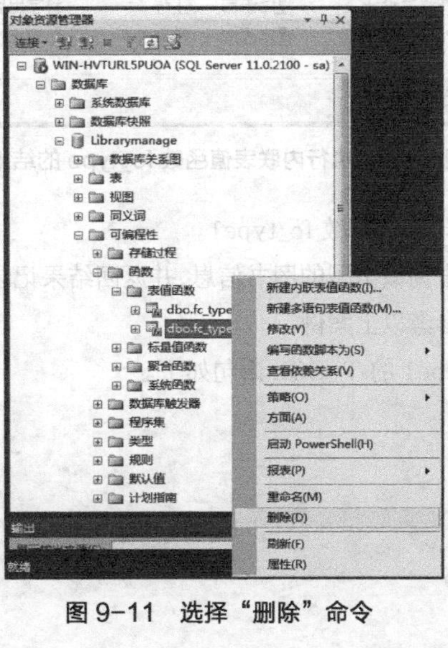


图 9-11 选择“删除”命令

### 9.2.7 自定义函数的拓展练习

【例 9-1】定义并应用内联表值函数 fc_type。

根据指定的图书类别查询该类型的图书信息，并返回结果记录集。在此只给出相应的 T-SQL 语句，具体操作步骤和流程请参考以上案例。

（1）创建自定义函数 fc_type 的 T-SQL 语句如下。

```
USE Librarymanage
GO
CREATE FUNCTION fc_type
(@type   varchar(30))
RETURNS table
AS
  RETURN
  (SELECT Book_name,Book_type,Book_author,Book_press FROM Bookinfo
   WHERE Book_type = @type)
GO
```

（2）执行自定义函数 fc_type 的 T-SQL 语句（假设检索“程序语言”类型的图书信息）如下。

```
USE Librarymanage
SELECT * from dbo.fc_type('程序语言')
```

（3）fc_type 自定义函数的运行结果如图 9-12 所示。

结果 消息

| | Book_name | Book_type | Book_author | Book_press |
|---|---|---|---|---|
| 1 | C++程序设计 | 程序语言 | NULL | 天津大学出版社 |
| 2 | C#实践开发 | 程序语言 | NULL | 高等教育出版社 |
| 3 | JAVA程序开发 | 程序语言 | 康佳宁 | 清华大学出版社 |
| 4 | JAVA程序设计 | 程序语言 | 马文霞 | 机械出版社 |
| 5 | UML及建模 | 程序语言 | 郭雯 | 清华大学出版社 |
| 6 | UML使用手册指南 | 程序语言 | 刘强 | 天津大学出版社 |
| 7 | C语言程序设计 | 程序语言 | 李敏 | 清华大学出版社 |
| 8 | VB程序设计 | 程序语言 | 王强 | 科学出版社 |
| 9 | VC程序设计实... | 程序语言 | 吴华健 | 科学出版社 |

查询已成功执行。

图 9-12 执行内联表值函数 fc_type 的结果

【例 9-2】定义并应用多语句表值函数 fc_type1。

根据指定的图书类别参数查询该类型的图书信息，并返回结果记录集。在此只给出相应的 T-SQL 语句，具体操作步骤和流程请参考以上案例。

（1）创建自定义函数 fc_type1 的 T-SQL 语句如下。

```
USE Librarymanage
GO
CREATE FUNCTION fc_type1
(@type1   varchar(30))
RETURNS @table_type1 table
```

```
        (Bookname varchar(50) NULL,
         Booktype varchar(30) NULL,
         Bookauthor varchar(30) NULL,
         Bookpress    varchar(50) NULL)
AS
  BEGIN
    INSERT @table_type1
    SELECT Book_name,Book_type,Book_author,Book_press
    FROM Bookinfo
    WHERE Book_type = @type1
    RETURN
  END
GO
```

（2）执行自定义函数 fc_type1 的 T-SQL 语句（假设检索“数据库设计”和“动画设计”类型图书信息）如下。

```
USE Librarymanage
SELECT * from dbo.fc_type1('数据库设计')
GO
SELECT * from dbo.fc_type1('动画设计')
GO
```

（3）fc_type1 自定义函数的运行结果如图 9-13 所示。

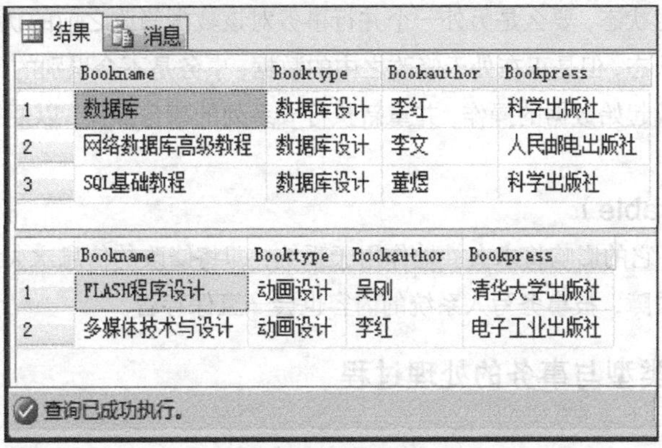
结果 消息

| | Bookname | Booktype | Bookauthor | Bookpress |
|---|---|---|---|---|
| 1 | 数据库 | 数据库设计 | 李红 | 科学出版社 |
| 2 | 网络数据库高级教程 | 数据库设计 | 李文 | 人民邮电出版社 |
| 3 | SQL基础教程 | 数据库设计 | 董煜 | 科学出版社 |

| | Bookname | Booktype | Bookauthor | Bookpress |
|---|---|---|---|---|
| 1 | FLASH程序设计 | 动画设计 | 吴刚 | 清华大学出版社 |
| 2 | 多媒体技术与设计 | 动画设计 | 李红 | 电子工业出版社 |

查询已成功执行。

图 9-13　执行多语句表值函数 fc_type1 的结果

# 9.3　事务操作

引入事务主要是为了保证 SQL Server 系统中数据的完整性，根据需要同时对多张数据表进行 UPDATE 或 DELETE 等更新或删除操作时，由于对若干张数据表的多个任务都需要依次执行，如果在执行整个任务过程中出现断电或系统死机等异常情况时，无法确定任务执行到第几步，就有可能带来数据库操作不一致的问题，无法保证数据信息的正确性和完整性。因此，需要将整个任务的处理过程作为一个不可分割的整体操作提交给数据库，将整个操作看成一个整体，要么整体全执行，要么一步也不执行。这就需要用到数据库中的事务操作。

## 9.3.1 事务的概念与特点

在 SQL Server 系统中，事务是一个基本的工作单元，是由用户自定义的一组关于数据库操作的序列组成，这些操作序列组成一个原子单位，形成事务处理机制，其核心是要么这些工作全做，要么全不做。因而在数据库系统中使用事务机制，既可以保证数据的一致性，又可以确保当系统出现异常时数据的可恢复性。事务有十分明显的开始点与结束点，即每一条数据操作与信息处理语句都被系统默认为是隐式事务的一部分。

微课：事务的讲解

事务作为一个单独的逻辑单元，用来执行一系列的工作，以此保证数据的完整性与可恢复性，因此，必须具备如下 4 个特点。

### 1. 原子性（Atomic）

事务必须是一个不可分割的原子单位，一次操作必须实现一个完整的工作，针对数据的修改，要么修改全部数据，要么所有数据都不做任何修改。

### 2. 一致性（Consistent）

当事务执行完毕，所有数据都必须处于一致的状态，在数据库系统中，所有设定的规则必须应用至事务的修改，以便保证所有数据的完整性，当事务执行结束后，必须保证所有的内部数据结构是正确的。

### 3. 隔离性（Isolated）

对并发事务实施的修改操作必须和其他任意并发事务修改处理保持相互独立，事务处理数据时，该数据应当处于以下的状态，要么是另外一个并行事务对该数据修改之前的状态；要么是第二个事务对该数据修改之后的状态，但是正在处于修改之中的数据，事务是不会识别的。由于事务的以上特点，事务可以实现再次装载起始数据的操作，并重新执行一系列的事务操作，以便结束状态与原始事务执行状态相同。

### 4. 持久性（Durable）

当事务执行完毕，它的影响将永久性地作用于系统，即将修改的信息永久地写入数据库中，即使系统发生任何异常或故障，被事务写入系统的内容也会一直保存着。

## 9.3.2 事务的类型与事务的处理过程

### 1. 事务的类型

在 SQL Server 系统中，根据事务所处位置的不同，大体将事务划分成如下三种类型。

（1）隐式自动事务

在 SQL Server 系统中，每个 T-SQL 命令或每条单独的执行语句都被当作一个事务来处理，当上一个事务结束后，系统隐式地自动开启一个新事务，但是每个事务都要显式地以 COMMIT 和 ROLLBACK 语句结束。注意在事务执行过程中，任何一条语句的执行对象既可以是数据表中一个记录行包括的数据，又可以是多个记录行包括的数据，甚至可能是整个数据表的全部数据信息。可见，即使只用一条数据操纵语句组成的事务，也可以对多行数据信息进行处理。在处理过程中，要么对多行数据全部执行修改操作，要么一行数据也不做修改操作。

（2）用户定义显式事务

在实际工作中，大多数都是根据应用需求用户自行定义事务，进行相关处理操作，这类事务要以

BEGIN TRNSACTION 语句显式开始，以 COMMIT 和 ROLLBACK 语句显式结束，在事务处理全过程中，用户掌控着事务开始、结束与取消的操作。在应用用户定义的事务时应当遵循以下规则：事务结束处要有明显标志性语句，否则系统将从该事务开始处一直延伸到数据库关闭连接，其间全部操作均视为一个事务对待。应用于事务结束处的语句有 COMMIT（提交事务语句，将事务中全部完成的语句一同提交数据库）和 ROLLBACK（取消事务语句，将从该事务开始处到 ROLLBACK 语句之前的所有操作全部取消，即该事务执行失败）两种。

（3）分布式事务

分布式事务应用于多台服务器之间，上述事务均是在一台服务器上运行的，数据完整性和一致性也是确保在一台服务器上实现的，但是实际应用经常是多台服务器的复杂环境，为了保证在多台服务器的纷繁复杂环境中数据的完整性和一致性，必须使用分布式事务。当涉及多台服务器操作时，只有将所有操作都提交到相应服务器的数据库中，分布式事务才能算成功完成，只要有一个操作失败，整个分布式事务就全部被取消，回滚到事务执行的初始状态。

**2. 事务的处理过程**

通常，一个完整的事务处理过程一般包含 4 种类型的语句：开始事务、提交事务、回滚事务和保存事务等。

（1）开始事务语句

开始事务语句的主要功能是利用 BEGIN TRANSACTION 关键字来显式标识一个事务的开始，执行该语句时，全局变量@@TRANCOUNT 的值自动增 1，该全局变量用于表示在当前数据库连接中已有事务的数目。开始事务语句的语法格式如下。

```
BEGIN TRANSACTION [事务名/事务变量名]
WITH MARK['描述符']
```

（2）提交事务语句

提交事务语句的主要功能是使用 COMMIT TRANSACTION 关键字来显式标识一个事务的结束，由此来说明，从事务开始语句一直到该语句之前执行的对数据信息的所有修改，将永久地保存于数据库系统中，该语句的执行使全局变量@@TRANCOUNT 的值自动减 1。提交事务语句的语法格式如下。

```
COMMINT TRANSACTION[事务名/事务变量名]
```

（3）回滚事务语句

回滚事务语句的主要功能是利用 ROLLBACK 关键字来显式标识一个事务的结束，但以回滚方式结束表示该事务执行的失败，使得事务的操作回退到事务的起始点或者特意指定的保存点，并且将清除从事务起始点或某个保存点开始所做的全部数据修改，同时释放该事务占有的系统资源。如果事务回滚到开始处，全局变量@@TRANCOUNT 的值自动减 1；如果事务只回滚到指定的保存点，该全局变量的值不变。回滚事务语句的语法格式如下。

```
ROLLBACK TRANSACTION[事务名/事务变量名/保存点名/保存点变量]
```

（4）保存事务语句

保存事务语句的主要功能是利用 SAVE TRANSACTION 关键字存储已经创建的事务，即规定事务的保存点，为事务设置保存位置，以便执行回滚事务操作时，回退到保存点指定位置。保存事务语句的语法格式如下。

```
SAVE TRANSACTION [事务名/事务变量名]
```

或者

```
SAVE TRANSACTION [保存点名|保存点变量]
```

值得注意的是，事务的使用应当放置在声明与释放游标操作之间，当事务结束时，游标也将自动关闭，具体操作流程为：声明一个游标→打开游标→读取游标→开始一个事务→数据处理→提交一个事务→返回继续读取游标。

微课：创建并执行事务

### 9.3.3 创建并执行事务

为了确保读者对归还图书信息处理的一致性，启用了事务机制。读者还书时需要在借阅归还信息表 Borrowreturninfo 中查询指定读者 ID 和指定图书 ID 的数据，并将借阅序列号（Borrow_ID）赋给变量 Borrowed_id，以便还书时作为数据更新的依据。如果执行还书操作需要更新三张数据表的信息，首先将借阅归还信息表 Borrowreturninfo 中的图书状态（Book_State）更新为“归还”，归还职员 ID（Return_clerk_ID）更新为办理还书业务职员的 ID，归还时间（Return_Date）更新为当前系统日期；其次将图书信息表 Bookinfo 中图书是否可借（Book_isborrow）更新为 1，代表该图书已经归还，可以再次被借阅，将图书库存数量（Book_quantity）更新为当前库存数量增 1；最后将读者信息表 Readerinfo 中读者能否借书（Reader_isborrow）更新为 1，代表读者可以再次借书，读者已借本数（Reader_borrowednum）更新为当前已借本数减 1。为了保证信息处理的一致性，三张表更新操作要么全部执行，要么一个都不做，所以只能选用事务进行处理，使得三张表中的数据信息同时更新，否则就会造成数据库中数据的不一致。

（1）启动 SQL Server Management Studio 窗口，单击工具栏上的“新建查询”按钮 新建查询(N)，打开 T-SQL 语句的编辑器。

（2）在语句编辑窗口中输入如下 T-SQL 代码。

```
USE Librarymanage
IF EXISTS(SELECT name FROM sysobjects
WHERE name='proc_returnaffairbook' AND type='P')
DROP PROCEDURE proc_returnaffairbook
GO
CREATE PROCEDURE proc_returnaffairbook
 @bookid nvarchar(8),
 @readerid nvarchar(8),
 @clerkid nvarchar(8)
AS
DECLARE @Borrowed_id   int
SELECT @Borrowed_id = Borrow_ID FROM Borrowreturninfo
WHERE   Reader_ID = @readerid AND Book_ID = @bookid
IF @@ROWCOUNT >0
   BEGIN
     BEGIN TRAN
     Update Borrowreturninfo SET Return_clerk_ID=@clerkid,
            Return_Date=getdate(),Book_State ='归还'
     WHERE Borrow_ID=140305001
     UPDATE Bookinfo SET Book_isborrow='1',Book_quantity=Book_quantity+1
  WHERE Book_ID='10301012'
```

```
            Update Readerinfo SET Reader_isborrow ='1' ,
                        Reader_borrowednum=Reader_borrowednum-1
                        WHERE Reader_ID= @readerid
            IF @@ERROR > 0
                    ROLLBACK TRAN
            ELSE
                    COMMIT TRAN
        END
    ELSE
            PRINT '该读者没有借阅此书'
GO
```

（3）单击工具栏上的“分析”按钮✓，对 SQL 语句进行语法检查。

（4）经检查无误后，单击工具栏上的“执行”按钮 ! 执行(X)，完成事务的定义操作。

（5）为了验证事务处理的有效性，输入以下执行存储过程的 T-SQL 语句，运行该事务，事务执行前与执行后的运行界面分别如图 9-14 和图 9-15 所示，说明事务被正确执行。

```
exec proc_returnaffairbook @bookid='10301012',@readerid='12010423',
                                        @clerkid='C0004'
```

| | Borrow_ID | Book_ID | Reader_ID | Return_clerk_ID | Return_Date | Book_State | Book_isborrow | Book_quantity | Reader_borrowednum | Reader_isborrow |
|---|---|---|---|---|---|---|---|---|---|---|
| 1 | 140305001 | 10301012 | 12010423 | NULL | NULL | 借出 | 0 | 0 | 1 | 0 |



图 9-14　事务执行前的相关信息

| | Borrow_ID | Book_ID | Reader_ID | Return_clerk_ID | Return_Date | Book_State | Book_isborrow | Book_quantity | Reader_borrowednum | Reader_isborrow |
|---|---|---|---|---|---|---|---|---|---|---|
| 1 | 140305001 | 10301012 | 12010423 | C0004 | 2014-07-19 09:54:58.827 | 归还 | 1 | 1 | 0 | 1 |



图 9-15　事务执行后的相关信息

**【例 9-3】**通过事务办理借书操作并修改相应数据表信息。

首先向借阅归还信息表（Borrowreturninfo）添加新的记录信息，办理借书业务的读者的 ID 是 12110203，需要借阅图书的 ID 是 00000005，为该读者办理业务的职员的 ID 是 C0003，该条借书业务的借阅序列号设置为 140719002，借书日期获取系统当前日期，图书状态是“借出”；其次，修改图书信息表（Bookinfo），将该本图书是否可借字段设置为 0，图书库存数量在原有数量基础上减 1；最后修改读者信息表（Readerinfo），将读者能否借书字段设置为 0，读者已借图书本数在原有数量的基础上增 1。上述操作必须在所有数据表的信息全部更新正确后才能提交事务，否则必须进行事务回滚，任何数据表信息都不能进行添加或修改操作。在此仅给出实现上述功能的 T-SQL 语句，运行结果请读者自行验证。

```
USE Librarymanage
GO
BEGIN TRAN
```

```
INSERT INTO Borrowreturninfo
VALUES(140719002,'00000005','12110203',getdate(),'C0003',NULL,NULL,'借出')
      IF @@ERROR > 0
         ROLLBACK TRAN
      ELSE
         UPDATE Bookinfo SET Book_isborrow = '0',Book_quantity=Book_quantity-1
                          WHERE Book_ID = '00000005'
        GO
        IF @@ERROR > 0
            ROLLBACK TRAN
        ELSE
  Update Readerinfo SET Reader_isborrow = '0' ,
      Reader_borrowednum=Reader_borrowednum+1   WHERE Reader_ID = '12110203'
  GO
             IF @@ERROR > 0
                 ROLLBACK TRAN
             ELSE
                 COMMIT TRAN
```

【例 9-4】在触发器中创建对于输入非法数据撤销插入操作的事务回滚功能。

在职员信息表（Clerkinfo）中插入职员信息，在“职员身份类别”字段中只允许输入的内容是“馆长”“副馆长”“职员”“系统管理员”等，如果输入其他信息，系统将启动插入触发器，提示“该职员身份类型错误，插入取消!”。

（1）单击工具栏上的“新建查询”按钮 新建查询(N)，在语句编辑器中输入如下 T-SQL 代码。

```
CREATE TRIGGER tri_clerk_insert
ON    Clerkinfo
FOR INSERT
AS
 DECLARE @Clerktype nvarchar(40)
 SELECT @Clerktype =Clerkinfo.Clerk_type FROM Clerkinfo,Inserted
 WHERE Clerkinfo.Clerk_ID=inserted.Clerk_ID
  IF @Clerktype <>'馆长' or   @Clerktype <>'副馆长' or @Clerktype <>'职员'
    or @Clerktype<>'系统管理员'
    BEGIN
        ROLLBACK TRANSACTION
        RAISERROR ('该职员身份类型错误,插入取消!',16,10)
    END
```

（2）单击工具栏上的“分析”按钮 ✓ 对 SQL 语句进行语法检查，经检查无误后，单击工具栏上的“执行”按钮 ! 执行(X)，完成触发器与事务的创建。在“对象资源管理器”中依次展开“数据库”→Librarymanage→“表”节点，找到 Clerkinfo 数据表节点，单击鼠标右键，在弹出的快捷菜单中选择“编辑”命令，打开该数据表的具体记录信息，进行编辑，如图 9-16 所示。

（3）在 Clerkinfo 数据表编辑界面中输入一条新记录，内容为（C0012、111111、王晓丽、120103197905191256、图书管理员），请注意，职员身份类别输入有错，因为“图书管理员”不是指定类别，所以会出现如图 9-17 所示的错误提示。

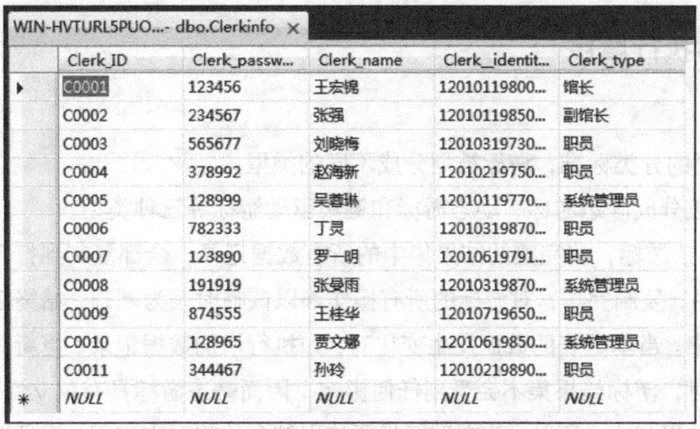

WIN-HVTURL5PUO...- dbo.Clerkinfo

| | Clerk_ID | Clerk_passw... | Clerk_name | Clerk_identit... | Clerk_type |
|---|---|---|---|---|---|
| ▶ | C0001 | 123456 | 王宏锦 | 12010119800... | 馆长 |
| | C0002 | 234567 | 张强 | 12010119850... | 副馆长 |
| | C0003 | 565677 | 刘晓梅 | 12010319730... | 职员 |
| | C0004 | 378992 | 赵海新 | 12010219750... | 职员 |
| | C0005 | 128999 | 吴碧琳 | 12010119770... | 系统管理员 |
| | C0006 | 782333 | 丁灵 | 12010319870... | 职员 |
| | C0007 | 123890 | 罗一明 | 12010619791... | 职员 |
| | C0008 | 191919 | 张曼雨 | 12010319870... | 系统管理员 |
| | C0009 | 874555 | 王桂华 | 12010719650... | 职员 |
| | C0010 | 128965 | 贾文娜 | 12010619850... | 系统管理员 |
| | C0011 | 344467 | 孙玲 | 12010219890... | 职员 |
| * | NULL | NULL | NULL | NULL | NULL |

图 9-16　Clerkinfo 数据表的编辑界面

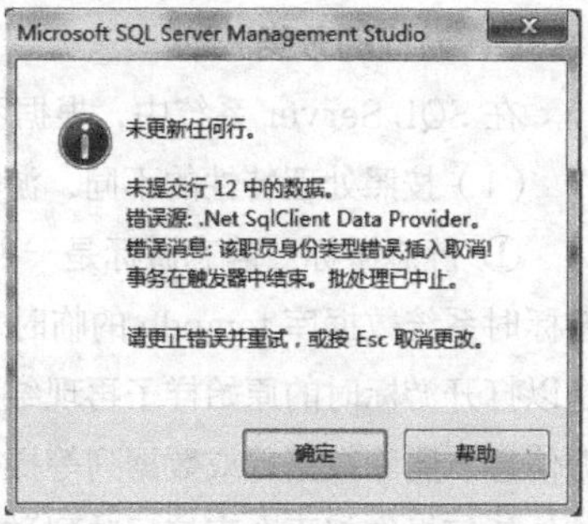


图 9-17　插入信息出错提示

（4）将信息修改正确后，通过验证才能存储到数据表中。

# 9.4 游标操作

在 SQL Server 系统中检索数据时，返回的结果集可能是一条记录，也可能是多条记录，当数量非常大时，想要从结果集中逐一读取每一条记录进行处理操作，首选的解决方案就是使用游标。

微课：游标的讲解

### 9.4.1　游标的定义与使用游标的优势

**1. 游标的定义**

游标是数据库系统中的一种数据访问机制，是一种处理数据的有效方法，通常放在存储过程、触发器和 T-SQL 脚本中使用，是针对数据表检索出的数据进行灵活操作的主要手段之一。因而，游标的实质就是可以从包含多条数据记录的结果集中，以一次提取一条记录的方式对其进行处理的一种机制。类似于程序设计语言中的指针，可以提供向前或向后浏览数据记录的功能，也可以指向结果集中任意所需的位置，因此，可以提高系统处理数据记录的灵活性与高效性。

**2. 游标的优势**

由于 SQL Server 系统中查询的返回值都是面向集合的，没有提供一种处理单一记录的机制，所以，游标的使用总是与 T-SQL 的选择语句相联系，用于指向特定记录的特定位置。使用游标可以实现类似于从传统的二维表格的平面文件中读取信息的效果，因而，游标的使用具有如下优势。

（1）在 SQL Server 系统中，对于查询的结果集，系统只提供了整体的处理机制，除了使用 WHERE 子句限定检索结果，逐一处理每一条被选中的数据记录外，没有提供描述单一记录的表达方式，因此，借助游标实现对单条记录的处理操作。游标允许程序对查询语句 SELECT 返回记录行的结果集中的每一行数据信息执行相同或不同的操作，而不是一次性地对结果集整体进行统一的操作。

（2）提供删除和处理基于游标位置的数据表中的数据记录的能力。

（3）正是游标在面向集合的数据库管理系统和应用程序设计二者之间搭建起联系的桥梁，才使这两种数据处理方式有机地连接起来，畅通无阻地沟通。

### 9.4.2 游标的分类与游标的执行顺序

#### 1. 游标的分类

在 SQL Server 系统中，根据不同的分类标准，游标被划分成不同的类型。

（1）按照处理特性的不同，游标被分成静态游标、动态游标和键集驱动游标等三种类型。

① 静态游标。静态游标是一种只读游标，将完整的结果集中的所有数据记录，全部复制到打开游标时系统数据库 tempdb 的临时表中，复制完毕，对游标的所有操作都以该临时表为基础，始终都是以打开游标时的原始样子再现结果集。当基础表的数据发生变化时，如执行增加数据记录、更新数据信息、删除数据行或数据列等操作时，游标结果集不会受到任何影响，因而静态游标具有独立性，其他任何操作都不会直接反映到游标结果集中，所以，静态游标将要使用较多的临时表空间，但是游标移动消耗的资源较小。

② 动态游标。动态游标的结果集只将最近这次更新之后的数据信息存储到系统数据库 tempdb 的临时表中，当游标移动时，该游标动态地反映在结果集中进行的所有更改操作上，即通过基表修改临时表中当前数据行的关键字信息，结果集中记录行的数据值、存储顺序以及成员信息等内容总是随着操作实时发生变化，每次提取时都和上一次有所不同。用户对基表所做的插入、删除、更新等任何操作，都可以通过游标再现，因此，动态游标结果集能够反映出对基表数据的添加、删除和更新等顺序处理。与静态游标相比，动态游标占用的临时表空间较少，但移动游标时消耗系统资源较多。

③ 键集驱动游标。键集驱动游标是由一组关键字或具有唯一性的标识符（键值）控制，这组键值称为键集，键集由打开游标时来源于符合 SELECT 语句检索要求的所有数据记录中的众多键值集合而成。因此，游标结果集中所有数据行的唯一键值均存储到系统数据库 tempdb 的临时表中，当开启游标进行移动时，通过唯一键值读取数据行的全部数据列信息。因而在实际操作中，该游标结果集能够实时反映基表的更新情况，键集驱动游标占用的临时表空间和移动游标消耗的系统资源量，大体介于静态游标和动态游标之间。

（2）依据游标在结果集中的移动方向不同，游标可以分成滚动游标和只进游标两种类型。

① 滚动游标。滚动游标是指在结果集中，游标的移动方向既可以向前，也可以向后移动，此外，还包括移动到上一条记录行、下一条记录行、第一条记录行、最后一条记录行、某一条记录行以及移动至指定的记录行等操作。

② 只进游标。只进游标是指在结果集中，不支持滚动操作，只支持游标从头到尾按顺序提取信息，游标的移动方向只能向前，即仅指向下一条记录行。若当前用户或其他用户提交了影响结果集中数据行的命令，只进游标提取这些数据行时，其修改的结果可以立即反映出来。但是，只进游标不支持回退操作，因而在提取数据行之后，对基表中的数据所做的更改操作，通过游标是不可见的。

（3）依据游标结果集是否可以被修改，游标可以分为只读游标和读写游标两种类型。

① 只读游标。只读游标只能读取游标结果集中的信息，不能修改其中的记录数据。

② 读写游标。读写游标不仅可以读取游标结果集中的信息，而且可以修改游标结果集中的数据。

除此之外，还可以将游标分为 T-SQL 游标、应用程序编程接口服务器游标、客户端游标、局部游标、全局游标等类型。

#### 2. 游标的执行顺序

在 SQL Server 系统中，游标同样遵循先声明后使用的原则，在实际的执行过程中，应当按照以下的逻辑顺序进行操作：声明游标（DECLARE）→打开游标（OPEN）→从游标中提取一行信息

（FETCH）→关闭游标（CLOSE）→释放游标（DEALLOCATE）。

（1）游标的声明

通常游标由两部分组成，即游标的结果集和游标的位置信息，其中，游标结果集的来源是定义游标所用的 SELECT 语句返回检索结果的数据行集合；游标位置是用于指向结果集的行指针。因此，游标声明应当标明游标的名称、数据来源表和数据列、选取条件、属性设置（只读或读写）等。

声明游标的语法格式如下。

```
DECLARE游标名[INSENSITIVE][LOCAL|GLOBAL] [FORWARD_ONLY|SCROLL]
CURSOR   FOR SELECT查询语句
[FOR {READ ONLY|UPDATE[OF列名[,...N]]}]
```

参数说明如下：游标名用来定义 T-SQL 服务器游标的名称；INSENSITIVE 声明一个静态游标；LOCAL，定义为局部游标，只在创建它的批处理、存储过程或触发器中有效；GLOBAL 定义为全局游标，在当前数据库系统中是全程有效的；FORWARD_ONLY 定义一个只进游标，只能从第一行按顺序移动到最后一行；SCROLL 定义一个动态游标；“SELECT 查询语句”用于定义游标结果集的标准查询语句；READ ONLY，该游标是一个只读游标；UPDATE 声明一个读写游标，即允许修改的可写游标，如果 OF 后面给出具体的列名表，则表示定义的是修改指定数据列的游标，否则定义的是修改全部数据列的游标。

（2）打开游标

游标遵循先声明后使用的原则，但是，声明之后的游标在实际使用时，要从游标中读取数据记录必须先打开游标。游标成功打开后，全局变量@@CURSOR_ROWS 用于记录游标内部的数据行数，该全局变量的返回值有 4 种情况，-m，表示正在处理由基表向游标内部读入的数据信息，m 指示出当前在游标中的数据行数；-l，表示当前游标是动态游标，此时无法准确指示出游标内部的数据行数，因为动态游标实时反映基表的变换情况；0，表示没有符合条件的记录行，或者此时的游标已经处于关闭状态；n，表示由基表向游标内部读入数据已结束，n 指示出游标中已存在的总数据行数。

打开游标的语法格式如下。

```
OPEN {{[GLOBAL]游标名}|游标变量名}
```

其中，GLOBAL 指定该游标是全局游标；游标名是指已经声明的游标名称；游标变量名是指设定的游标变量的名称，该变量用于引用游标。

（3）读取游标

成功打开游标之后，可以从游标中逐行地读取数据，以便进行相应的处理操作。

读取游标的语法格式如下。

```
FETCH [[NEXT|PRIOR|FIRST|LAST|ABSOLUTE{N|@整型变量}|RELATIVE
{N|@整型变量}]FROM] {{[GLOBAL]游标名}|@游标变量名}[INTO @变量名[,...n]]
```

参数说明如下：NEXT 用于返回结果集中当前行的下一行，当前行递增作为返回行，如果利用该参数对游标做第一次提取操作，应当返回结果集中的第一行，该选项是游标提取选项的默认值；PRIOR 用于返回结果集中当前行的前一行，当前行递减作为返回行，如果利用该参数对游标做第一次提取操作，应当没有任何行返回，并且将游标置于第一行之前；FIRST 用于返回结果集中的第一行，并且将该行视为当前行；LAST 用于返回结果集中的最后一行，并且将该行视为当前行。

ABSOLUTE{N|@整型变量}：如果 *N* 或@整型变量是正数，则表示从游标中返回具体的数据行数，即从游标的开始处向后移动的第 *N* 行或@整型变量规定的行数据，并且返回行作为新的当前行；

如果 *N* 或@整型变量是负数，则表示返回从游标的结束处向前移动的第 *N* 行数据或@整型变量规定的行数据，并且返回行作为新的当前行；如果 *N* 或@整型变量是 0，则表示不返回任何行；如果 *N* 或@整型变量超过游标规定的数据子集范围，则全局变量@@FETCH_STATUS 返回-1；*N* 是整型常量，@整型变量的数据类型是 smallint、tinyint 或 int 类型的变量。

RELATIVE{N|@整型变量}：如果 *N* 或@整型变量是正数，表示从游标的当前行开始向后移动的第 *N* 行或@整型变量规定的行数据，并且返回行作为新的当前行；如果 *N* 或@整型变量是负数，则表示从游标的当前行开始向前移动的第 *N* 行或@整型变量规定的行数据，并且返回行作为新的当前行；如果 *N* 或@整型变量是 0，则表示返回当前行；如果 *N* 或@整型变量超过游标规定的数据子集范围，则全局变量@@FETCH_STARS 返回-1，此时，若 *N* 或@整型变量是负数，执行 FETCH NEXT 命令，返回第一行数据；若 *N* 或@整型变量是正数，执行 FETCH NEXT 命令，返回最后一行数据；若 *N* 是整数常量，@整型变量的数据类型是 smallint、tinyint 或 int 类型的变量。

GLOBAL 指明当前游标是全局游标。

INTO @变量名[,...n]：允许将使用 FETCH 命令提取的数据列信息存储到局部变量中，在变量列表中的所有变量由左至右必须与游标结果集中相应的列相联系，每一个变量的数据类型一定要与游标中相应的结果集数据列的数据类型相匹配，此外，变量的数目也要与游标选择列表中的数据列数一致。

@@FETCH_STATUS 是一个全局变量，用于返回最近这次执行 FETCH 命令的状态，每当利用 FETCH 命令从游标中获取数据时，该变量都要检查，以便确认上次获取数据操作是否成功，决定下一步的处理方案。通常该全局变量的返回值有 3 种，0 表示 FETCH 命令执行成功；-1 表示 FETCH 命令执行失败或行数据超越游标结果集范围；-2 表示要获取的数据不存在。

（4）关闭游标

当打开已经声明的游标之后，SQL Server 2014 服务器会为该游标开辟一块内存空间，存放游标用于操作的数据结果集。由于具体情况的不同，游标的使用将会对某些数据进行封锁，所以游标中的数据处理完毕，必须执行关闭游标命令，以便释放数据结果集占用的内存空间和相应的服务器资源，释放位于数据记录上的锁机制。被 CLOSE 语句关闭的游标。如果再次使用，就必须使用 OPEN 命令打开，否则无法使用已被 CLOSE 命令关闭的游标。

关闭游标的语法格式如下。

```
CLOSE{{[GLOBAL]游标名}|游标变量名}
```

（5）删除游标

删除游标又称释放游标，游标在使用过程中，会对游标进行的各种操作、引用游标名称以及引用的游标变量等内容。当游标结束使用，用 CLOSE 命令关闭游标时，只能释放占用的结果集空间，而游标占有的数据结构等计算机资源并没有完全释放，所以关闭游标后还需要使用 DEALLOCATE 命令，删除游标、游标名、游标变量之间的联系，彻底释放游标占用的系统资源。

删除游标的语法格式如下。

```
DEALLOCATE {{[GLOBAL]游标名}|@游标变量名}
```

微课：创建并使用游标

### 9.4.3 创建并使用游标

更新读者最大借书本数并逐行显示读者信息，具体为将读者的最大借书本数在原有的基础之上再增加 3，以此方便读者借书管理，详细操作为：首先声明一个只读游标，查询并逐行显示所有读者信息，再声明一个可更新游标，更新最大借书本数。

（1）启动 SQL Server Management Studio 窗口，单击工具栏上的“新建查询”按钮 新建查询(N)，打开 T-SQL 语句的编辑器。

（2）在语句编辑窗口中输入如下 T-SQL 代码。

```
USE Librarymanage
GO
DECLARE cur_reader   CURSOR
FOR
  SELECT   Reader_ID,Reader_name,Reader_type,Reader_department,
            Reader_maxborrownum FROM Readerinfo
  FOR READ ONLY
GO
OPEN cur_reader
FETCH NEXT FROM cur_reader
WHILE @@FETCH_STATUS = 0
BEGIN
   FETCH NEXT FROM cur_reader
END
CLOSE cur_reader
DEALLOCATE cur_reader
```

（3）在工具栏上单击“分析”按钮，对 SQL 语句进行语法检查。

（4）经检查无误后，单击工具栏上的“执行”按钮 执行(X)，完成游标定义与显示操作，如图 9-18 所示。

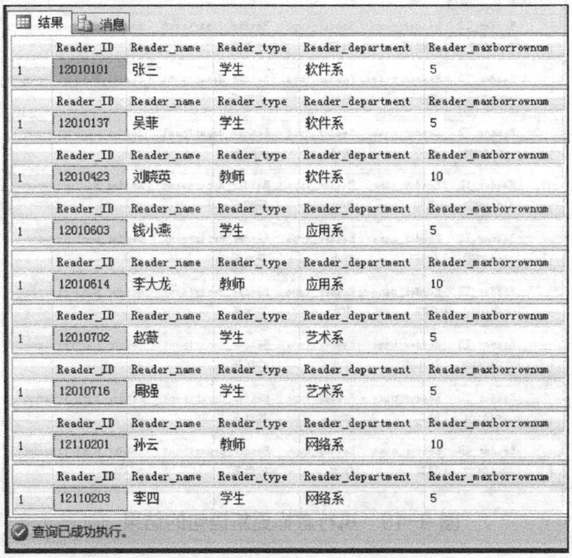
结果 消息

| | Reader_ID | Reader_name | Reader_type | Reader_department | Reader_maxborrownum |
|---|---|---|---|---|---|
| 1 | 12010101 | 张三 | 学生 | 软件系 | 5 |
| | Reader_ID | Reader_name | Reader_type | Reader_department | Reader_maxborrownum |
| 1 | 12010137 | 吴菲 | 学生 | 软件系 | 5 |
| | Reader_ID | Reader_name | Reader_type | Reader_department | Reader_maxborrownum |
| 1 | 12010423 | 刘晓英 | 教师 | 软件系 | 10 |
| | Reader_ID | Reader_name | Reader_type | Reader_department | Reader_maxborrownum |
| 1 | 12010603 | 钱小燕 | 学生 | 应用系 | 5 |
| | Reader_ID | Reader_name | Reader_type | Reader_department | Reader_maxborrownum |
| 1 | 12010614 | 李大龙 | 教师 | 应用系 | 10 |
| | Reader_ID | Reader_name | Reader_type | Reader_department | Reader_maxborrownum |
| 1 | 12010702 | 赵薇 | 学生 | 艺术系 | 5 |
| | Reader_ID | Reader_name | Reader_type | Reader_department | Reader_maxborrownum |
| 1 | 12010716 | 周强 | 学生 | 艺术系 | 5 |
| | Reader_ID | Reader_name | Reader_type | Reader_department | Reader_maxborrownum |
| 1 | 12110201 | 孙云 | 教师 | 网络系 | 10 |
| | Reader_ID | Reader_name | Reader_type | Reader_department | Reader_maxborrownum |
| 1 | 12110203 | 李四 | 学生 | 网络系 | 5 |

查询已成功执行。

图 9-18　游标的定义与显示

（5）再次单击工具栏上的“新建查询”按钮，建立一个新的查询。

（6）在语句编辑窗口中输入如下 T-SQL 代码。

```
USE Librarymanage
GO
```

```
DECLARE curupdate_reader   CURSOR
FOR
  SELECT   Reader_ID,Reader_name,Reader_type,Reader_department,
             Reader_maxborrownum FROM Readerinfo
  ORDER BY Reader_type
  FOR UPDATE OF Reader_maxborrownum
GO
OPEN curupdate_reader
FETCH NEXT FROM curupdate_reader
UPDATE   Readerinfo SET Reader_maxborrownum = Reader_maxborrownum +3
          WHERE CURRENT OF curupdate_reader
WHILE @@FETCH_STATUS = 0
BEGIN
   FETCH NEXT FROM curupdate_reader
   UPDATE Readerinfo SET Reader_maxborrownum = Reader_maxborrownum +3
   WHERE CURRENT OF curupdate_reader
END
CLOSE curupdate_reader
DEALLOCATE curupdate_reader
```

（7）单击工具栏上的“分析”按钮✓，对 SQL 语句进行语法检查。

（8）经检查无误后，单击工具栏上的“执行”按钮 ! 执行(X)，完成执行游标更新的操作，如图 9-19 所示。

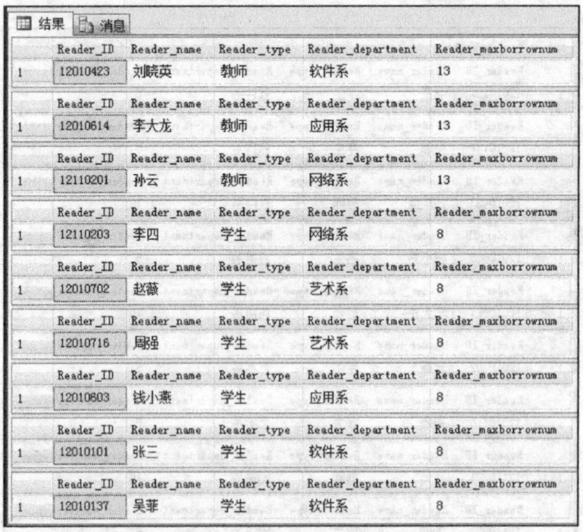

|  | Reader_ID | Reader_name | Reader_type | Reader_department | Reader_maxborrownum |
|---|---|---|---|---|---|
| 1 | 12010423 | 刘晓英 | 教师 | 软件系 | 13 |
| 1 | 12010614 | 李大龙 | 教师 | 应用系 | 13 |
| 1 | 12110201 | 孙云 | 教师 | 网络系 | 13 |
| 1 | 12110203 | 李四 | 学生 | 网络系 | 8 |
| 1 | 12010702 | 赵薇 | 学生 | 艺术系 | 8 |
| 1 | 12010716 | 周强 | 学生 | 艺术系 | 8 |
| 1 | 12010603 | 钱小燕 | 学生 | 应用系 | 8 |
| 1 | 12010101 | 张三 | 学生 | 软件系 | 8 |
| 1 | 12010137 | 吴菲 | 学生 | 软件系 | 8 |

图 9-19　执行游标更新语句的结果

（9）利用查询语句，查询游标更新数据后，数据表的显示结果，在语句编辑窗口中输入如下 T-SQL 代码，运行结果如图 9-20 所示。

```
use Librarymanage
 select Reader_ID,Reader_name,Reader_type,Reader_department,Reader_maxborrownum
from Readerinfo
order by Reader_type
```

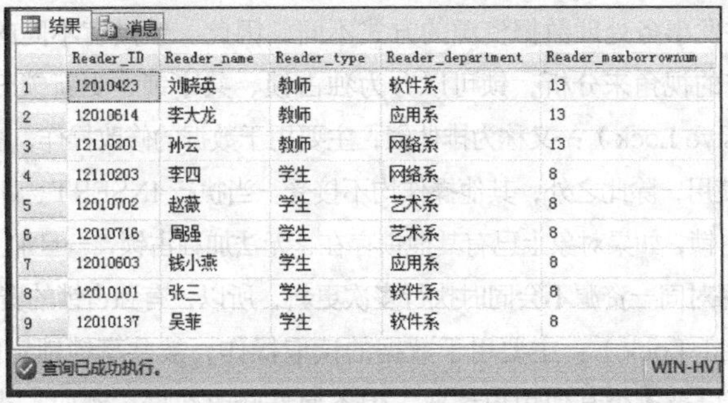


| | Reader_ID | Reader_name | Reader_type | Reader_department | Reader_maxborrownum |
|---|---|---|---|---|---|
| 1 | 12010423 | 刘晓英 | 教师 | 软件系 | 13 |
| 2 | 12010614 | 李大龙 | 教师 | 应用系 | 13 |
| 3 | 12110201 | 孙云 | 教师 | 网络系 | 13 |
| 4 | 12110203 | 李四 | 学生 | 网络系 | 8 |
| 5 | 12010702 | 赵薇 | 学生 | 艺术系 | 8 |
| 6 | 12010716 | 周强 | 学生 | 艺术系 | 8 |
| 7 | 12010603 | 钱小燕 | 学生 | 应用系 | 8 |
| 8 | 12010101 | 张三 | 学生 | 软件系 | 8 |
| 9 | 12010137 | 吴菲 | 学生 | 软件系 | 8 |

图 9-20　游标更新数据后数据表的显示结果

# 9.5　锁操作

微课：锁的讲解

由于数据并发操作可能会引起诸多的问题，例如，脏读，它是指第一个事务正在进行数据更新操作，第二个事务选择读取了尚未被确认的数据或者读取的是第一个事务正在更新的数据行，由此产生未被确认的相关性的问题。不可重复性读取是指某一事务多次读取相同行的数据信息，如果在两次读取操作之间有其他事务对该数据行执行了更新数据操作，从而导致每一次读取的数据信息都是不一致的，出现读取差异，即出现了不可重复性读取。幻读是指当对某一行数据执行插入或删除操作，而该行此时属于某个事务正在读取的数据信息范围时，幻读问题就会出现。丢失更新是指某一事务对数据库执行了更新操作，可是另一事务也对数据库执行了更新操作，系统只保存最后一次的更新操作，之前的修改操作将被丢失。为了有效解决上述问题，引用了锁的操作机制。

## 9.5.1　锁的概念与引入锁的原因

### 1. 锁的概念

锁（Lock）是解决并发访问时，多用户环境下对数据资源操作的一种安全机制，目的是当多用户同时操纵同一数据库的信息时，保证数据的一致性。如果一个数据源被加上锁，则该数据源的访问要受到一定的限制，因而可以认为，此数据源在操作过程中是被锁定的。通常，在 SQL Server 中可以锁定的资源包括：数据行（ROW）、索引行（KEY）、页（PAGE）、盘区（EXTENT）、表（TABLE）、数据库（DATABASE）等。

### 2. 引入锁的原因

SQL Server 提供了多用户共享同一数据库的操作，但多用户对同一数据库进行并发操作时，会产生修改的异常错误。例如，某一用户读取的数据信息可能正在由其他用户进行更改操作，或者在同一时刻会有多个用户针对相同的数据进行修改，所有这一切可能会导致数据库中的数据有意或无意被他人修改或删除，造成数据不正确。为了确保数据信息的完整性和数据库系统的一致性，引入锁机制来解决用户存取数据的异常问题，对于普通用户的一般操作，可以选用系统的自动锁管理机制，如果对于数据的安全性、完整性和一致性有过高要求，用户可以自行控制数据库中设定的锁或解锁等操作。

## 9.5.2　锁的分类与死锁的产生

### 1. 锁的分类

在 SQL Server 2014 中的锁有多种模式，各种模式的锁之间既有兼容的，也有非兼容的，采用的锁模式不同，对于并发事务处理数据资源的方式不同，因此，锁具有不同的类型。

（1）从数据库系统的视角来分析，锁可以分为独占锁、共享锁、更新锁三种类型。

① 独占锁（Exclusive Lock）：又称为排他锁，主要用于数据的修改操作，被锁定的资源只能被实施锁定操作的程序或用户使用，除此之外，其他操作均不接受。当执行 INSERT、UPDATE 或 DELETE 命令时，系统自动启用独占锁，如果对象上已有其他锁存在，无法加独占锁，一旦加上独占锁，直至事务结束该锁才被释放，以便确保对同一资源不会同时执行多次更新，所以，有独占锁的资源不能设置共享锁。

② 共享锁（Shared Lock）：主要用于数据的读取操作，被共享锁锁定的资源允许多个事务读取相同数据，同样也可以被多个其他用户读取，但不允许修改数据。例如，执行 SELECT 语句时，系统会对资源对象加上共享锁，此时多个事务均可以读取同一资源，但不能修改数据，当数据页中的数据读取完毕后，资源上的共享锁立即被释放。

③ 更新锁（Update Lock）：主要用于数据的更新操作，是为了防止多个会话在进行读取、锁定、更新等操作时系统出现死锁而设定的。在 SQL Server 系统中，当某一事务查询数据，准备进行更新数据操作时，对数据信息加上更新锁，将其资源锁定，使数据只能读取不能修改。如果事务确定要进行修改数据操作，更新锁自动换为独占锁，否则将转换为共享锁。某一时刻只有一个事务可以对资源实施更新锁，实现对资源的共享访问，阻止排他式访问，如果资源上存在其他锁，就无法用更新锁锁定。

（2）从程序员的视角来分析，锁可以分为乐观锁、悲观锁两种类型。

① 乐观锁（Optimistic Lock）：是指进行数据处理时，不需要用户额外做任何工作，直接在数据记录上加锁，此锁的管理工作交由 SQL Server 系统来负责。通常，实施事务操作时，数据库系统自动对处理范围涉及的需要更新的数据表实施加锁操作。

② 悲观锁（Pessimistic Lock）：是指 SQL Server 系统不对任何锁操作负责，对数据或资源对象的加锁操作均由用户直接管理，包括获取、共享和释放任何在数据上使用的锁。

**2. 死锁的产生**

死锁（Deadlocking）是指在多用户或多进程状况下，每个任务占用其他任务即将索取的资源，或多任务为争用同一资源，而陷入无法解决的永久性阻塞状态，简言之，就是两个用户均各占有某一资源，但又都不具备运行条件，都需要对方拥有的资源，但又不肯放弃自己已有的资源，都想让对方先放弃资源，因而系统无法正常工作，一直处于循环等待状态，即为死锁，此时系统陷入死锁状态。

死锁的产生就是在多用户系统中，两个事务同时锁定不同资源，进而又要争取对方锁定的不会轻易释放的资源，系统进入永久性等待的僵局。因此，死锁的形成应当具备如下 4 个条件。

（1）请求与保持：已经获取资源的同时可以再次申请新资源。

（2）非剥夺：已经分配的资源不能被剥夺。

（3）循环等待：进程的等待形成环路，都等待相邻进程占据的资源。

（4）互斥：某一时刻，资源只能被一个进程占有。

微课：利用锁维护数据信息

### 9.5.3 利用锁维护数据信息的案例

检查在程序执行中锁的使用情况，在对读者信息表 Readerinfo 执行插入和查询操作时，检查程序执行过程中锁的使用情况，以便防止插入数据的不一致性和防止读出脏数据的情况。

（1）启动 SQL Server Management Studio 窗口，单击工具栏上的“新建查询”按钮 新建查询(N)，打开 T-SQL 语句的编辑器。

（2）在语句编辑窗口中输入如下 T-SQL 代码。

```
USE Librarymanage
GO
BEGIN TRANSACTION
SELECT * FROM Readerinfo
EXEC SP_LOCK
  INSERT INTO Readerinfo VALUES('12110204','111222','王五', '120101198506126785',
        '学生','13089766543','2011-03-27','网络系',8,30,'1',0,0,NULL)
SELECT * FROM Readerinfo
EXEC SP_LOCK
COMMIT TRANSACTION
```

（3）单击工具栏上的“分析”按钮✔，对 SQL 语句进行语法检查。

（4）经检查无误后，单击工具栏上的“执行”按钮 执行(X)，完成锁的信息查询操作，执行结果如图 9-21 所示。

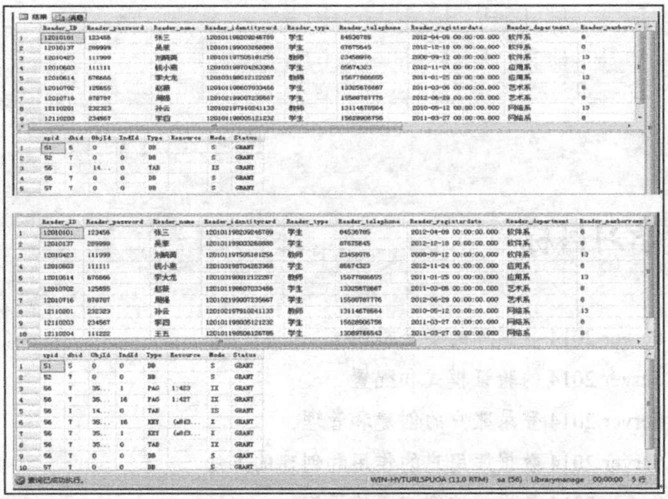

**图 9-21　运行锁的信息查询命令的结果**

查看锁信息的语法格式如下。

```
Sp_lock    进程编号spid
```

通常，使用系统存储过程 Sp_lock 查看锁的信息，参数说明如下：进程编号 spid，存储在 master.dbo.sysprocesses 系统表中，spid 的数据类型是整型，用于指定将要显示的锁信息，如果没有明确指定 spid，则显示所有的锁信息。

# 9.6　本章小结

本章主要介绍 SQL Server 2014 数据库系统在进行深度开发时用到的一些对数据信息操作与维护的机制，以便确保数据信息的安全性与一致性。明确使用用户自定义数据类型与用户自定义函数的原因，通过具体案例演示如何创建与使用自定义数据类型与自定义函数完成相应的工作任务。结合案例讲解了有关事务、游标、锁的基本概念及其具体操作，展示了如何借助各种安全机制与措施加强对数据库中数据信息的维护与管理。

PART 10

# 第10章 数据库安全管理与日常维护

## 课堂学习目标

- 了解 SQL Server 2014 数据库的安全机制
- 掌握 SQL Server 2014 的验证模式和配置
- 理解 SQL Server 2014 登录账户的创建和管理
- 理解 SQL Server 2014 数据库用户的作用和创建的方法
- 掌握 SQL Server 2014 数据库访问权限的设定
- 掌握 SQL Server 2014 备份和还原数据库
- 掌握 SQL Server 2014 导入和导出数据库

# 10.1 安全策略与安全验证模式

SQL Server 数据库的安全是本章介绍的重点内容，SQL Server 数据库安全策略基于多种模式，SQL Server 数据库建立在安全验证的基础之上。

## 10.1.1 SQL Server 安全策略

SQL Server 2014 的服务器级安全建立在控制服务器登录和密码的基础上。SQL Server 2014 采用标准 SQL Server 登录和集成 Windows 登录两种方式。无论使用哪种登录方式，用户在登录时提供的登录账号和密码决定了用户能否获得 SQL Server 2014 的访问权限以及用户在访问 SQL Server 2014 进程时可以拥有的权利。管理和设计合理的登录方式是 SQL Server 2014 数据库管理员的重要任务，是 SQL Server 2014 安全体系中的重要组成部分。

在建立用户的登录账号信息时，SQL Server 2014 会提示用户选择默认的数据库，并需要给用户分配权限。以后用户每次连接服务器后，都会自动转到默认的数据库上。对于任何用户来说，如果在设置登录账号时没有指定默认的数据库，则用户的权限将局限在 master 数据库以内。SQL Server 2014 在数据库级的安全级别上也设置了角色，并允许用户在数据库上建立新的角色，然后为该角色赋予多个权限，最后通过角色将权限赋予 SQL Server 2014 的用户，使用户获取具体数据库的操作权限。

数据库对象的安全性是核查用户权限的最后一个安全等级。在创建数据库对象时，SQL Server 2014 自动把该数据库对象的拥有权赋予该对象的所有者。对象的拥有者可以实现该对象的安全控制。

数据对象访问的权限定义了用户对数据库中数据对象的引用、数据操作语句的许可权。这部分工作通过定义对象和语句的许可权限来实现。

SQL Server 2014 处理安全模型的 3 个层次对于用户权限的划分不存在包含的关系，但是它们相邻的层次通过映射账号建立关联。例如，用户访问数据时经过 3 个阶段。第一阶段：用户必须登录到 SQL Server 实例进行身份鉴别，确认合法后，才能登录到 SQL Server 实例；第二阶段：用户在每个要访问的数据库中必须有一个账号，SQL Server 实例将 SQL Server 登录映射到数据库用户账号上，在这个数据库的账号上定义数据库的管理和数据库对象访问的安全策略；第三阶段：检查用户是否具有访问数据库对象、执行动作的权限，经过语句许可权限的验证，实现对数据的操作。

## 10.1.2 SQL Server 安全验证模式

用户连接 SQL Server 服务器时，既可以使用 Windows 身份验证，也可以使用 SQL Server 身份验证。用户名和密码保留在 SQL Server 内。使用的具体验证方式取决于在最初通信时使用的网络库。如果一个用户使用 TCP/IP Sockets 进行登录验证，则使用 SQL Server 身份验证；如果用户使用命名管道，则登录时使用 Windows 身份验证。

在 SQL Server 身份验证中，管理员在 SQL Server 内部创建 SQL Server 登录名，任何连接 SQL Server 的用户都必须提供有效的 SQL Server 登录名和密码。服务器比较其存储在系统表中的登录名和密码来进行身份验证。依赖登录名和密码的连接称为非信任连接或者 SQL Server 连接。

SQL Server 建议尽可能使用 Windows 身份验证，如果必须选择混合模式身份验证并且要求使用 SQL Server 登录名以适应早期应用程序，则必须为所有 SQL Server 用户设置强密码。

# 10.2 SQL Server 身份验证模式

微课：数据库身份验证

SQL Server 身份验证模式是指如何处理用户名和密码，SQL Server 2014 提供了两种验证模式：Windows 身份验证模式和混合模式。

## 10.2.1 Windows 身份验证模式

Windows 身份验证是默认模式（通常称为集成安全），因为它与 Windows 紧密集成，信任特定 Windows 用户和组账户登录 SQL Server。已经过身份验证的 Windows 用户不必提供附加的凭据。

当使用 Windows 身份验证连接到 SQL Server 时，Windows 将完全负责对客户端进行身份验证。在这种情况下，将按其 Windows 用户账户来识别客户端。当用户通过 Windows 用户账户连接时，SQL Server 使用 Windows 操作系统中的信息验证账户名和密码，用户不必重复提交登录名和密码。Windows 身份验证模式有以下优点。

➢ 数据库管理员的工作可以集中在管理数据上面，而不是管理用户账户，对用户账户的管理可交给 Windows 完成。

➢ Windows 有更强的用户账户管理工具，可以设置账户锁定、密码期限等。Windows 的组策略支持多个用户同时被授权访问 SQL Server。

➢ 当数据库仅在内部访问时，使用 Windows 身份验证模式可以获得最佳的工作效率。在这种模式下，域用户不需要独立的 SQL Server 用户账户和密码就可以访问数据库，如果用户更新了自己的域密码，也不必更改 SQL Server 2014 的密码。但是，在该模式下，用户仍然要遵从 Windows 安全模式的所有规则，可以用这种模式锁定账户、审核登录和迫使用户周期性地更改登录密码。

在默认的情况下，SQL Server 2014 使用本地账户来登录。

【例 10-1】创建 Windows 登录账户 manager，并用此账户登录 SQL Server 服务器。

（1）打开本计算机的“控制面板”→“管理工具”→“计算机管理”界面，如图 10-1 所示。

图 10-1 计算机管理界面

（2）展开“本地用户和组”菜单，用鼠标右键单击“用户”选项，在弹出的快捷菜单中选择“新用户”命令，如图 10-2 所示。

（3）打开“新用户”对话框，在其中输入用户名 manager，设置相应的密码，并选中“密码永不过期”复选框，如图 10-3 所示。

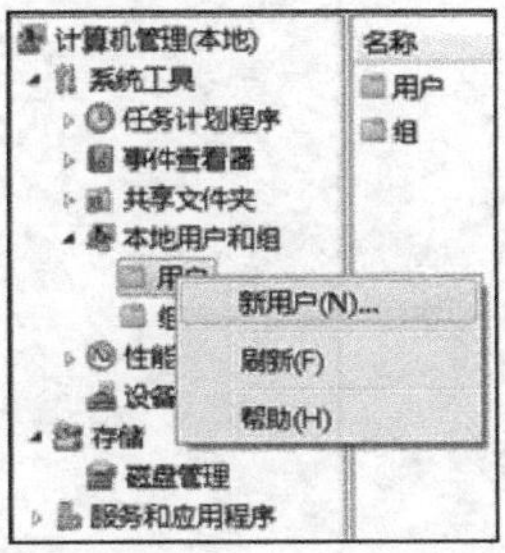


图 10-2　建立新用户

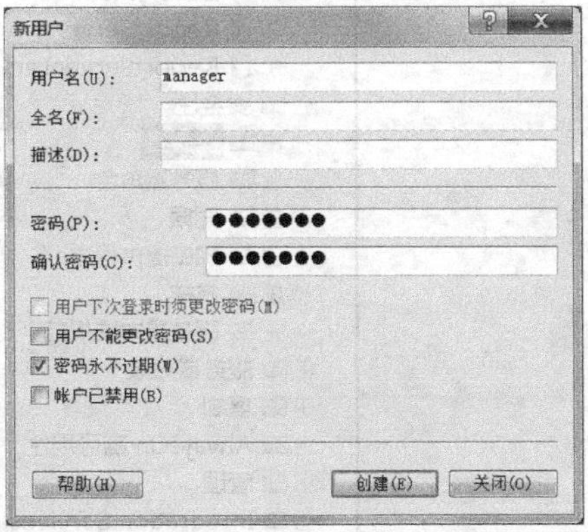


图 10-3　建立新用户 manager

（4）设置完成后，单击“创建”按钮。关闭“新用户”对话框，在“用户”选项下出现新的用户账户，如图 10-4 所示。

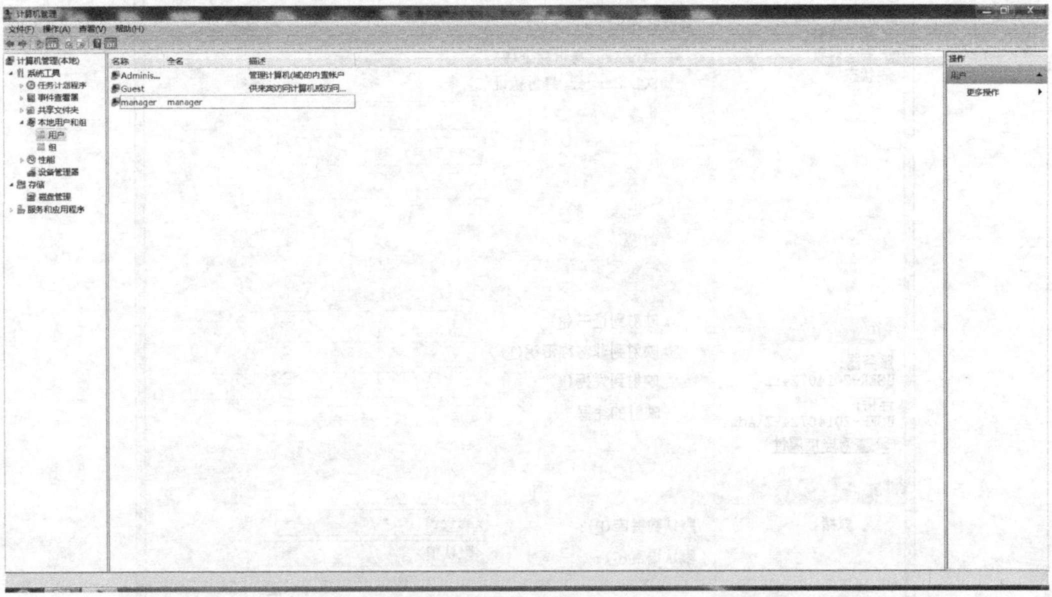


图 10-4　新用户 manager 创建成功

（5）创建用户账户完成后，可以创建要映射到这个账户上的 Windows 登录名。打开 SQL Server Management Studio，展开“服务器”→“安全性”→“登录名”，如图 10-5 所示。

（6）用鼠标右键单击“登录名”按钮，选择“新建登录名”选项，打开“登录名-新建”窗口，如图 10-6 所示。

图 10-5 展开“登录名”

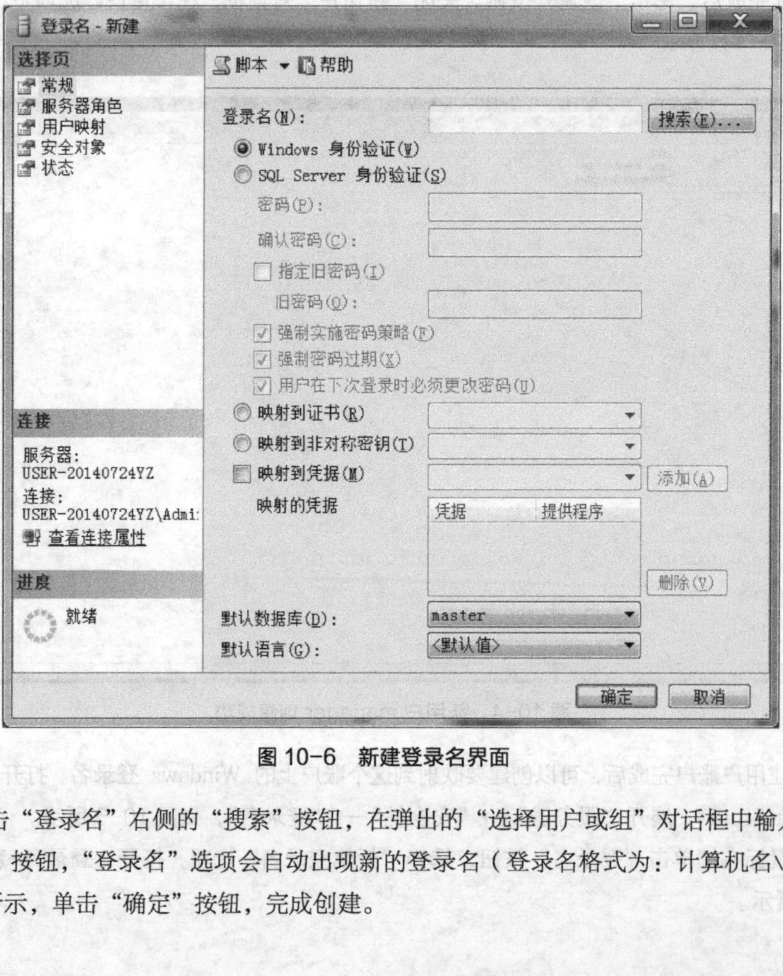


图 10-6 新建登录名界面

（7）单击“登录名”右侧的“搜索”按钮，在弹出的“选择用户或组”对话框中输入 manager，单击“确定”按钮，“登录名”选项会自动出现新的登录名（登录名格式为：计算机名\manager），如图 10-7 所示，单击“确定”按钮，完成创建。

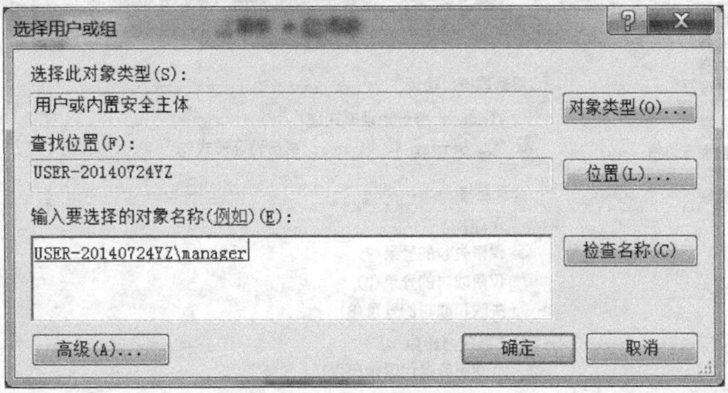


图 10-7　选择登录名

（8）创建完成后，使用 manager 用户名登录本地计算机，并可直接使用 Windows 身份验证方式连接到服务器，如图 10-8 所示。

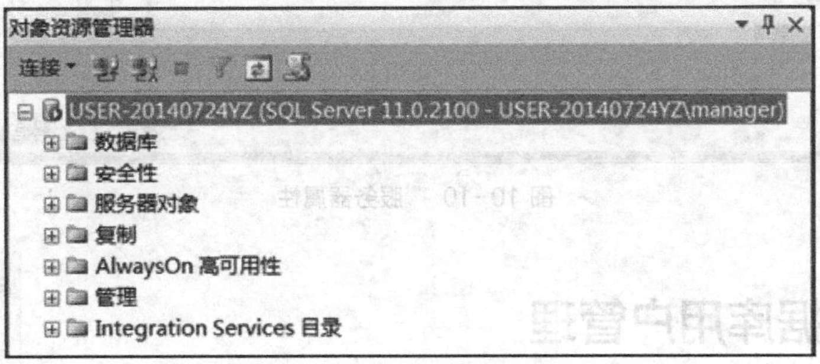


图 10-8　利用 manager 登录

## 10.2.2　混合身份验证模式

SQL Server 2014 提供了两种验证模式，具体使用何种验证模式需要根据不同用户的实际情况来选择。在 SQL Server 2014 的安装过程中，用户需要指定 SQL Server 2014 的身份验证模式，这样在使用 SQL Server 2014 时，才可以确定使用的身份验证方式。

除了在安装时指定身份验证模式外，还可以修改已指定验证模式的 SQL Server 2014 服务器。

（1）启动 SQL Server Management Studio，连接服务器后，展开树状目录，用鼠标右键单击服务器，在弹出的快捷菜单中选择“属性”命令，如图 10-9 所示。

（2）打开“服务器属性”窗口，在左侧的“选择页”列表框中选择“安全性”选项，在右侧可以选择身份验证模式，如图 10-10 所示。

（3）修改完成后，需重启 SQL Server 后方可生效。

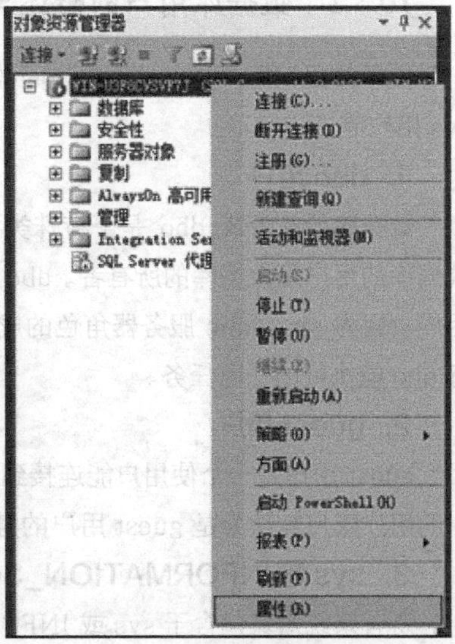


图 10-9　选择“属性”

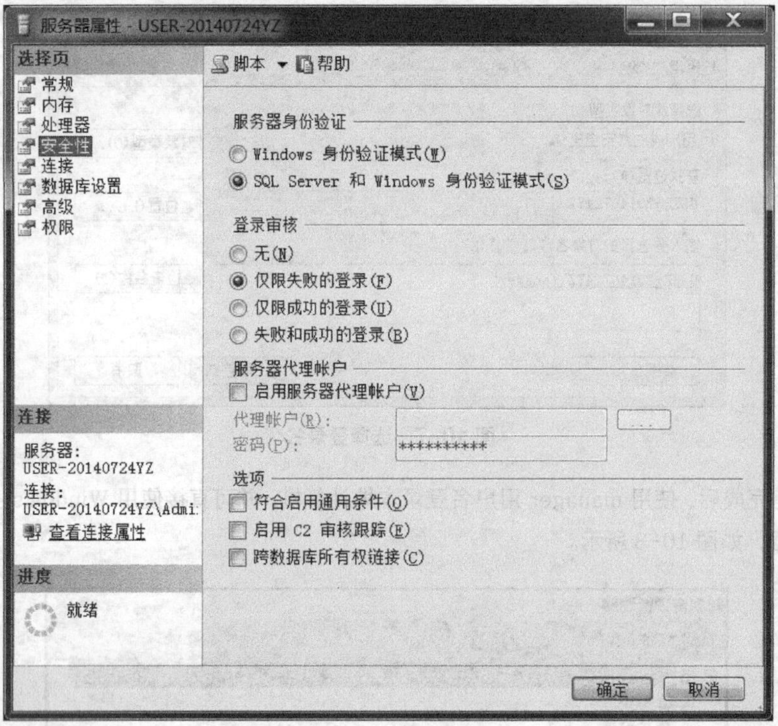


图 10-10　服务器属性

## 10.3　数据库用户管理

微课：数据库用户与角色管理

SQL Server 数据库用户是指使用和共享数据库资源的人。本节介绍数据库用户的管理，包括数据库用户的分类、创建和删除操作。

### 10.3.1　数据库用户的概述与分类

使用数据库用户账户可限制访问数据库的范围，默认的数据库用户有：dbo 用户、guest 用户和 sys 用户等。

#### 1. dbo 用户

数据库所有者或 dbo 是个特殊类型的数据库用户，并且它被授予特殊的权限。一般来说，创建数据库的用户是数据库的所有者。dbo 被隐式授予对数据库的所有权限，并且能将这些权限授予其他用户。因为 sysadmin 服务器角色的成员被自动映射为特殊用户 dbo，所以 sysadmin 角色成员能执行 dbo 能执行的任何任务。

#### 2. guest 用户

guest 用户是一个使用户能连接到数据库并允许访问数据库的特殊用户。以 guest 账户访问数据库的用户账户被认为是 guest 用户的身份，并且继承 guest 账户的所有权限和许可。

#### 3. sys 和 INFORMATION_SCHEMA 用户

所有系统对象包含于 sys 或 INFORMATION_SCHEMA 的架构中。这是创建在每一个数据库中的两个特殊架构，但是它们仅在 master 数据库中可见。相关的 sys 和 INFORMATION_SCHEMA

架构的视图提供存储在数据库中所有数据对象的元数据的内部系统视图。sys 和 INFORMATION_SCHEMA 用户用于引用这些视图。

### 10.3.2 创建指定数据库用户

前面学习了 SQL Server 的身份验证用来提高数据库的安全性,但是在 SQL Server 2014 中,登录账户只是让用户登录到 SQL Server 中，登录名本身并不能让用户访问服务器中的数据库。要访问特定的数据库,还必须具有用户名。用户名在特定的数据库内创建,并关联一个登录名（当一个用户创建时，必须关联一个登录名)，通过授权给用户，指定用户可以获得访问数据库对象的权限。

**【例 10-2】**创建 SQL Server 用户 Manager，并用此账户登录 SQL Server 服务器。

（1）打开 SQL Server Management Studio，展开“服务器”→“安全性”→“登录名”。用鼠标右键单击“登录名”选项，选择“新建登录名”命令，打开“登录名-新建”窗口，如图 10-11 所示。

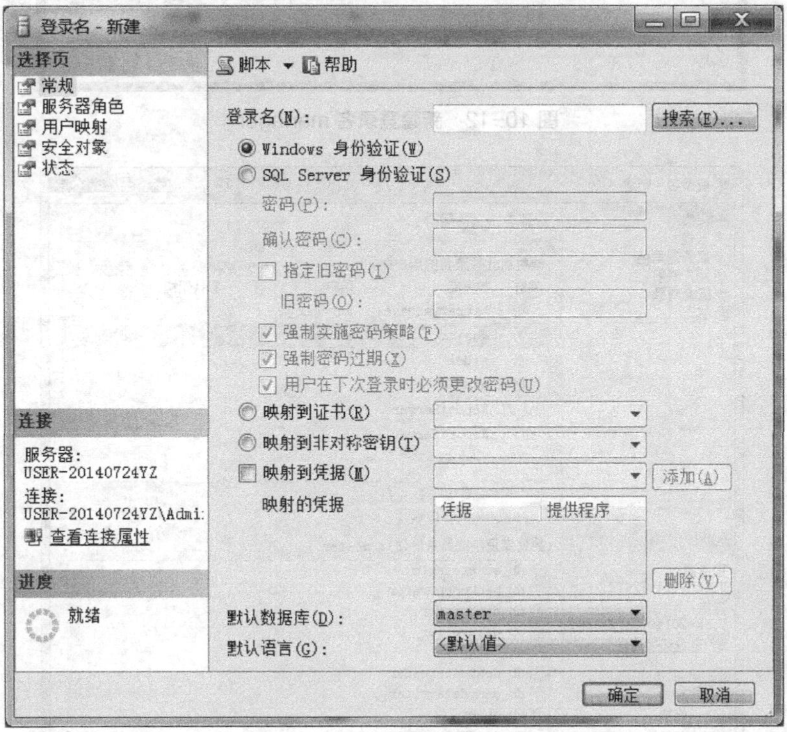


图 10-11 新建登录名

（2）在“登录名-新建”窗口中选中“SQL Server 身份验证”单选按钮，然后输入登录名 Manager 并自行设定密码。禁用“强制实施密码策略”和“强制密码过期”两个选项，如图 10-12 所示。

（3）单击页面左侧“选择页”列表框中的“用户映射”选项。在“映射到此登录名的用户”列表框中，选择 master 数据库和 Librarymanage 数据库，如图 10-13 所示，系统会自动创建和登录名同名的数据库用户。“数据库角色成员身份”默认选择 public，拥有最小权限。

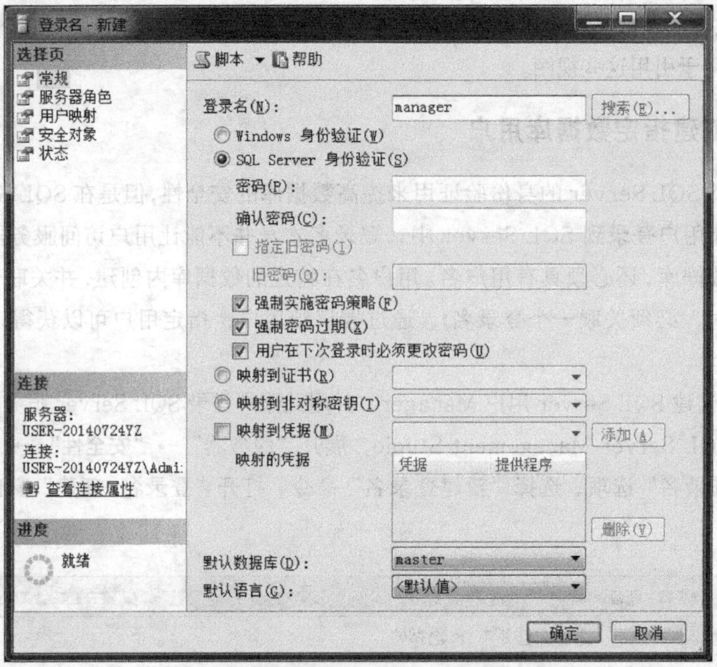


图 10-12　新建登录名 manager

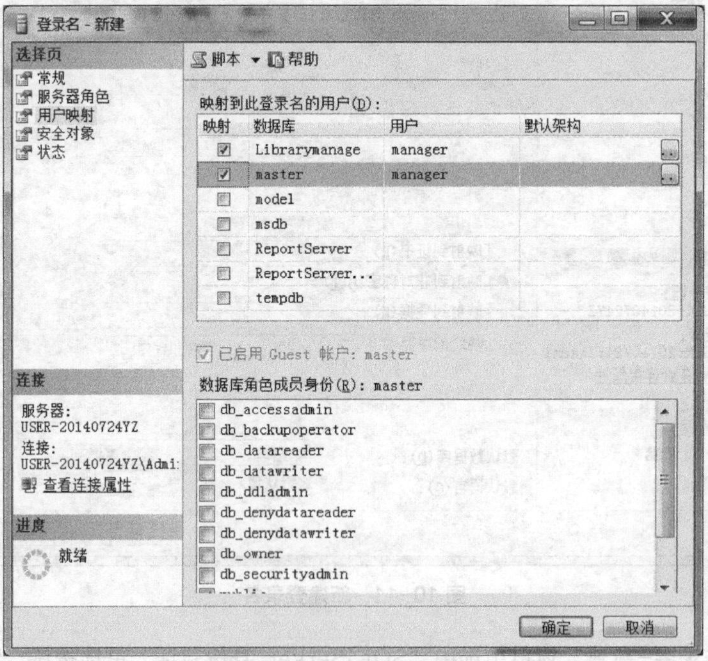


图 10-13　选择映射数据库

（4）单击“确定”按钮，完成 SQL Server 登录账户 Manager 的创建。

为测试 Manager 账户创建是否成功，用 Manager 账户登录 SQL Server 服务器。

（1）按照前面章节的介绍，修改数据库的身份验证模式，并重启服务器。

（2）重新打开 SQL Server Management Studio，在“连接到服务器”界面的“身份验证”选项中选择“SQL Server 身份验证”，在登录名中输入 Manager，并在密码项中输入相应的密码，单击“连接”按钮。

（3）登录服务器后可查看当前服务器的数据库对象。

这里需要注意，由于我们之前在设置时只选择了 master 数据库和 Librarymanage 数据库，所以当前登录只能访问该数据库，而并未拥有其他数据库的访问权限，当访问其他数据库时，会提示错误信息。

打开数据库，由于并未给该登录账户配置任何权限，所以当前登录只能进入数据库而不能执行任何操作，否则会提示错误信息。

使用 T-SQL 语句添加登录名

语句格式：

```
create login用户名with password='密码'
```

例：创建一个用户 s1 密码为“123qwe.”

```
USE   StuManager
create login s1 with password='123qwe.'
```

使用 T-SQL 语句添加用户

语句格式：

```
EXEC sp_addlogin   "登录名", "密码"
```

例如：为 Librarymanage 添加用户 "周杰伦"，密码为"123qwe."

```
USE   Librarymanage
EXEC sp_addlogin   '周杰伦' , '123qwe.'
```

### 10.3.3 删除指定数据库用户

打开 SQL Server Management Studio，展开“服务器”→“安全性”→“登录名”，用鼠标右键单击登录名 Stu Manager，选择“删除”选项，如图 10-14 所示，单击“确定”按钮。

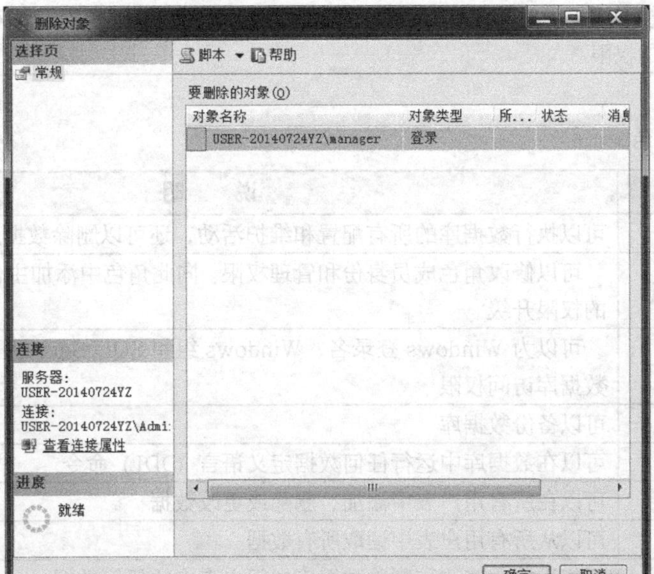


图 10-14　删除对象对话框

# 10.4 数据库角色管理

SQL Server 数据库角色是数据库安全管理的重要组成部分之一，本节主要介绍数据库角色分类、添加和删除服务器角色、添加和删除数据库角色等内容。

## 10.4.1 数据库角色的概述与分类

在 SQL Server 2014 中，使用 SQL Server 用户连接服务器，使用数据库用户进入数据库，但是如果不为登录账户分配权限，则依然无法对数据库中的数据进行访问和管理。SQL Server 2014 使用角色来集中管理数据库或服务器的权限。按照角色的作用范围，可以将角色分为服务器角色（见表 10-1）和数据库角色（见表 10-2）。

表 10-1 服务器角色

| 服务器角色 | 说　明 |
| --- | --- |
| sysadmin | 可以在服务器中执行任何活动 |
| serveradmin | 可以更改服务器范围内的配置选项并关闭服务器 |
| securityadmin | 管理登录名及其属性。它们对服务器进行 GRANT、DENY 和 REVOKE 操作的权限 |
| processadmin | 可以终止在 SQL Server 实例中运行的进程 |
| setupadmin | 可以使用 Transact-SQL 语句添加和删除链接服务器 |
| bulkadmin | 可以运行 BULK INSERT 语句 |
| diskadmin | 用于管理磁盘文件 |
| dbcreator | 可以创建、更改、删除和还原任何数据库 |
| public | 每个 SQL Server 登录名均属于 public 服务器角色。如果未向某个服务器主体授予或拒绝对某个安全对象的特定权限，该用户将继承授予该对象的 public 角色的权限 |

表 10-2 数据库角色

| 数据库角色 | 说　明 |
| --- | --- |
| db_owner | 可以执行数据库的所有配置和维护活动，还可以删除数据库 |
| db_securityadmin | 可以修改角色成员身份和管理权限。向此角色中添加主体可能会导致意外的权限升级 |
| db_accessadmin | 可以为 Windows 登录名、Windows 组和 SQL Server 登录名添加或删除数据库访问权限 |
| db_backupoperator | 可以备份数据库 |
| db_ddladmin | 可以在数据库中运行任何数据定义语言（DDL）命令 |
| db_datawriter | 可以在所有用户表中添加、删除或更改数据 |
| db_datareader | 可以从所有用户表中读取所有数据 |
| db_denydatawriter | 不能添加、修改和删除数据库内用户表中的任何数据 |
| db_denydatareader | 不能读取数据库内用户表中的任何数据 |

### 10.4.2　添加服务器角色的用户

【例 10-3】利用 SQL Server Management Studio 向数据库中添加服务器角色 testone。

（1）打开 SQL Server Management Studio，展开“服务器”→“安全性”→“服务器角色”，用鼠标右键单击“服务器角色”选项，选择“新建服务器角色”命令，如图 10-15 所示。

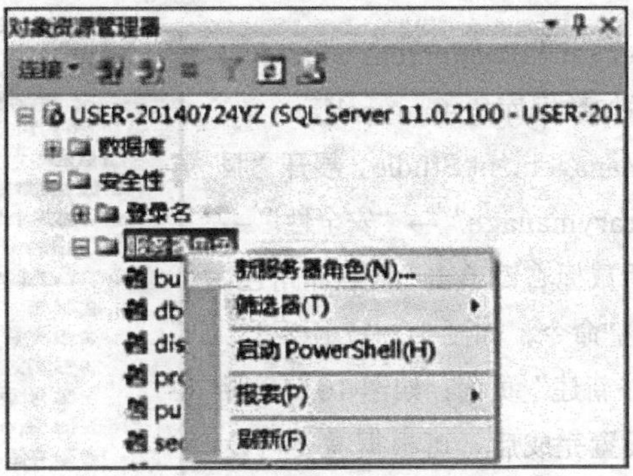

图 10-15　新建服务器角色选项

（2）打开“新服务器角色”页面，根据需要进行设置，如图 10-16 所示。单击“确定”按钮，完成创建。

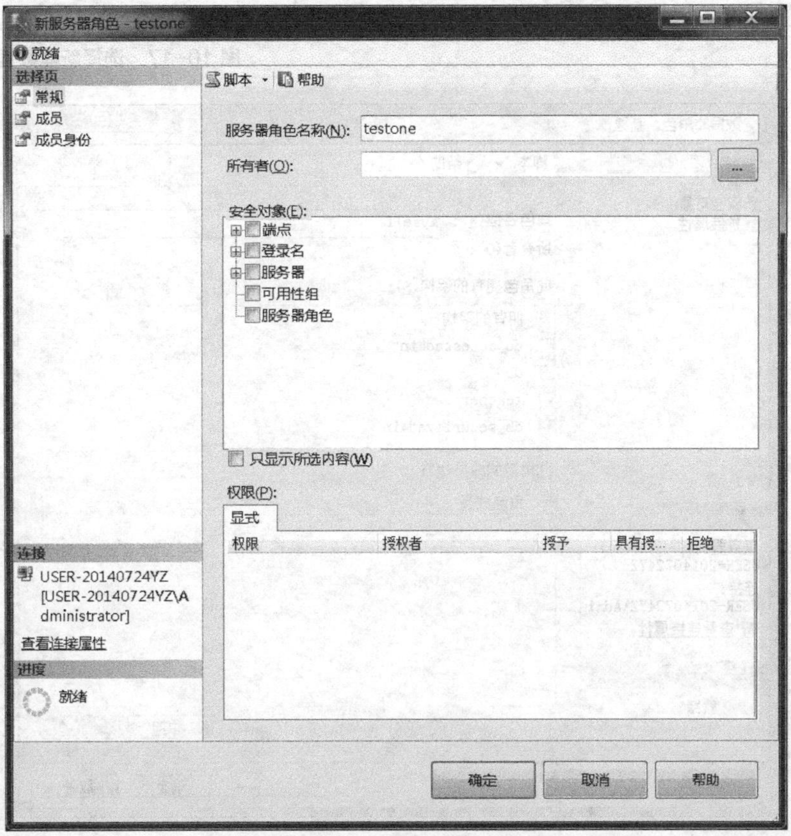

图 10-16　新建服务器角色界面

### 10.4.3 删除服务器角色的用户

打开 SQL Server Management Studio，展开“服务器”→“安全性”→“服务器角色”→“testone”。用鼠标右键单击服务器角色 testone，选择“删除”命令。

### 10.4.4 添加数据库角色的用户

【例 10-4】利用 SQL Server Management Studio 向 Librarymanage 数据库中添加数据库角色 myself。

（1）打开 SQL Server Management Studio，展开“服务器”→“数据库”→“Librarymanage”→“安全性”→“角色”→“数据库角色”。用鼠标右键单击“数据库角色”选项，选择“新建数据库角色”命令，如图 10-17 所示。

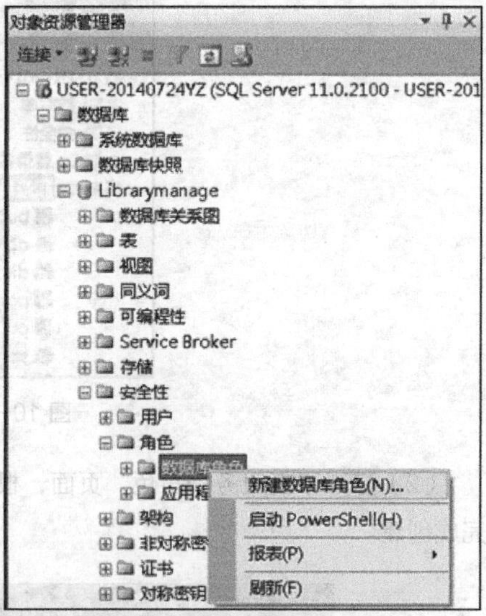


图 10-17 选择新建数据库角色

（2）打开“数据库角色-新建”页面，如图 10-18 所示，根据需要进行设置。设置完成后，可根据需要再设置“安全对象”和“扩展属性”。单击“确定”按钮，完成创建。

➢ 角色名称：输入角色名称。

➢ 所有者：显示角色的所有者。

➢ 此角色拥有的架构：选择或者查看此角色拥有的架构。

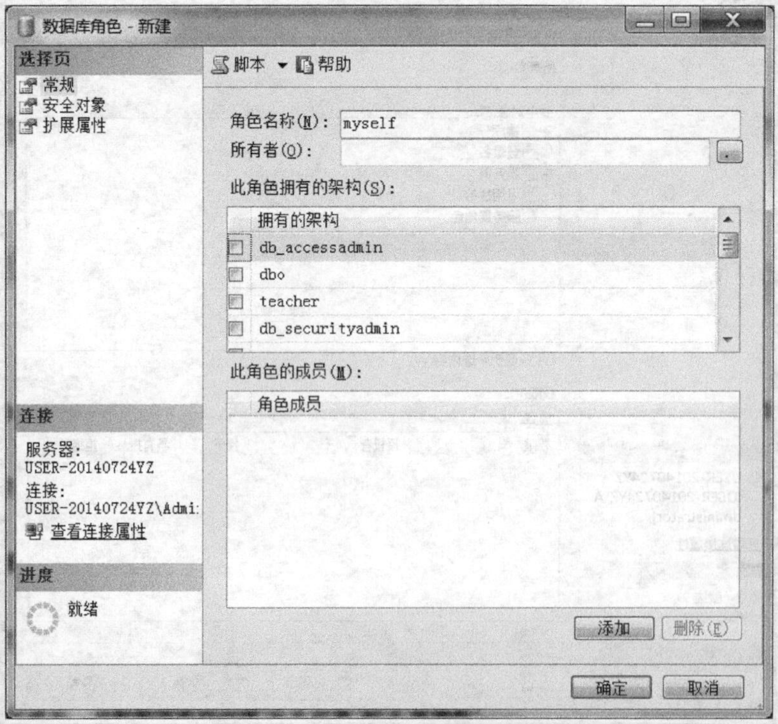


图 10-18 新建数据库角色界面

➢ 此角色的成员：从所有可用数据库用户的列表中选择角色的成员身份。

附了使用图形化界面创建角色，我们还可以使用 T-SQL 语句创建角色。

语法格式

```
sp_addrole  'role' ,['owner']
```

其中，role 表示新数据库角色的名称。owner 表示新数据库角色的所有者，默认为 dbo。

例如，用命令创建 teacher 角色。

```
EXEC sp_addrole 'teacher'
```

### 10.4.5 删除数据库角色的用户

打开 SQL Server Management Studio，展开“服务器”→“数据库”→“Librarymanage”→“安全性”→“角色”→“数据库角色”→“myself”。用鼠标右键单击数据库角色 myself，选择“删除”命令，如图 10-19 所示。

图 10-19 删除数据库角色

## 10.5 SQL Server 权限管理

SQL Server 数据库的权限是数据库安全的重要组成部分，本节介绍权限的作用，以及授予操作、撤销操作和拒绝操作。

### 10.5.1 权限的作用

向角色而不是用户授予权限可简化安全管理。分配给角色的权限集由该角色的所有成员继承。在角色中添加或移除用户要比为单个用户重新创建单独的权限集更为简便。角色可以嵌套，但是嵌套的级别太多会降低性能，也可以将用户添加到数据库角色来简化权限的分配，可以授予架构级别的权限。

对于在架构中创建的所有新对象，用户可以自动继承权限，无需在创建新对象时授予权限。

### 10.5.2 权限的授予操作

为了允许用户执行某些活动或者操作数据，需要授予相应的权限，使用 GRANT 语句授权。基本语法如下。

```
GRANT
{ALL lstatement[,...n7]}
TO   security_ account [, .. .n]
```

其中各个参数的含义如下。

ALL 表示授予所有可以应用的权限。

Statement 表示可以授予权限的命令，如 CREATE DATABASE。

security_account 定义被授予权限的用户单位，security_account 既可以是 SQL Server 的数据库用户，也可以是 SQL Server 的角色，还可以是 Windows 的用户或工作组。

例如，将 bookinfo 表的 select 权限授予数据库用户田老师和周杰伦。

```
GRANT SELECT ON bookinfo TO田老师，周杰伦
```

例如，将 readerinfo 表上的增删改权限授予角色 teacher。

```
GRANT INSERT,UPDATE,DELETE   ON   readerinfo TO teacher
```

### 10.5.3 权限的撤销操作

REVOKE 语句撤销权限，从用户或角色撤销的权限仍可以从主体分配到的其他组或角色继承。使用 T-SQL 语句管理对象权限，语句格式如下。

```
GRANTI DENYI REVOKE   ALLI 权限名
     ON表名I其他对象名TO用户或角色
```

例如，撤销以前对 teacher 角色赋予的修改 readerinfo 表的权限。

```
REVOKE UPDATE ON readerinfo TO teacher
```

### 10.5.4 权限的拒绝操作

DENY 撤销一个权限，使其不能被继承。DENY 优先于所有权限，只是 DENY 不适用于对象所有者或 sysadmin 的成员。如果针对 public 角色对某个对象执行 DENY 权限语句，则会拒绝该对象的所有者和 sysadmin 成员以外的所有用户和角色访问该对象。

例如，将不允许数据库用户周杰伦对 bookinfo 表进行删除和修改操作。

```
DENY UPDATE,DELETE ON bookinfo TO周杰伦
```

## 10.6 数据库备份与恢复操作

微课：数据库的备份

数据是存放在计算机上的，即使是最可靠的软件和硬件，也可能出现故障。备份与恢复数据库能应对意外的数据丢失、数据库损坏、硬件故障，甚至是自然灾害造成的损害。作为一名数据库管理员，对数据库执行备份并在意外发生时通过备份恢复数据是最基本的职责。

### 10.6.1 数据库备份的作用与类型

SQL Server 2014 提供了多种备份方式：完整备份、差异备份、事务日志备份、数据库文件和文件组备份。

#### 1. 完整备份

完整数据库备份就是备份整个数据库，包括数据库文件、这些文件的地址以及事务日志的某些部分（从备份开始时所记录的日志顺序号到备份结束时的日志顺序号），这是任何备份策略中都要求完成的第一种备份类型，因为其他所有备份类型都依赖于完整备份。完整备份使用的存储空间比差异备份使用的存储空间大，由于完成完整备份需要更多的时间，因此创建完整备份的频率常常低于创建差异备份的频率。

#### 2. 差异备份

差异备份是指将从最近一次完整数据库备份以后发生改变的数据进行备份。如果在完整备份后将某个文件添加至数据库，则下一个差异备份会包括该新文件。这样可以方便地备份数据库，而无须了解各个文件。差异备份能够加快备份速度，缩短备份时间。

#### 3. 事务日志备份

尽管事务日志备份依赖于完整备份，但并不备份数据库本身，这种类型的备份只记录事务日志的适当部分，即自从上一个事务以来已经发生变化的部分。事务日志备份比完整数据库节省时间和空间，而且利用事务日志恢复时，可以指定恢复到某一个时间，比如可以将其恢复到某个破坏性操作执行之前，这是完整备份和差异备份不能做到的。通常事务日志备份比完整备份使用的资源少。因此，为了减少数据丢失的风险，可以比完整备份更加频繁地创建事务日志备份。

#### 4. 数据库文件和文件组备份

当一个数据库很大时，备份整个数据库可能会花很多的时间，这时可以采用文件和文件组备份，即备份数据库中的部分文件或文件组。

文件组是一种将数据库存放在多个文件上的方法，并允许控制数据库对象(如表或视图)存储到这些文件当中的哪些文件上。这样，数据库就不会受到只存储在单个硬盘上的限制，而是可以分散到许多硬盘上，因而可以变得非常大。利用文件组备份，每次可以备份这些文件当中的一个或多个文件，而不是同时备份整个数据库。

### 10.6.2 备份数据库操作

#### 使用 SQL Server Management Studio 备份

【例 10-5】使用 SQL Server Management Studio 创建备份设备。

（1）启动 SQL Server Management Studio，连接服务器后，展开树状目录，展开“服务器对象”选项，用鼠标右键单击“备份设备”选项，选择“新建备份设备”选项，如图 10-20 所示。

（2）打开“备份设备”窗口，在“设备名称”中输入“Librarymanage”，如图 10-21 所示，单击“确定”按钮，完成设置。

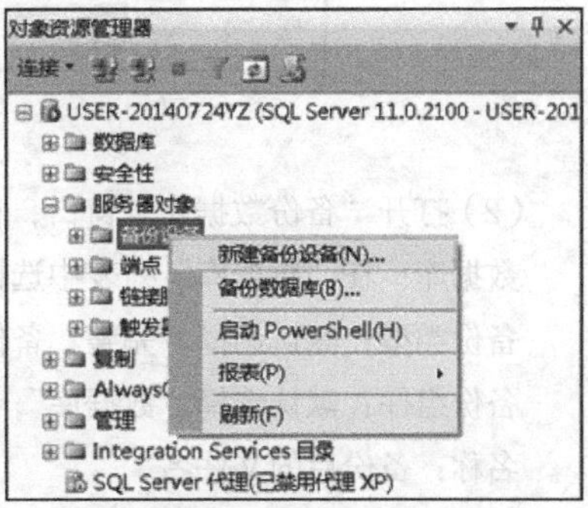


图 10-20 新建备份设备

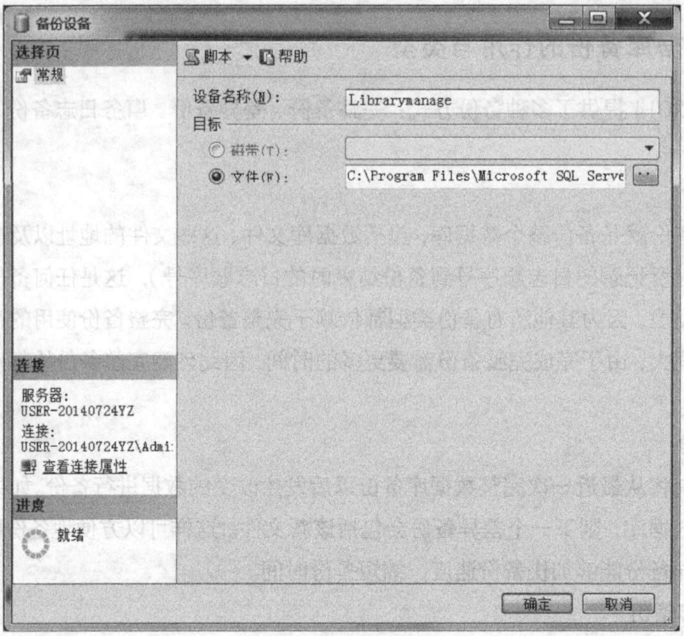


图 10-21 备份设备

【例 10-6】使用 SQL Server Management Studio 备份 Librarymanage 数据库。

（1）启动 SQL Server Management Studio，连接服务器后，展开树状目录，用鼠标右键单击数据库 Librarymanage，在弹出的快捷菜单中选择“任务”→“备份”命令，如图 10-22 所示。

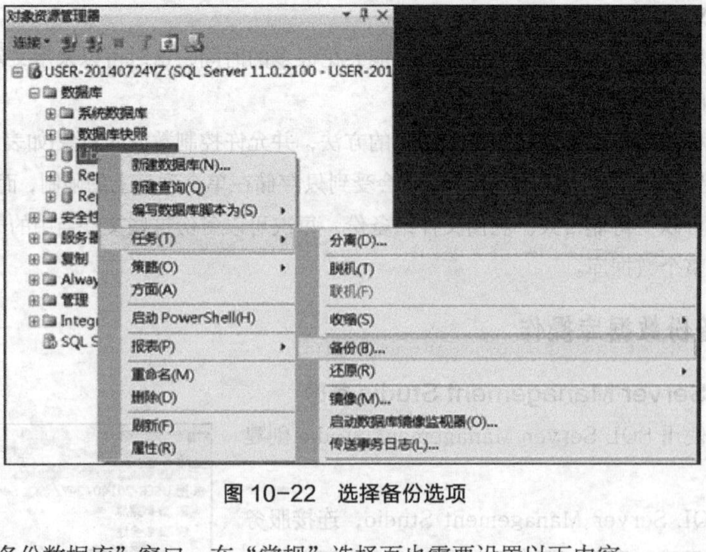


图 10-22 选择备份选项

（2）打开“备份数据库”窗口，在“常规”选择页也需要设置以下内容。

数据库：在“数据库”列表中选择 Librarymanage 选项。

备份类型：默认选择“完整”备份，可根据需求选择“差异”或者“事务日志”选项。

备份组件：默认选择“数据库”，可根据需求选择“文件和文件组”选项。

名称：备份后的文件名。

备份到：默认选择“磁盘”，可根据需求选择要备份到的位置，如图 10-23 所示。

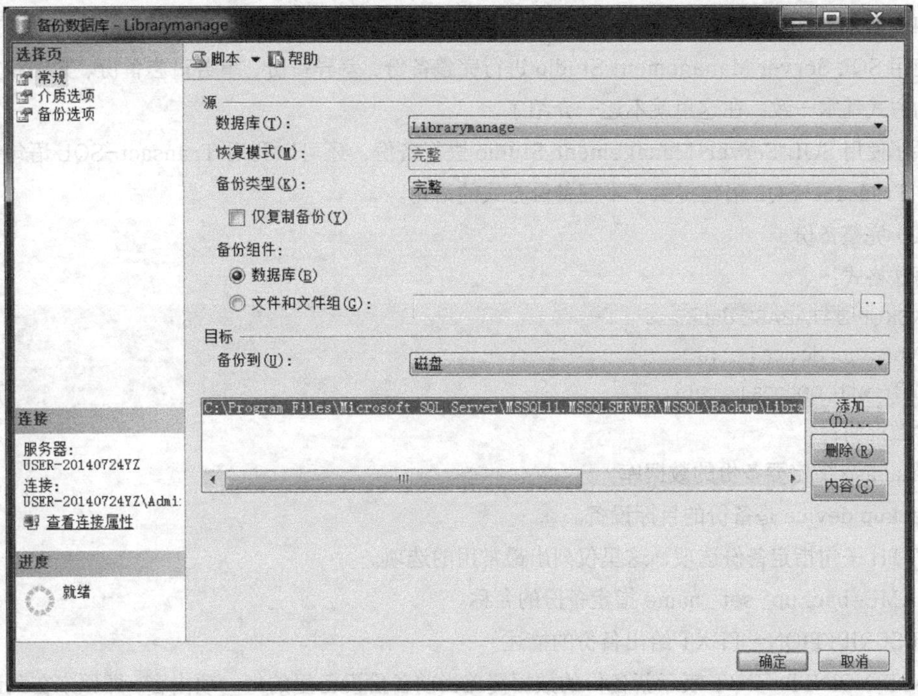

图 10-23 选择备份位置

（3）在“选择页”列表框中选择“介质选项”选项，在“覆盖介质”选项组中选择“覆盖所有现有备份集”，如图 10-24 所示。

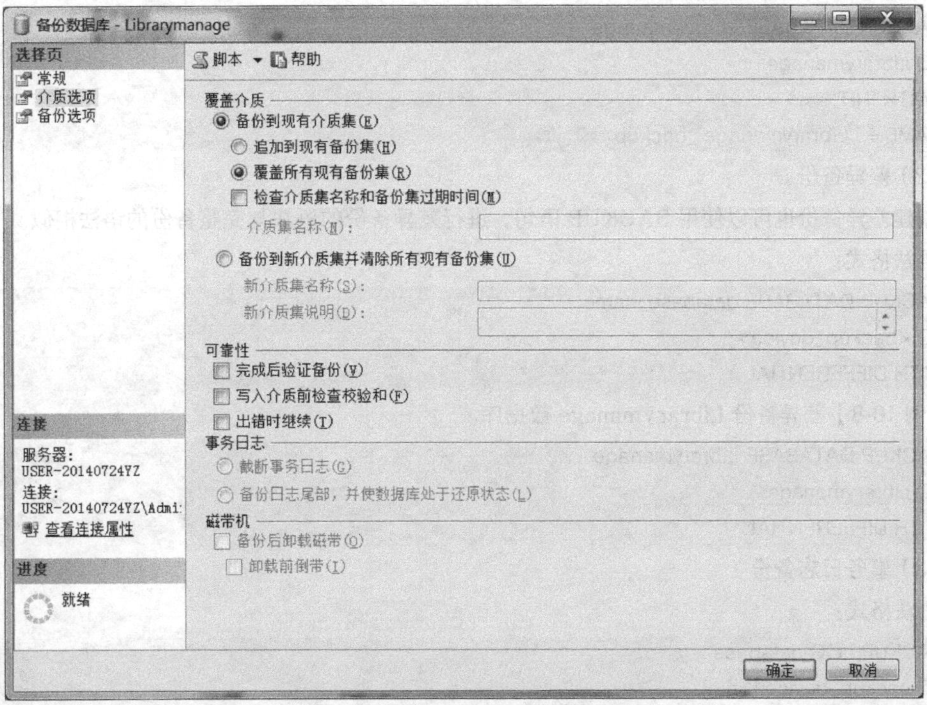

图 10-24 选择覆盖所有现有备份集

（4）所有选项设置完毕后，单击“确定”按钮，执行备份操作，备份完成后弹出备份成功的信息。

使用 SQL Server Management Studio 进行完整备份、差异备份、事务日志备份、文件和文件组备份的方式基本一致，在这里就不逐一介绍了。

除了使用 SQL Server Management Studio 进行备份，还可以利用 Transact-SQL 语句备份数据库，Transact-SQL 语句提供了不同备份方式的语句。

（1）完整备份

语法格式：

```
BACKUP DATABASE database
TO backup_device [ ,...n]
[ WITH with_options [ ,...o] ] ;
```

参数说明：

database 指定要备份的数据库。

backup device 是备份的目标设备。

WITH 子句指定备份选项，这里仅列出最常用的选项。

NAME=backup_ set _name 指定备份的名称。

DESCRIPITION='TEXT'给出备份的描述。

INIT|NOINIT　INIT 表示新备份的数据覆盖当前备份设备里的每一项内容，即原来在此设备上的数据信息都将不存在了，NOINIT 表示新备份的数据添加到备份设备上已有内容的后面。

COMPRESSION|NO_COMPRESSION、COMPRESSION 表示启用备份压缩功能；NO COMPRESSION 表示不启用备份压缩功能。

**【例 10-7】**完整备份 Librarymanage 数据库。

```
BACKUP DATABASE Librarymanage
TO Librarymanage
 WITH INIT,
NAME = ' Librarymanage _backup'
```

（2）差异备份

创建差异备份也可以使用 BACKUP 语句，进行差异备份的语法与完整备份的语法相似。

语法格式：

```
BACKUP DATABASE database_name
TO <backup_device>
WITH DIFFERENTIAL
```

**【例 10-8】**差异备份 Librarymanage 数据库。

```
BACKUP DATABASE Librarymanage
TO Librarymanage
WITH DIFFERENTIAL
```

（3）事务日志备份

语法格式：

```
BACKUP LOG database
TO backup_device [ ,...n]
[ WITH with_options [ ,...o] ] ;
```

（4）文件和文件组备份

语法格式：

```
BACKUP DATABASE database
{ FILE =logical_file_name I FILEGROUP =logical_filegroup_name } [ ,...f]
TO backup_device [ ,...n]
[ WITH with_options [ ,...o] ] ;
```

### 10.6.3 恢复数据库操作

数据库恢复就是让数据库根据备份的数据回到备份时的状态。当恢复数据库时，SQL Server 会自动将文件中的数据全部复制到数据库，并回滚未完成的事务，以保证数据库中数据的完整性。

恢复数据库（即还原数据库）有两种方式，一种是使用 SQL Server Management Studio 图形化工具，另外一种是使用 Transact-SQL 语句。

#### 1. 使用 SSMS 方式还原数据库

【例 10-9】使用 SQL Server Management Studio 还原数据库“Librarymanage”。

（1）启动 SQL Server Management Studio，连接服务器后，展开树状目录，用鼠标右键单击“Librarymanage”数据库，选择“任务”→“还原”→“数据库”选项，如图 10-25 所示。

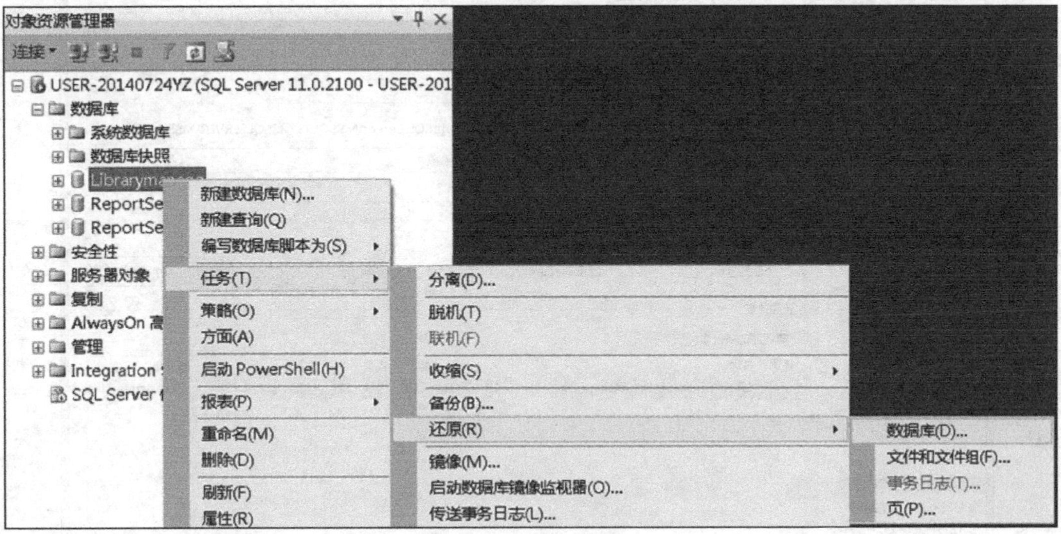


图 10-25 还原数据库

（2）打开“还原数据库”窗口，选择“源”选项中的“设备”选项，并单击[...]按钮。

（3）打开“选择备份设备”窗口，选择“备份介质类型”为“文件”，单击“添加”按钮，定位备份文件，如图 10-26 所示，完成后，单击“确定”按钮。

（4）返回“还原数据库”窗口，在“要还原的备份集”选项中，选择要还原的备份，如果有多个备份，可以复选，如图 10-27 所示。

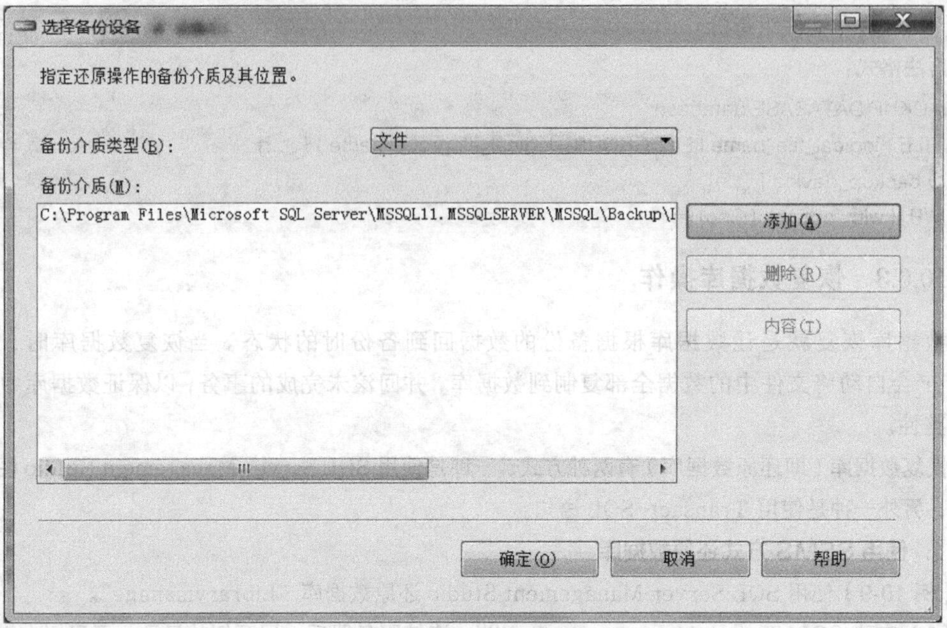


图 10-26　选择备份设备

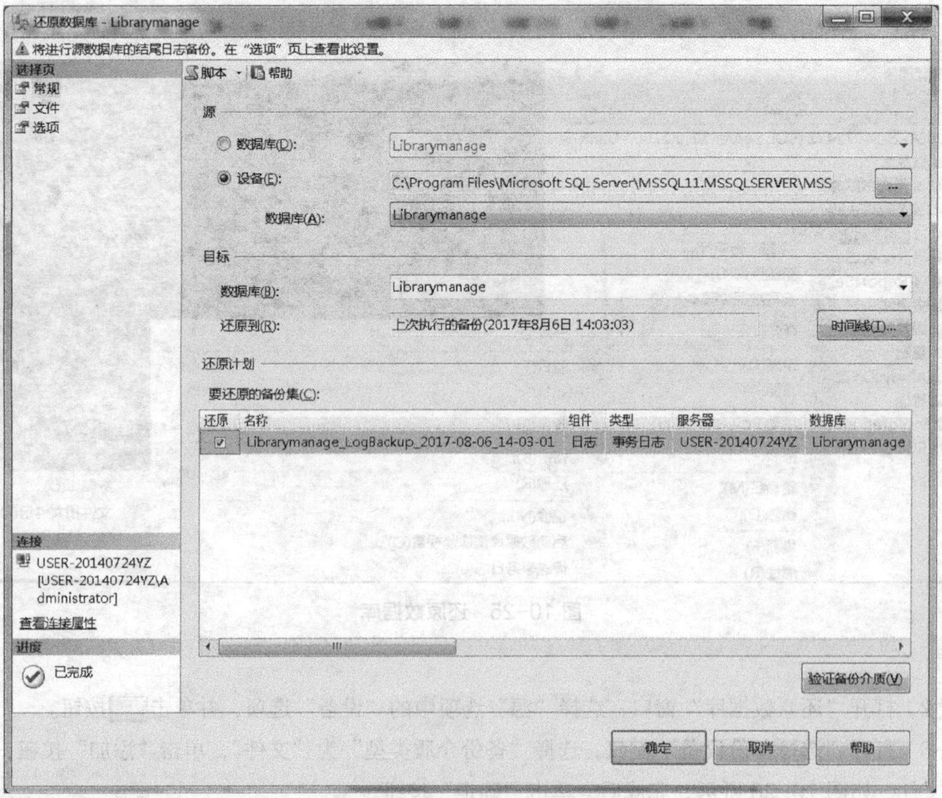


图 10-27　选择要还原的备份集

（5）单击左侧"选择页"中的"选项"，选择"还原选项"中的"覆盖现有数据库"或根据需求选择其他选项，如图 10-28 所示。

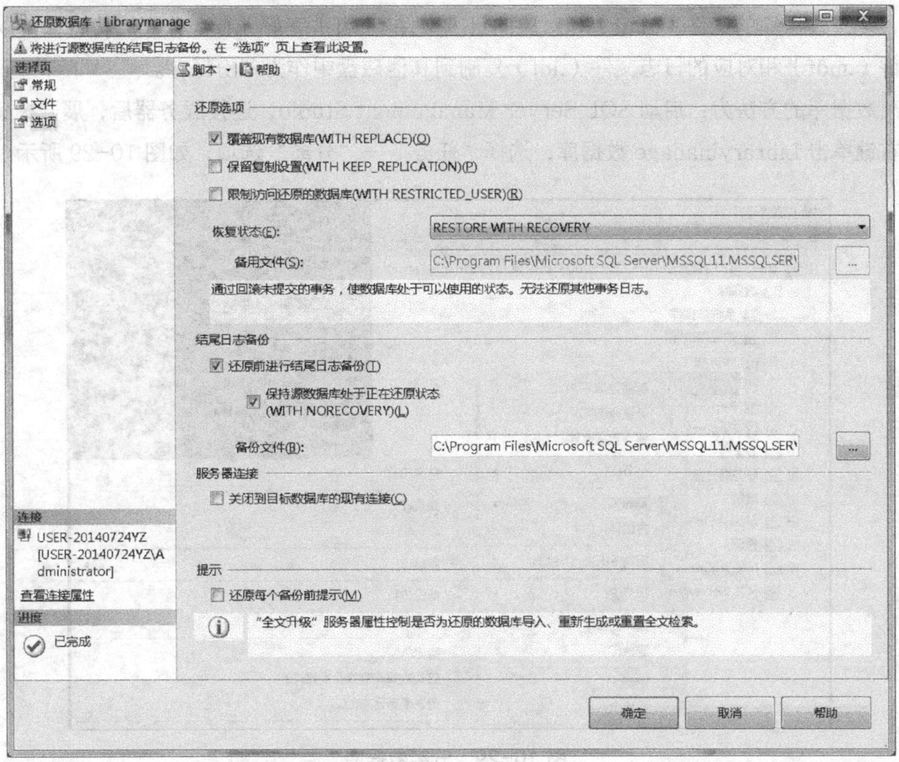


图 10-28　选择覆盖现有数据库

（6）完成后，单击"确定"按钮，等待提示，完成还原。

**2．使用 Transact-SQL 语句还原数据库**

通过 Transact-SQL 语句可以执行多种还原方案：基于完整数据库备份还原整个数据库（完整还原）、还原数据库的一部分（部分还原）、将特定文件或文件组还原到数据库（文件还原）、将特定页面还原到数据库（页面还原）、将事务日志还原到数据库（事务日志还原）、将数据库恢复到数据库快照捕获的时间点。

下面只介绍完整还原，语法格式如下。

```
RESTORE DATABASE <database_name>
FROM <backup_device>
 WITH NORECOVERY;
```

微课：数据库的分离附加与导入导出

# 10.7　数据库分离与附加操作

由于数据库管理系统的特殊性，直接复制 SQL Server 文件是行不通的。在实验教学过程中，同学们常常想把自己在学校实验室计算机中创建的数据库搬迁到自己的计算机中而不想重新创建该数据库，这时可以使用 SQL Server"分离/附加"数据库的方法来实现。

## 10.7.1　分离数据库

分离数据库就是将某个数据库从 SQL Server 数据库列表中删除，使其不再被 SQL Server 管理和使用，但该数据库的文件（.mdf）和对应的日志文件（.ldf）完好无损。分离成功后，可以把该数据库文件（.mdf）和对应的日志文件（.ldf）复制到其他磁盘中作为备份保存。

分离数据库的方法为：启动 SQL Server Management Studio，连接服务器后，展开树状目录，用鼠标右键单击 Librarymanage 数据库，选择“任务”→“分离”选项，如图 10-29 所示。

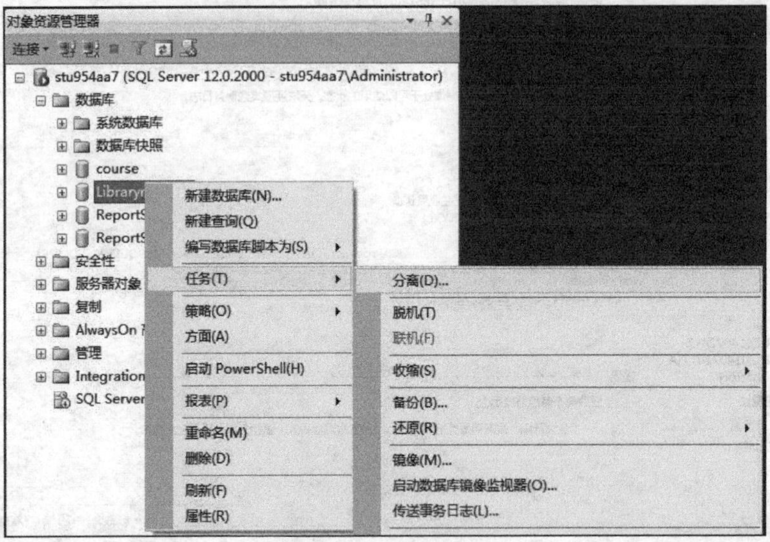


图 10-29　分离数据库

## 10.7.2　附加数据库

附加数据库就是将一个备份磁盘中的数据库文件（.mdf）和对应的日志文件（.ldf）复制到需要的计算机，并将其添加到某个 SQL Server 数据库服务器中，由该服务器来管理和使用这个数据库。

附加数据库的方法如下。

（1）启动 SQL Server Management Studio，连接服务器后，展开树状目录，用鼠标右键单击“数据库”，选择“附加”选项，如图 10-30 所示。

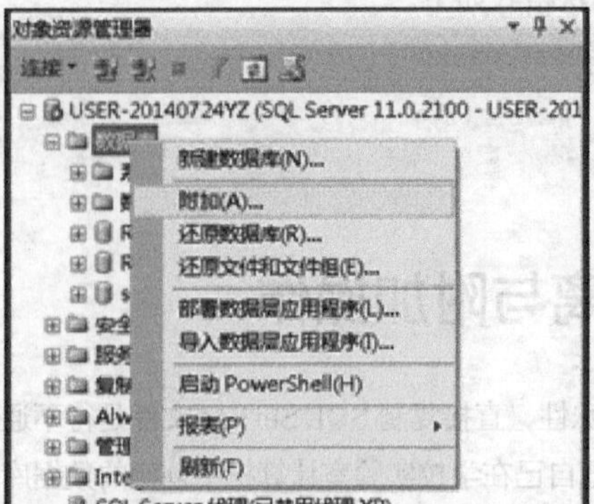


图 10-30　附加数据库

（2）在弹出的“定位数据库文件”窗口中选择数据库文件（.mdf）所在位置，如图 10-31 所示。

（3）单击“确定”按钮后可以看到数据库已经添加成功，如图 10-32 所示。

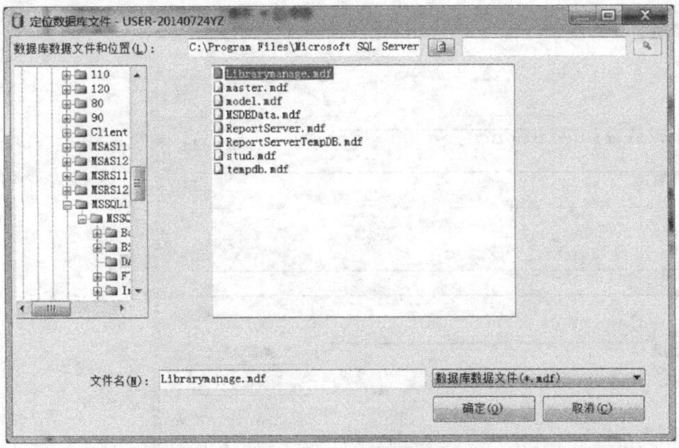


图 10-31　定位数据库文件

图 10-32　数据库附加成功

# 10.8　数据表信息的导入和导出

SQL Server 允许用户在 SQL Server 和异类数据源之间大容量地导入及导出数据，“大容量导出”表示将数据从 SQL Server 表中复制到数据文件，“大容量导入”表示将数据从数据文件中加载到 SQL Server 表中。

## 10.8.1　数据表信息的导入

本节将介绍由 Excel 文件将数据导入 SQL Server 中的操作步骤。

【例 10-10】使用 SQL Server Management Studio 将 C 盘 SQL 文件夹下的“学生信息 test.xls”文件中的数据导入“Librarymanage”数据库中。

（1）启动 SQL Server Management Studio，连接服务器后，展开树状目录，用鼠标右键单击 Librarymanage 数据库，选择“任务”→“导入数据”选项。

（2）打开“SQL Server 导入和导出向导”窗口，单击“下一步”按钮。出现“选择数据源”窗口，在“数据源”下拉列表中，选择“Microsoft Excel”选项。在“Excel 文件路径”中选择相应路径，并选择相应的版本，如图 10-33 所示。单击“下一步”按钮。

（3）进入“选择目标”窗口，在“目标”下拉列表框中选择“SQL Server Native Client 11.0”，在“服务器名称”下拉列表中输入目标数据库所在服务器名称，如图 10-34 所示，选择身份验证及目标数据库后，单击“下一步”按钮。

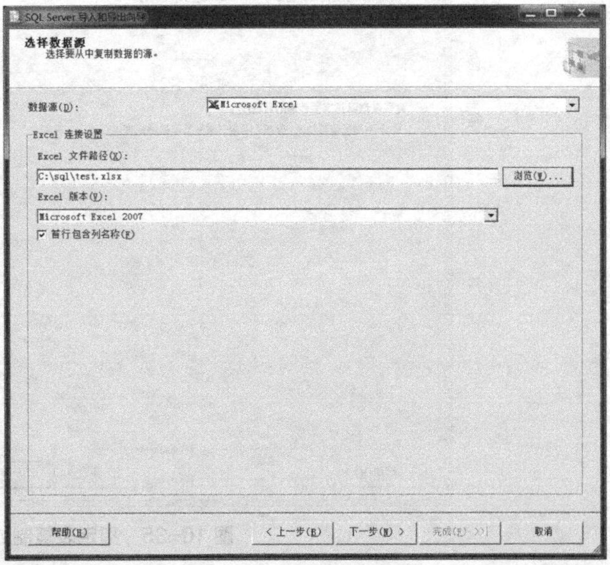


图 10-33　选择数据源

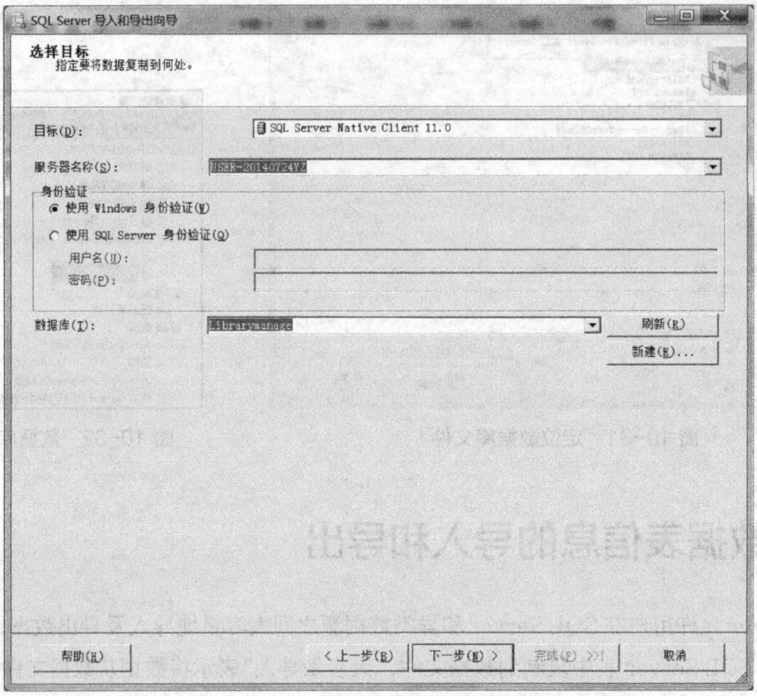


图 10-34　选择目标

（4）进入“指定表复制或查询”窗口，选择“复制一个或多个表或视图的数据”单选按钮，如图 10-35 所示，单击“下一步”按钮。

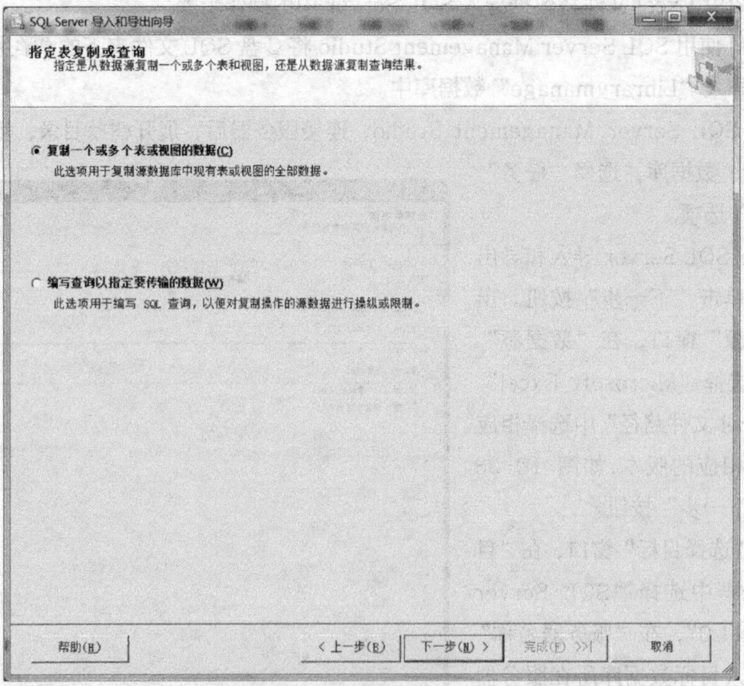


图 10-35　指定表复制或查询

（5）进入“选择源表和源视图”窗口，如图 10-36 所示，选择表和视图后，单击“下一步”按钮。

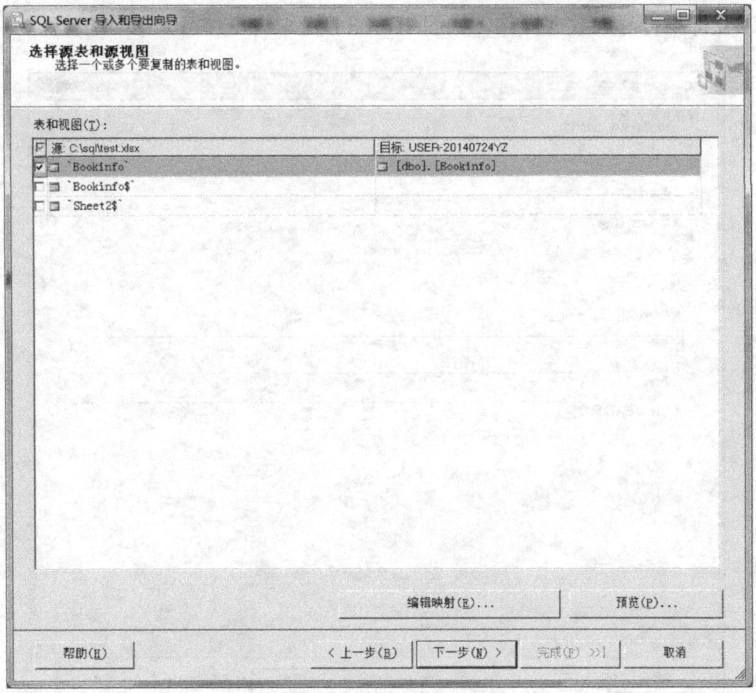


图 10-36　选择表和源视图

（6）进入“查询数据类型映射”页面，如图 10-37 所示，确认无误后，单击“下一步”按钮。

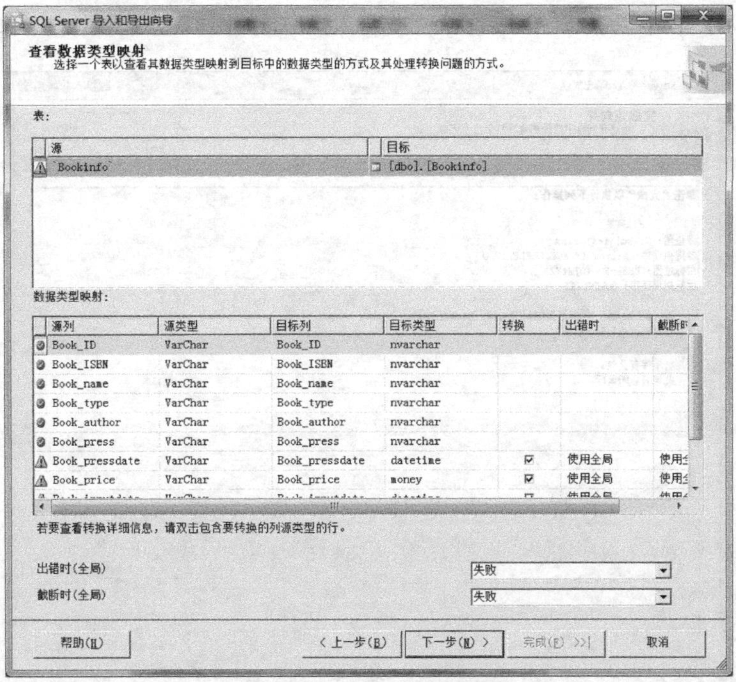


图 10-37　查询数据类型映射

（7）进入“保存并运行包”页面，在此页面中可以选择是否希望保存 SSIS（SQL Server 集成服务）包，也可以立即执行导入数据操作，如图 10-38 所示，单击“下一步”按钮。

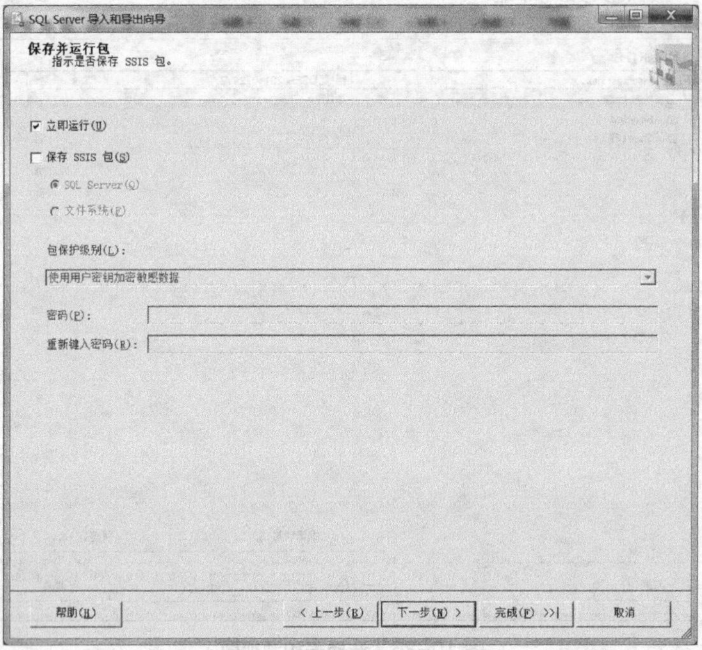


图 10-38　保存并运行包

（8）进入“完成该向导”页面，在页面中显示了在该向导中所做的设置，若确认前面的操作正确，如图 10-39 所示，单击“完成”按钮后执行数据导入操作，如图 10-40 所示，执行成功。

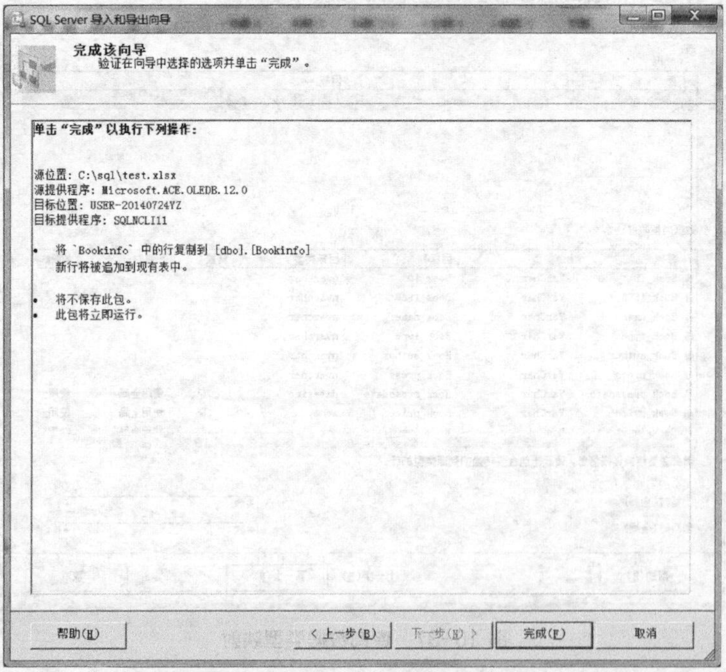


图 10-39　完成向导

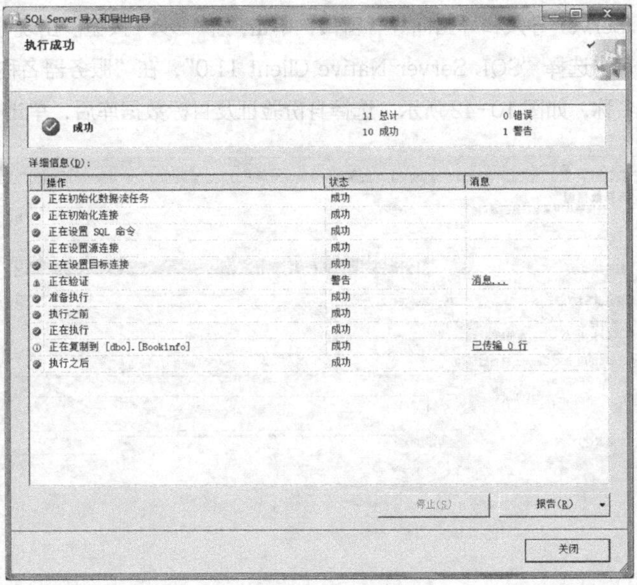


图 10-40　执行成功

## 10.8.2　数据表信息的导出

本节介绍由 SQL Server 将数据导出到 Excel 文件的操作步骤。

**【例 10-11】**使用 SQL Server Management Studio 将 Librarymanage 数据库中的“bookinfo”表导出到 C 盘 SQL 文件夹下的“学生信息 test.xlsx”文件中。

（1）启动 SQL Server Management Studio，连接服务器后，展开树状目录，用鼠标右键单击 Librarymanage 数据库，选择“任务”→“导出数据”选项，如图 10-41 所示。

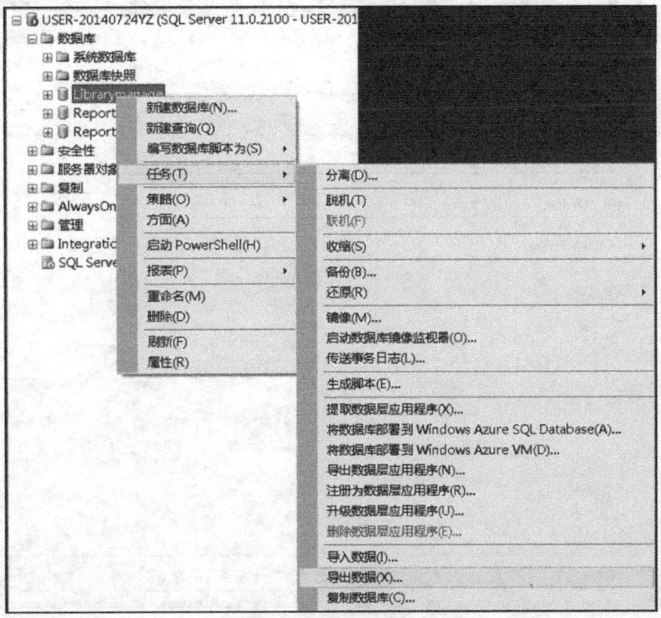


图 10-41　导出数据

（2）打开“SQL Server 导入和导出向导”窗口，单击“下一步”按钮。出现“选择数据源”窗口，在“数据源”下拉列表中选择“SQL Server Native Client 11.0”，在“服务器名称”下拉列表中输入目标数据库所在服务器名称，如图 10-42 所示，选择身份验证及目标数据库后，单击“下一步”按钮。

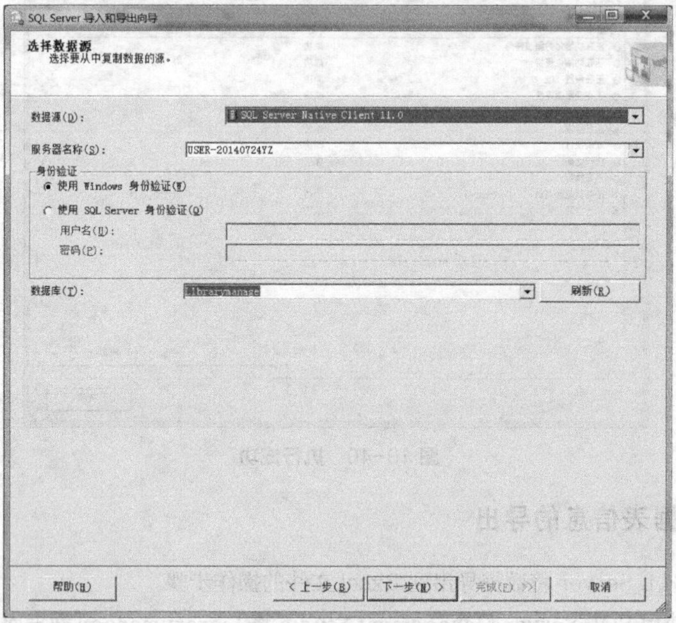


图 10-42　选择数据源

（3）进入“选择目标”窗口，在“目标”下拉列表中选择“Microsoft Excel”选项。在 Excel“文件路径”中选择相应路径，并选择相应的版本，如图 10-43 所示。单击“下一步”按钮。

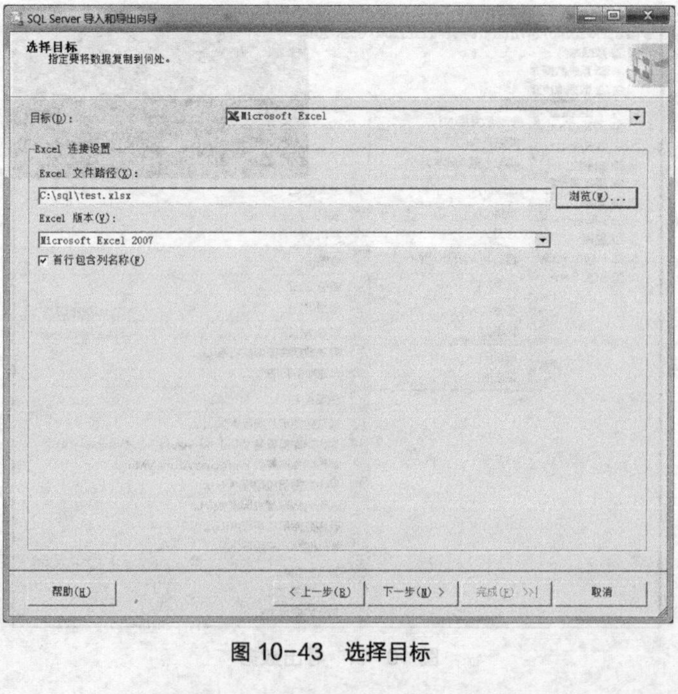


图 10-43　选择目标

（4）进入“指定表复制或查询”窗口，选择“复制一个或多个表或视图的数据”单选按钮，如图 10-44 所示，单击“下一步”按钮。

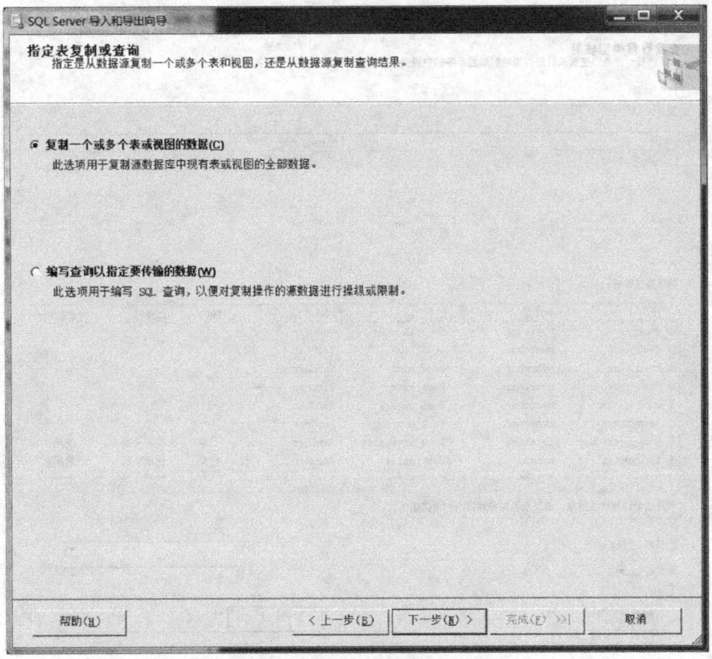


图 10-44 指定表复制或查询

（5）进入“选择源表和源视图”页面，选择要导出的表，这里选择“bookinfo”表，如图 10-45 所示，单击“下一步”按钮。

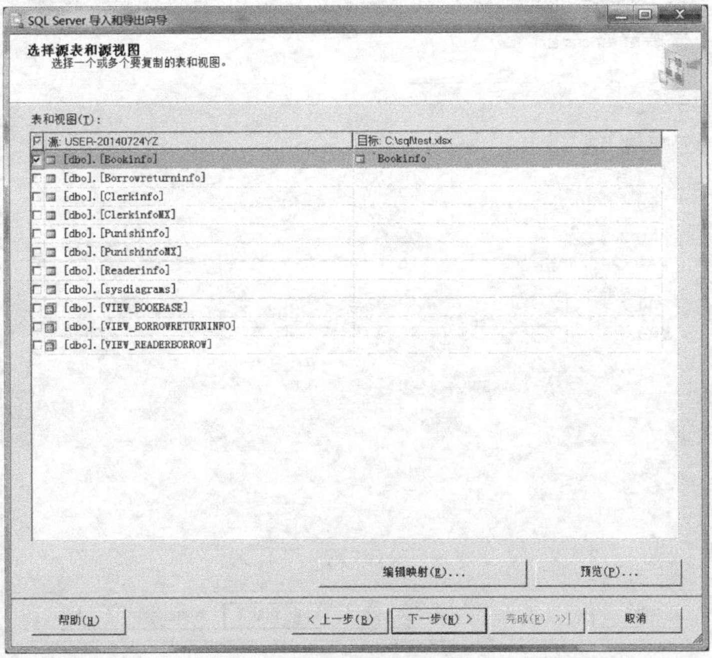


图 10-45 选择源表和源视图

（6）进入“查看数据类型映射”窗口，选择一个表来查看其数据类型映射到目标中的数据类型的方式及其处理转换问题的方式，如图 10-46 所示，单击“下一步”按钮。

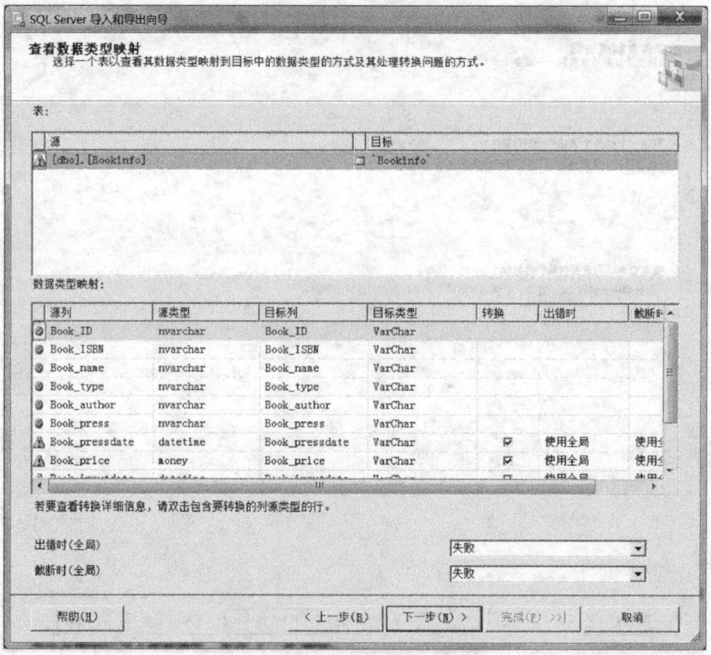


图 10-46　查看数据类型映射

（7）进入“保存并运行包”窗口，选择是否希望保存 SSIS（SQL Server 集成服务）包，如图 10-47 所示，也可以立即执行导入数据操作，单击“下一步”按钮。

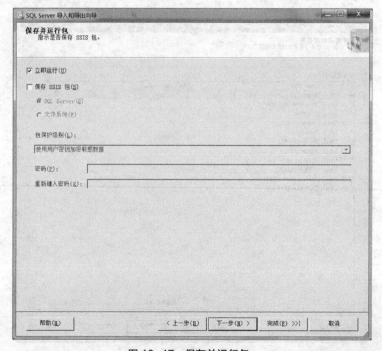

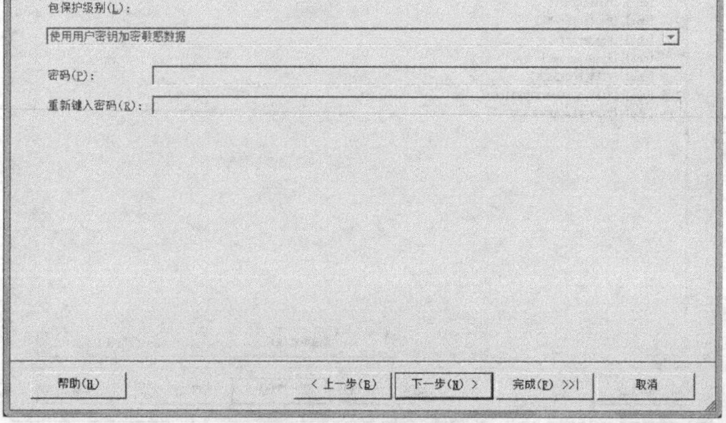


图 10-47　保存并运行包

（8）进入“完成该向导”窗口，如图 10-48 所示，显示在该向导中所做的设置，若确认前面的操作正确，单击“完成”按钮后执行数据导入操作。

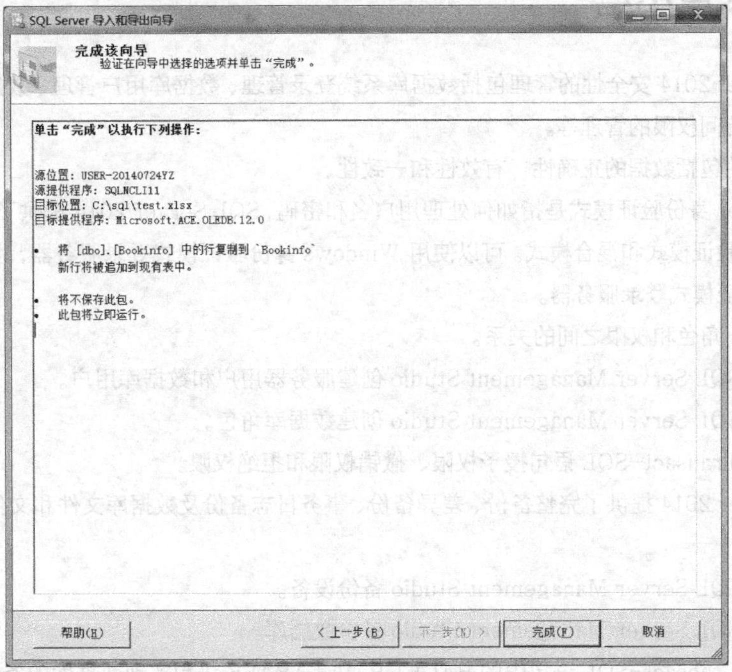


图 10-48　完成该向导

（9）在“执行成功”窗口，如图 10-49 所示，单击“关闭”按钮，完成数据的导出。

图 10-49　执行成功

（10）数据导出完成后，打开导出的文件，检查是否导出成功。

## 10.9 本章小结

SQL Server 2014 安全性的管理包括数据库系统登录管理、数据库用户管理、数据库系统角色管理以及数据库访问权限的管理等。

数据完整性包括数据的正确性、有效性和一致性。

SQL Server 身份验证模式是指如何处理用户名和密码，SQL Server 2014 提供了两种验证模式：Windows 身份验证模式和混合模式。可以使用 Windows 身份验证模式登录服务器，也可以使用 SQL Server 身份验证模式登录服务器。

了解用户、角色和权限之间的关系。

可以使用 SQL Server Management Studio 创建服务器用户和数据库用户。

可以使用 SQL Server Management Studio 创建数据库角色。

可以使用 Transact-SQL 语句授予权限、撤销权限和拒绝权限。

SQL Server 2014 提供了完整备份、差异备份、事务日志备份及数据库文件和文件组备份等多种备份方式。

可以使用 SQL Server Management Studio 备份设备。

可以使用 SQL Server Management Studio 备份数据库。

可以使用 Transact-SQL 语句中的 BACKUP DATABASE 语句实现数据库的备份。

可以使用 SQL Server Management Studio 还原数据库。

可以使用 Transact-SQL 语句中的 RESTORE DATABASE 语句实现数据库的还原。

“大容量导出”表示将数据从 SQL Server 表中复制到数据文件，“大容量导入”表示将数据从数据文件中加载到 SQL Server 表中。

可以使用 SQL Server Management Studio 导入和导出数据库。

# 附录

# 上机实验

# 实验一　创建与维护数据库

## 实验目的

掌握学生成绩管理系统数据库创建与维护的操作。

## 实验要求

掌握利用 SQL Server Management Studio 可视化界面创建数据库的操作；
掌握利用 Transact-SQL 语句创建数据库的操作；
掌握利用可视化界面和 T-SQL 语句查看和修改数据库选项的操作；
掌握利用可视化界面和 T-SQL 语句为数据库更名和删除指定数据库的操作。

## 实验内容与步骤

首先，利用 SSMS 可视化界面创建一个名为 stuscoremanage 的学生成绩管理系统数据库，其主要数据文件名称是 stuscoremanage.mdf，初始大小是 5MB，最大文件大小无限制，文件增长大小是 1MB；日志文件名称是 stuscoremanage_log.ldf，初始大小是 3MB，最大文件大小是 20MB，文件增长大小是 10%。其次，利用 T-SQL 语句创建一个名为 studentscore 的数据库，主要数据文件名为 studentscore.mdf，初始大小是 7MB，最大文件大小是 100MB，文件增长大小是 2MB；日志文件名称是 studentscore_log.ldf，初始大小是 3MB，最大文件大小是 20MB，文件增长大小是 1MB。再次，利用 SSMS 可视化界面将 studentscore 数据库的主要数据文件初始大小改为 8MB，利用 T-SQL 语句查看 stuscoremanage 数据库的属性信息。然后，利用 SSMS 可视化界面和 T-SQL 语句两种方式将数据库 studentscore 更名为 studentscore1。最后，利用 SSMS 可视化界面和 T-SQL 语句两种方式删除数据库 studentscore。

### 1. 利用 SQL Server Management Studio 可视化界面创建数据库

（1）启动 SQL Server Management Studio，并成功连接到服务器，在“对象资源管理器”窗口中选择“数据库”选项，单击鼠标右键，在弹出的快捷菜单中选择“新建数据库”命令。

（2）在“新建数据库”对话框中，设置新数据库的参数，具体需要输入的内容包括：数据库名称、数据库文件名称、数据库文件的初始大小、自动增长方式及增长值等。

（3）在“新建数据库”对话框中，设置相关信息后，单击“确定”按钮，完成数据库 stuscoremanage 的创建，刷新“对象资源管理器”，即可看到刚刚创建的新数据库。

### 2. 利用 Transact-SQL 语句创建数据库

在查询窗口中输入如下 SQL 代码。

```
create database studentscore
on
(name=studentscore,
 filename='C:\Program Files\Microsoft SQL Server\MSSQL11.MSSQLSERVER\MSSQL\DATA\studentscore.mdf',
 size=7,
 maxsize=100,
 filegrowth=2)
```

```
log on
(name='studentscore_log',
 filename='C:\Program Files\Microsoft SQL Server\MSSQL11.MSSQLSERVER\MSSQL\DATA\studentscore_log.ldf',
 size=3MB,
 maxsize=20MB,
 filegrowth=1MB)
```

**3. 利用 SQL Server Management Studio 可视化界面修改数据库**

（1）找到需要修改的数据库 studentscore，单击鼠标右键，在弹出的快捷菜单中选择“属性”命令。

（2）在“选择页”中单击“文件”选项，进入一个类似新建数据库的界面，将数据库的主要数据文件的初始大小直接修改成 8MB 即可。

**4. 利用 Transact-SQL 语句查看数据库**

输入如下 SQL 代码。

```
exec sp_helpdb stuscoremanage
```

**5. 利用 SQL Server Management Studio 可视化界面和 Transact-SQL 语句更名数据库**

用鼠标右键单击 studentscore，在弹出的快捷菜单中选择“重命名”命令，或者在“新建查询”窗口输入如下 SQL 代码，完成对数据库的更名操作。

```
exec sp_renamedb studentscore,studentscore1
```

**6. 利用 SQL Server Management Studio 可视化界面和 Transact-SQL 语句删除数据库**

用鼠标右键单击 studentscore，在弹出的快捷菜单中选择“删除”命令，或者在“新建查询”窗口中输入如下 SQL 代码，完成对数据库的删除操作。

```
DROP DATABASE studentscore
```

# 实验二　创建与管理数据表结构

## 实验目的

掌握学生成绩管理系统数据表的创建与表结构管理的操作。

## 实验要求

掌握利用 SQL Server Management Studio 可视化界面创建数据表的操作；
掌握利用 Transact-SQL 语句创建数据表的操作；
掌握利用可视化界面和 T-SQL 语句向数据表中添加新字段的操作；
掌握利用可视化界面和 T-SQL 语句修改数据表中已有列属性的操作；
掌握利用可视化界面和 T-SQL 语句删除数据表中指定字段的操作。

## 实验内容与步骤

首先，对学生成绩管理系统进行需求分析，规划出该系统总共需要 5 张数据表，分别是用户信息表（userinfo）、学生信息表（studentinfo）、教师信息表（teacherinfo）、课程信息表（courseinfo）和成绩信息表（gradeinfo）等。以教师信息表为例，使用 SSMS 可视化界面建立该数据表，其表结构如附表 1 所示。使用 Transact-SQL 语句创建学生信息数据表（studentinfo），其表结构如表附 2 所示。其次，使用 SSMS 可视化界面和 T-SQL 语句两种方式向 teacherinfo 数据表中添加一个新字段，“字段名”为 T_phone、“数据类型”为 varchar、“长度”为 11、是允许为空、“备注信息”是“家庭电话”。再次，使用 SSMS 可视化界面和 T-SQL 语句两种方式修改 teacherinfo 数据表中的 T_phone 字段属性，将其数据类型由 varchar（11）修改成 char（11）。最后，使用 SSMS 可视化界面和 T-SQL 语句两种方式删除 teacherinfo 数据表中的 T_phone 字段。

附表 1 teacherinfo 表结构

| 序号 | 字段名 | 数据类型 | 长度 | 是否允许为空 | 约束 | 备注信息 |
|---|---|---|---|---|---|---|
| 1 | T_ID | nvarchar | 15 | 否 | 主键 | 教师 ID |
| 2 | T_name | nvarchar | 20 | 否 | | 教师姓名 |
| 3 | T_identity | varchar | 30 | 是 | | 教师身份 |
| 4 | T_department | varchar | 50 | 是 | | 教师所属系部 |
| 5 | T_contact | varchar | 25 | 是 | | 教师联系方式 |

附表 2 studentinfo 表结构

| 序号 | 字段名 | 数据类型 | 长度 | 是否允许为空 | 约束 | 备注信息 |
|---|---|---|---|---|---|---|
| 1 | S_ID | nvarchar | 15 | 否 | 主键 | 学生 ID |
| 2 | S_name | varchar | 20 | 否 | | 学生姓名 |
| 3 | S_sex | char | 2 | 是 | | 学生性别 |
| 4 | S_special | varchar | 50 | 是 | | 所学专业 |
| 5 | S_year | date | | 是 | | 入学年份 |
| 6 | S_fee | money | | 是 | | 学费金额 |
| 7 | S_poor | bit | | 是 | | 是否贫困生 |

### 1. 利用 SQL Server Management Studio 可视化界面创建数据表

（1）展开“数据库”→“stuscoremanage”节点，选中“表”节点，单击鼠标右键，在弹出的快捷菜单中选择“新建”→“表”命令。

（2）进入“表设计器”界面，输入：列名、数据类型、允许 NULL 值以及列属性的相关设置等信息。

（3）在字段“T_ID”上面单击鼠标右键，在弹出的快捷菜单中选择“设置主键”命令。

（4）将该数据表保存为 teacherinfo，完成对该表的创建操作。

### 2. 利用 Transact-SQL 语句创建数据表

在“新建查询”窗口中输入如下 SQL 代码。

```
CREATE TABLE [dbo].[studentinfo](
  [S_ID][nvarchar](15) NOT NULL,
  [S_name][varchar](20) NOT NULL,
  [S_sex][char](2) ,
```

```
[S_special][varchar](50) ,
[S_year][date],
[S_fee][money],
[S_poor][bit],
constraint [PK_studentinfo] primary key clustered
([S_ID])
) on [primary]
```

**3. 利用 SQL Server Management Studio 可视化界面向数据表中添加新字段**

（1）选中 teacherinfo 数据表，单击鼠标右键，选择“设计”命令，打开“表设计器”界面。

（2）在空白的列名处单击，即可输入新添加的列名 T_phone，选择数据类型 varchar（11），设置空值属性为“允许为空”等信息，新字段内容添加完毕，再次保存此数据表。

**4. 利用 Transact-SQL 语句向数据表中添加新字段**

具体操作流程请参照前文内容，不再赘述，在此仅给出添加新字段的 SQL 语句。

```
ALTER TABLE [dbo].[teacherinfo]    ADD T_phone varchar(11)
```

**5. 利用 SQL Server Management Studio 可视化界面修改数据表中已有字段属性**

（1）选中 teacherinfo 数据表，单击鼠标右键，选择“设计”命令，打开“表设计器”界面。

（2）将 T_phone 字段选中，在“数据类型”栏直接选择 char 类型，并将其长度修改成 11，字段类型修改完毕，再次保存此数据表。

**6. 利用 Transact-SQL 语句修改数据表中已有字段属性**

修改数据表中已有字段属性的具体 SQL 语句如下。

```
ALTER TABLE [dbo].[teacherinfo]    ALTER COLUMN T_phone char(11)
```

**7. 利用 SQL Server Management Studio 可视化界面删除数据表中的指定字段**

（1）选中 teacherinfo 数据表，单击鼠标右键，选择“设计”命令，打开“表设计器”界面。

（2）将 T_phone 字段选中，单击鼠标右键，在弹出的快捷菜单中选择“删除列”命令，完成指定字段的删除操作，再次保存此数据表。

**8. 利用 Transact-SQL 语句删除数据表中的指定字段**

删除数据表中指定字段的具体 SQL 语句如下。

```
ALTER TABLE [dbo].[teacherinfo]    DROP COLUMN T_phone
```

注：其余三张数据表的结构分别如附表 3～附表 5 所示，建立数据表的具体操作请模仿上文的内容，由读者自行完成。

**附表 3　userinfo 表结构**

| 序号 | 字段名 | 数据类型 | 长度 | 是否允许为空 | 约束 | 备注信息 |
|---|---|---|---|---|---|---|
| 1 | U_ID | nvarchar | 15 | 否 | 主键 | 用户 ID |
| 2 | U_password | nvarchar | 15 | 否 | | 用户密码 |
| 3 | U_actor | varchar | 50 | 否 | | 用户类型 |
| 4 | U_SidentityID | nvarchar | 15 | 是 | 外键 | 学生 ID |
| 5 | U_TidentityID | nvarchar | 15 | 是 | 外键 | 教师 ID |

附表 4 courseinfo 表结构

| 序号 | 字段名 | 数据类型 | 长度 | 是否允许为空 | 约束 | 备注信息 |
|---|---|---|---|---|---|---|
| 1 | C_ID | nvarchar | 8 | 否 | 主键 | 课程 ID |
| 2 | C_name | nchar | 30 | 否 | | 课程名称 |
| 3 | C_credit | decimal | 3,1 | 是 | | 课程学分 |
| 4 | T_ID | nvarchar | 15 | 是 | 外键 | 教师 ID |
| 5 | C_period | int | | 是 | | 课程学时数 |
| 6 | C_methods | char | 30 | 是 | | 课程考核方式 |
| 7 | C_introduce | text | | 是 | | 课程内容简介 |

附表 5 gradeinfo 表结构

| 序号 | 字段名 | 数据类型 | 长度 | 是否允许为空 | 约束 | 备注信息 |
|---|---|---|---|---|---|---|
| 1 | S_ID | nvarchar | 15 | 否 | 主键、外键 | 学生 ID |
| 2 | C_ID | nvarchar | 8 | 否 | 主键、外键 | 课程 ID |
| 3 | G_score | float | | 是 | | 考试成绩 |
| 4 | G_time | datetime | | 是 | | 考试时间 |

# 实验三 插入、删除与更新数据记录

## 实验目的

掌握对学生成绩管理系统数据表中数据记录的增加、删除、修改的操作。

## 实验要求

掌握利用可视化界面和 T-SQL 语句向数据表中添加数据记录的操作；
掌握利用可视化界面和 T-SQL 语句修改数据表中已有数据记录的操作；
掌握利用可视化界面和 T-SQL 语句删除数据表中符合条件的数据记录的操作。

## 实验内容与步骤

首先，利用可视化界面和 T-SQL 语句向数据表（teacherinfo）中添加一条教师信息，具体内容是：T_ID 为 0019、T_name 为“周文鑫”、T_identity 为“任课教师”、T_department 为“软件技术系”、T_contact 为 15676389876。其次，利用可视化界面和 T-SQL 语句修改数据表（teacherinfo）中的数据记录内容，将“周文鑫”这位任课教师的所在系部由“软件技术系”修改成“网络技术系”。最后，利用可视化界面和 T-SQL 语句删除数据表（teacherinfo）中指定条件的数据记录，将字段 T_ID 的值是 0019 的教师信息删除。

### 1. 利用 SQL Server Management Studio 可视化界面向数据表中添加数据记录

（1）选中 teacherinfo 数据表，单击鼠标右键，选择“编辑前 200 行”命令。

（2）进入显示数据表的数据记录明细界面，在最后一条空白记录处的对应字段位置单击，将对应的数据信息输入对应的字段位置，关闭该数据表即可保存输入的数据记录。

**2. 利用 Transact-SQL 语句向数据表中添加数据记录**

向 teacherinfo 数据表中添加数据记录的具体 SQL 语句如下。

```
USE stuscoremanage
INSERT INTO teacherinfo(T_ID,T_name,T_identity,T_department,T_contact)
VALUES('0019','周文鑫','任课教师','软件技术系','15676389876')
```

**3. 利用 SQL Server Management Studio 可视化界面修改数据表中已有的数据记录**

（1）选中 teacherinfo 数据表，单击鼠标右键，选择“编辑前 200 行”命令。

（2）进入显示数据表的数据记录明细界面，找到“周文鑫”教师所在的数据记录行，直接修改对应内容，关闭该数据表，即可保存修改的数据记录。

**4. 利用 Transact-SQL 语句修改数据表中已有的数据记录**

修改 teacherinfo 数据表中“周文鑫”教师所在系部信息的具体 SQL 语句如下。

```
USE stuscoremanage
UPDATE teacherinfo set T_department='网络技术系' WHERE T_name='周文鑫'
```

**5. 利用 SQL Server Management Studio 可视化界面删除数据表中符合条件的数据记录**

（1）选中 teacherinfo 数据表，单击鼠标右键，选择“编辑前 200 行”命令。

（2）进入显示数据表的数据记录明细界面，找到 T_ID 的值是 0019 的数据记录行，单击将其选中，然后单击鼠标右键，选择“删除”命令，完成删除数据记录的操作。

**6. 利用 Transact-SQL 语句删除数据表中符合条件的数据记录**

删除 teacherinfo 数据表中 T_ID 是 0019 的数据记录的具体 SQL 语句如下。

```
USE stuscoremanage
DELETE FROM teacherinfo WHERE T_ID='0019'
```

# 实验四　设置数据表信息的完整性

## 实验目的

掌握对学生成绩管理系统数据表信息的完整性设置，以便确保数据操作的正确性。

## 实验要求

掌握利用可视化界面和 T-SQL 语句设置数据列不允许为空值的操作；

掌握利用可视化界面和 T-SQL 语句设置字段默认值的操作；

掌握利用可视化界面和 T-SQL 语句设置字段约束的操作；

掌握利用可视化界面和 T-SQL 语句设置数据表之间外键的操作。

## 实验内容与步骤

首先，利用可视化界面和 T-SQL 语句修改课程信息表（courseinfo），将课程学时数字段（C_period）数据列设置为不允许为空。其次，利用可视化界面和 T-SQL 语句修改学生信息表（studentinfo），将性别字段（S_sex）增加默认值为“男”。再次，利用可视化界面和 T-SQL 语句修改成绩信息表（gradeinfo），为考试成绩字段（G_score）设置约束，其取值范围为 0~100。最后，利用可视化界面和 T-SQL 语句增加成绩信息表（gradeinfo）中学生 ID 字段（S_ID）的外键约束，确保在考试成绩表中输入的学生信息是学生信息表（studentinfo）中的合法学生。

### 1. 利用 SQL Server Management Studio 可视化界面设置指定数据列不允许为空值

（1）选中 courseinfo 数据表，单击鼠标右键，选择“设计”命令。

（2）打开 courseinfo 数据表结构，将 C_period 字段选中，在下方相关列属性窗口中进行设置。

### 2. 利用 Transact-SQL 语句设置指定数据列不允许为空值

设置课程信息表（courseinfo）中的课程学时数字段（C_period）不允许为空值，具体 SQL 语句如下。

```
USE stuscoremanage
ALTER TABLE courseinfo
ALTER COLUMN C_period INT NOT NULL
```

### 3. 利用 SQL Server Management Studio 可视化界面设置指定数据列的默认值

（1）选中 studentinfo 数据表，单击鼠标右键，选择“设计”命令。

（2）打开 studentinfo 的表结构，将 S_sex 字段选中，在下方相关列属性窗口中进行设置。

### 4. 利用 Transact-SQL 语句设置指定数据列的默认值

设置学生信息表（studentinfo）中的性别字段（S_sex）的默认值为“男”，具体 SQL 语句如下。

```
CREATE DEFAULT SEX
AS '男'
go
exec sp_bindefault SEX , 'studentinfo.S_sex'
```

### 5. 利用 SQL Server Management Studio 可视化界面设置指定数据列的约束值

（1）选中 gradeinfo 数据表，单击鼠标右键，选择“设计”命令。

（2）打开 gradeinfo 的表结构，将 G_score 字段选中，单击鼠标右键，选择“CHECK 约束”命令。

（3）打开“CHECK 约束”对话框，单击“添加”按钮，添加 CHECK 约束，继续单击“CHECK 约束”对话框右侧“表达式”后面的文本框中的[...]按钮，进入输入“CHECK 约束表达式”界面，在此输入：G_score>=0 and G_score<=100，最后单击“确定”按钮即可。

### 6. 利用 Transact-SQL 语句设置指定数据列的约束值

为成绩信息表（gradeinfo）中的考试成绩字段（G_score）添加检查约束 SCORE，以保证输入的考试成绩在 0~100 分之间，具体 SQL 语句如下。

```
USE stuscoremanage
ALTER TABLE gradeinfo
ADD CONSTRAINT SCORE CHECK (G_score>=0 AND G_score<=100)
```

### 7. 利用 SQL Server Management Studio 可视化界面设置数据表之间的外键关系

（1）选中 studentinfo 数据表，单击鼠标右键，选择“设计”命令。

（2）在打开的表设计器中选择（S_ID）字段，单击鼠标右键，选择“设置主键”命令。

（3）选中成绩信息表（gradeinfo），单击鼠标右键，选择“设计”命令，选择（S_ID）字段，在该字段上单击鼠标右键，选择“关系”命令。单击界面左侧的“添加”按钮，在该界面右侧的“标识”中的“名称”栏，输入关系的名字 FK_gradeinfo_studentinfo。继续单击“常规”中“表和列规范”栏后面的[...]按钮，进入“表和列”对话框，在“主键表”下拉列表中选择 studentinfo 数据表，在下面对应的列中选择 S_ID 字段；在“外键表”下拉列表中选择 gradeinfo 数据表，在下面对应的列中选择 S_ID 字段，单击“确定”按钮，完成数据表之间外键关系的设置操作。

### 8. 利用 Transact-SQL 语句设置数据表之间的外键关系

修改成绩信息表（gradeinfo），为该表的学生 ID 字段（S_ID）添加外键约束，具体 SQL 语句如下。

```
USE stuscoremanage
GO
ALTER TABLE gradeinfo
ADD CONSTRAINT FK_gradeinfo_studentinfo
FOREIGN KEY (S_ID)  REFERENCES studentinfo(S_ID)
```

# 实验五　查询数据表信息

## 实验目的

掌握对学生成绩管理系统数据表信息的各种查询操作。

## 实验要求

掌握利用 SELECT 语句对数据表的基本查询操作；
掌握使用聚合函数计算并统计查询结果的操作；
掌握使用 GROUP BY 子句进行分组统计的操作；
掌握使用 HAVING 子句对分组结果进行筛选的操作；
掌握利用 T-SQL 系统函数查询数据信息的操作；
掌握基于多张数据表的查询操作。

## 实验内容与步骤

### 1. 利用 SELECT 语句实现对数据表的基本查询

（1）查询教师信息表（teacherinfo）中每位教师的所有信息。

```
SELECT * FROM teacherinfo
```

（2）查询教师信息表（teacherinfo）中每位教师的姓名和所在系部。

```
SELECT T_name, T_department FROM teacherinfo
```

（3）在课程信息表（courseinfo）中按照课程的学时数降序查询数据信息。

```
SELECT * FROM courseinfo ORDER BY C_period DESC
```

（4）在课程信息表（courseinfo）中查询课程考核方式设定为作品或报告的课程名称和考核方式。

```
SELECT C_name, C_methods FROM courseinfo
WHERE C_methods='作品' OR C_methods='报告'
```

（5）在教师信息表（teacherinfo）中查询姓“张”的教师信息。

```
SELECT * FROM teacherinfo WHERE T_name LIKE '张%'
```

### 2. 使用聚合函数查询数据表信息

（1）在学生信息表（studentinfo）中，求所有学生缴纳学费的总金额。

```
SELECT SUM(S_fee) FROM studentinfo
```

（2）在课程信息表（courseinfo）中，查询所有课程中的最高学分。

```
SELECT MAX(C_credit) FROM courseinfo
```

（3）查询教师信息表（teacherinfo）中的所有记录数。

```
SELECT COUNT(*) FROM teacherinfo
```

### 3. 使用 GROUP BY 子句进行分组统计实现查询操作

在学生信息表（studentinfo）中，统计各个专业学生缴纳的学费总金额。

```
SELECT S_special AS 专业,sum(S_fee) AS 学费 FROM studentinfo GROUP BY S_special
```

### 4. 使用 HAVING 子句对分组结果进行筛选查询

在成绩信息表（gradeinfo）中，按照课程编号进行分组统计并计算出每门课程的平均成绩，再检查平均成绩大于 80 的课程编号和平均成绩。

```
SELECT C_ID AS 课程编号, avg(G_score) AS 平均成绩 FROM gradeinfo
GROUP BY C_ID HAVING avg(G_score)>80
```

### 5. 利用 T-SQL 系统函数实现对数据信息的查询

（1）在教师信息表（teacherinfo）中，查询教师的手机号码以 186 开头的教师信息。

```
SELECT * FROM teacherinfo WHERE SUBSTRING(T_contact,1,3)='186'
```

（2）在学生信息表（studentinfo）中，查询距今入学在两年以上的学生信息。

```
SELECT * FROM studentinfo WHERE DATEDIFF(MM,S_year,GETDATE())>24
```

（3）在学生信息表（studentinfo）中，查询入学年份是“2015”的学生信息。

```
SELECT * FROM studentinfo WHERE DATEPART(YYYY,S_year) LIKE '2015'
```

### 6. 基于多张数据表的查询

查询每位学生每门课程的考试成绩，显示学生的姓名、课程名称与考试成绩。

```
USE stuscoremanage
SELECT studentinfo.S_name,courseinfo.C_name,gradeinfo.G_score
FROM studentinfo,courseinfo,gradeinfo
WHERE studentinfo.S_ID=gradeinfo.S_ID AND courseinfo.C_ID=gradeinfo.C_ID
```

# 实验六　创建与使用索引

## 实验目的

掌握创建和使用学生成绩管理系统索引的操作。

## 实验要求

掌握利用可视化界面和 T-SQL 语句建立聚集索引；

掌握利用可视化界面和 T-SQL 语句建立唯一、非聚集索引。

## 实验内容与步骤

首先，利用可视化界面和 T-SQL 语句对数据库 stuscoremanage 的用户信息表（userinfo）中的 U_ID 数据列建立一个名为 UID_index 的聚集索引。其次，利用可视化界面和 T-SQL 语句对数据库 stuscoremanage 的用户信息表（userinfo）中的 U_ID 数据列建立一个名为 UID1_index 的唯一、非聚集索引。

**1. 利用 SQL Server Management Studio 可视化界面建立聚集索引**

（1）依次展开“数据库”→stuscoremanage→“表”→userinfo 数据表节点。

（2）选择“索引”选项，单击鼠标右键，选择“新建索引”→“聚集索引”命令。

（3）在“新建索引”对话框中输入“索引名称”为 UID_index、“索引类型”选择“聚集”。

（4）单击“添加”按钮，打开“从 dbo.userinfo 中选择列”对话框，选中字段名称为 U_ID 的复选框，单击“确定”按钮，完成 UID_index 索引的创建操作。

**2. 利用 Transact-SQL 语句建立聚集索引**

在查询窗口中，输入如下 SQL 语句建立 UID_index 索引。

```
CREATE CLUSTERED INDEX UID_index ON userinfo(U_ID)
```

**3. 利用 SQL Server Management Studio 可视化界面建立唯一、非聚集索引**

（1）依次展开“数据库”→stuscoremanage→“表”→userinfo 数据表节点。

（2）选择“索引”选项，单击鼠标右键，选择“新建索引”→“非聚集索引”命令。

（3）在“新建索引”对话框中输入“索引名称”为 UID1_index、“索引类型”选择“非聚集”、选中“唯一”复选框。

（4）单击“添加”按钮，打开“从 dbo.userinfo 中选择列”对话框，选中字段名称为 U_ID 的复选框，单击“确定”按钮，完成 UID1_index 索引的创建。

**4. 利用 Transact-SQL 语句建立唯一、非聚集索引**

在查询窗口中，输入如下 SQL 语句建立 UID1_index 索引。

```
CREATE UNIQUE NONCLUSTERED INDEX UID1_index ON userinfo(U_ID)
```

# 实验七　创建与应用视图

## 实验目的

掌握创建和应用学生成绩管理系统数据表和视图操作。

## 实验要求

掌握利用可视化界面和 T-SQL 语句创建视图的操作；
掌握通过视图向基本表添加数据的操作；
掌握通过视图修改基本表中数据的操作；
掌握通过视图查询基本表中数据的操作。

## 实验内容与步骤

首先，利用可视化界面和 T-SQL 语句对数据库 stuscoremanage 的课程信息表（courseinfo）、学生信息表（studentinfo）、成绩信息表（gradeinfo）创建一个名为 view_display 的视图。其次，通过 view_display 视图向课程信息表（courseinfo）中添加课程信息，课程编号（C_ID）为 0012、课程名称（C_name）为“WEB 应用开发”。再次，通过 view_display 视图修改课程信息表（courseinfo）

的内容，将课程编号（C_ID）为 0004 的课程名称由“软件测试”修改成“游戏软件测试”。最后，利用 view_display 视图查询所有参加“UI 人机界面设计”课程考试的学生的姓名和成绩。

### 1. 利用 SQL Server Management Studio 可视化界面创建视图

（1）展开 stuscoremanage 节点，选择“视图”选项，单击鼠标右键，选择“新建视图”命令。

（2）系统弹出“添加表”对话框，依次选中 courseinfo、studentinfo、gradeinfo 数据表，单击“添加”按钮，进入“视图设计器”界面。将“studentinfo”中的 S_ID、S_name 选中；将 courseinfo 中的 C_ID、C_name 选中；将 gradeinfo 中的 G_score 选中。

（3）单击常用工具栏中的“执行”按钮 !，完成对视图的创建操作，保存视图为 view_display。

### 2. 利用 Transact-SQL 语句创建视图

在查询窗口中，输入如下 SQL 语句创建 view_display 视图。

```
CREATE VIEW view_display
AS
SELECT studentinfo.S_ID,studentinfo.S_name,courseinfo.C_ID,
       courseinfo.C_name,gradeinfo.G_score
FROM courseinfo INNER JOIN gradeinfo ON courseinfo.C_ID=gradeinfo.C_ID
     INNER JOIN studentinfo ON gradeinfo.S_ID=studentinfo.S_ID
```

### 3. 通过视图向基本表添加数据

在查询窗口中，输入如下 SQL 语句向基本表（courseinfo）中添加数据。

```
INSERT INTO view_display (C_ID,C_name)   values ('0012','WEB应用开发')
```

### 4. 通过视图修改基本表中的数据

在查询窗口中，输入如下 SQL 语句修改基本表（courseinfo）中的数据。

```
UPDATE view_display SET C_name='游戏软件测试' WHERE C_ID='0004'
```

### 5. 通过视图查询基本表中的数据

在查询窗口中，输入如下 SQL 语句查询基本表中的数据。

```
SELECT S_name,G_score FROM view_display WHERE C_name='UI人机界面设计'
```

# 实验八　创建与执行存储过程

## 实验目的

掌握创建和执行学生成绩管理系统存储过程的操作。

## 实验要求

掌握利用可视化界面和 T-SQL 语句创建存储过程的操作；

掌握执行存储过程的操作；

掌握创建并执行带参数的存储过程的操作。

## 实验内容与步骤

首先，利用可视化界面和 T-SQL 语句，创建一个名为 procedure_course 的存储过程，该存储过程的功能是，显示课程信息表（courseinfo）中学分大于 3 的课程名称、课程学分及课程简介等内容。其次，执行名为 procedure_course 的存储过程，并查看其执行结果。再次，创建一个名为 procedure_course1 的带参数存储过程，该存储过程的功能是，在执行语句中输入课程的学时数，检测出具有该学时的课程的名称、学时数及考核方式等信息。最后，执行带参数的名为 procedure_course1 的存储过程，并查看其执行结果。

**1. 利用 SQL Server Management Studio 可视化界面创建存储过程**

（1）展开 stuscoremanage→“可编程性”节点，用鼠标右键单击“存储过程”选项，选择“新建存储过程”命令。

（2）在查询窗口中，输入如下 SQL 语句，创建存储过程。

```
CREATE PROCEDURE procedure_course
AS
BEGIN
 SELECT C_name,C_credit,C_introduce from courseinfo
 where C_credit>3
END
```

**2. 执行存储过程**

在查询窗口中输入如下 SQL 语句，执行 procedure_course 存储过程。

```
EXEC procedure_course
```

**3. 创建带参数的存储过程**

在查询窗口中，输入如下 SQL 语句，创建带参数的存储过程。

```
CREATE PROCEDURE procedure_course1
@period int
AS
SELECT C_name,C_period,C_methods FROM courseinfo WHERE C_period=@period
```

**4. 执行带参数的存储过程**

在查询窗口中输入如下 SQL 语句，执行 procedure_course1 存储过程（此次查询学时数是 72 的课程信息）。

```
EXEC procedure_course1 72
```

# 实验九　创建与使用触发器

## 实验目的

掌握创建和执行学生成绩管理系统触发器的操作。

## 实验要求

掌握利用可视化界面和 T-SQL 语句创建触发器的操作；
掌握执行触发器的操作。

## 实验内容与步骤

首先，利用可视化界面和 T-SQL 语句，创建一个名为 trigger_teacher 的 DELETE 触发器，该触发器的功能是，当删除教师信息表（teacherinfo）中的一条记录信息时，系统会输出一条提示消息“您成功地删除了一条教师信息!”。其次，执行名为 trigger_teacher 的触发器，并查看其执行结果。最后，创建并执行一个名为 trigger_course 的 INSERT 触发器，该触发器的功能是，当向课程信息表（courseinfo）中插入一条数据记录时，如果插入信息有误，系统将显示“您无权插入或插入操作有误!”的信息提示。

### 1. 利用 SQL Server Management Studio 可视化界面创建 DELETE 触发器

（1）展开 teacherinfo 数据表节点，用鼠标右键单击“触发器”选项，选择“新建触发器”命令。

（2）在查询窗口中输入如下 SQL 代码，完成触发器的创建操作。

```
CREATE TRIGGER trigger_teacher
ON teacherinfo
AFTER DELETE
AS
PRINT'您成功地删除了一条教师信息！'
```

### 2. 执行 DELETE 触发器

在查询窗口中输入如下 SQL 语句，执行 trigger_teacher 触发器。

```
delete from teacherinfo where T_ID='0019'
```

### 3. 创建并执行 INSERT 触发器

在查询窗口中，输入如下 SQL 语句，创建与执行 INSERT 触发器。

```
CREATE TRIGGER trigger_course
ON courseinfo
INSTEAD OF insert
AS
RAISERROR('您无权插入或插入操作有误！',6,10)
go
insert into courseinfo
(C_ID,C_name,C_credit,T_ID,C_period,C_methods,C_introduce)
VALUES('0013','WINDOWS应用开发',3,'0020',96,'上机','该课程是软件技术专业的核心课程。')
```

由于任课教师 T_ID 输入有误，所以，执行插入操作时启动 INSERT 触发器，系统出现错误提示。

# 实验十　创建与执行事务

## 实验目的

掌握创建和执行学生成绩管理系统事务的操作。

## 实验要求

掌握创建与执行事务的操作；

掌握对非法输入数据的事务回滚操作。

## 实验内容与步骤

首先，通过事务输入成绩信息表（gradeinfo）的信息，如果成绩信息输入正确，系统在插入成绩信息的同时，还要显示“成绩已成功输入。”的提示信息，如果成绩信息输入有误，系统将给出“插入成绩有误。”的错误提示，并且当前信息中的任何字段都不能被插入对应的数据表中。其次，在触发器中创建一个如果向教师信息表（teacherinfo）输入非法数据则撤销插入行为的事务回滚操作，在数据表 teacherinfo 中规定教师身份字段（T_identity）只允许输入“任课教师”“教务老师”和“系主任”等内容，如果在该字段上输入其他信息，系统将启动插入触发器，提示“该教师身份类型错误，插入取消！”的信息，事务发生回滚操作，退回到该信息插入操作之前的状态。

**1. 创建并执行事务完成对合法数据的输入操作**

（1）在“新建查询”窗口中输入如下 SQL 语句，创建并执行事务实现对合法数据的输入操作。

```
BEGIN TRAN
INSERT INTO gradeinfo(S_ID,C_ID,G_score,G_time)
VALUES('201509040100002','0010',93,'2016-01-11 13:30:00.000')
IF @@ERROR<>0
    BEGIN
    PRINT '插入成绩有误。'
    ROLLBACK TRAN
    END
ELSE
   BEGIN
    PRINT '成绩已成功输入。'
    COMMIT TRAN
    END
```

（2）此次向成绩信息表（gradeinfo）中插入一条合法数据（学生 ID 为 201509040100002，课程 ID 为 0010，考试成绩为 93，考试时间为 2016-01-11 13:30），因而，事务被正确执行，该记录信息已经被添加到 gradeinfo 数据表中。

**2. 创建并执行事务完成对非法输入数据的事务回滚操作**

（1）在“新建查询”窗口中输入如下 SQL 语句，创建带有事务回滚功能的触发器。

```
create trigger tri_teacher_insert
on teacherinfo
for insert
as
declare @teacheridentity varchar(30)
select @teacheridentity=teacherinfo.T_identity from teacherinfo,inserted
where teacherinfo.T_ID=inserted .T_ID
   if @teacheridentity<>'任课教师' or @teacheridentity<>'教务老师' or @teacheridentity<>'系主任'
   begin
   rollback transaction
   raiserror('该教师身份类型错误，插入取消！',16,10)
   end
```

（2）选择 teacherinfo 数据表，单击鼠标右键，选择“编辑前 200 行”命令。打开数据表记录信息，进行编辑，在 teacherinfo 数据表编辑界面输入一条新记录，内容为 0019、安妮、行政教师、软件技术系、15620875432，请注意教师身份输入有误，所以，系统将会出现错误提示，事务也将回滚到信息插入之前的状态，该条教师信息无法插入。

# 实验十一　创建用户并分配权限

## 实验目的

掌握学生成绩管理系统数据库用户与权限管理的操作。

## 实验要求

掌握利用 SSMS 可视化界面和 T-SQL 语句创建数据库用户的操作；
掌握利用 SSMS 可视化界面和 T-SQL 语句更名数据库用户的操作；
掌握利用 SSMS 可视化界面和 T-SQL 语句删除数据库用户的操作；
掌握利用 GRANT 语句为用户授权的操作；
掌握利用 DENY 语句拒绝用户授权的操作；
掌握利用 REVOKE 语句撤销用户授权的操作。

## 实验内容与步骤

首先，利用 SSMS 可视化界面的方式，为数据库 stuscoremanage 创建一个新用户 SMuser，创建登录名 user1 之后，创建与其对应的数据库用户 SMuser，并查看数据库用户 SMuser 的属性信息。其次，利用 T-SQL 语句，为数据库 stuscoremanage 创建一个与登录名 user2 相关联的数据库新用户 SMuser2。再次，利用 SSMS 可视化界面和 T-SQL 语句两种方式，将新创建的数据库用户名 SMuser2 更改为 STUuser。然后，利用 SSMS 可视化界面和 T-SQL 语句两种方式，删除已存在的数据库用户名 SMuser。最后，利用 T-SQL 语句为用户 SMuser 授权，该用户具有对数据库 stuscoremanage 中 gradeinfo 数据表的插入、删除与查询的操作权限；利用 T-SQL 语句拒绝用户 SMuser 对 gradeinfo 数据表的插入与更新权限；利用 T-SQL 语句撤销用户 SMuser 对 gradeinfo 数据表的删除权限。

### 1. 利用 SSMS 可视化界面的方式创建数据库新用户

（1）依次展开 stuscoremanage→“安全性”节点，选择“用户”节点，单击鼠标右键，选择“新建用户”命令。进入“数据库用户-新建”界面，“用户名”输入 SMuser，“登录名”选择“user1”，单击页面左侧“选择页”中的“拥有的架构”，在右侧列表中将 db_owner 复选框选中，单击页面左侧“选择页”中的“成员身份”，在右侧列表中将 db_owner 复选框选中，单击“确定”按钮，即可创建新用户 SMuser。

（2）鼠标右键单击用户 SMuser，选择“属性”命令，查看数据库用户 SMuser 的属性信息。

### 2. 利用 T-SQL 语句创建数据库新用户

在“新建查询”窗口中输入如下 SQL 语句，创建新用户 SMuser2。

```
create user SMuser2 for login user2
```

### 3. 利用 SSMS 可视化界面更改数据库用户名

依次展开 stuscoremanage→“安全性”→“用户”节点，选择 SMuser2 用户名，单击鼠标右键，选择“重命名”命令，直接输入新用户名 STUuser 即可。

### 4. 利用 T-SQL 语句更改数据库用户名

在“新建查询”窗口中输入如下 SQL 语句，即可重命名数据库用户 SMuser2。

```
alter user SMuser2 with name=STUuser
```

**5. 利用 SSMS 可视化界面删除数据库用户**

依次展开 stuscoremanage→“安全性”→“用户”节点，选择 SMuser 用户，单击鼠标右键，选择“删除”命令，进入“删除对象”对话框，单击“确定”按钮即可。

**6. 利用 T-SQL 语句删除数据库用户**

在“新建查询”窗口中输入如下 SQL 语句，即可删除用户 SMuser。

```
drop user SMuser
```

**7. 利用 T-SQL 语句对用户实施授权的操作**

（1）在“新建查询”窗口中输入如下 SQL 语句。

```
grant insert,delete,select on gradeinfo to SMuser
```

（2）成功执行上述 SQL 语句后，即可完成对用户的授权操作，选中 gradeinfo 数据表，单击鼠标右键，选择“属性”命令，在打开的“表属性”界面中选择“权限”选项，即可显示对用户的授权结果。

（3）同样，选中 SMuser 用户，单击鼠标右键，选择“属性”命令，在打开的“数据库用户”界面中选择“安全对象”选项，即可显示对用户的授权结果。

**8. 利用 T-SQL 语句拒绝用户授权**

在“新建查询”窗口中输入如下 SQL 语句。

```
deny insert,update on gradeinfo to SMuser
```

**9. 利用 T-SQL 语句撤销对用户的授权**

在“新建查询”窗口中输入如下 SQL 语句。

```
revoke delete on gradeinfo from SMuser
```

# 参考文献

1. 马俊. SQL Server 2012 数据库管理与开发（慕课版）. 北京：人民邮电出版社，2016.
2. 胡选子. SQL Server 数据库技术及应用. 北京：清华大学出版社，2013.
3. [美]Adam Jorgensen 等著. SQL Server 2014 管理最佳实践（第 3 版）. 北京：清华大学出版社，2015.
4. 贾铁军. 数据库原理应用与实践 SQL Server 2014（第二版）. 北京：科学出版社，2016.
5. 郑阿奇. SQL Server 实用教程（第 4 版）. 北京：电子工业出版社，2015.
6. 卫琳. SQL Server 2012 数据库应用与开发教程. 北京：清华大学出版社，2014.
7. 明日科技. SQL Server 从入门到精通. 北京：清华大学出版社，2012.